GAOXIAO
WANGLUO
YUNWEI
GUANLI
YU
XINXIHUA
JIANSHE

高校网络
运维管理与信息化建设

刘 波 李建飞 著

知识产权出版社
全国百佳图书出版单位
—北 京—

图书在版编目（CIP）数据

高校网络运维管理与信息化建设／刘波，李建飞著. —北京：知识产权出版社，2020.12
ISBN 978-7-5130-7304-2

Ⅰ.①高… Ⅱ.①刘…②李… Ⅲ.①高等学校—校园网—管理—研究 Ⅳ.①TP393.18

中国版本图书馆 CIP 数据核字（2020）第 220587 号

内容提要

　　本书从校园网络运维管理的基础知识、局域网的规划设计、网络日常运维管理的基础知识、高校网络安全管理的技术和方法、高校信息化建设的目标和评价指标、高校信息化建设的主要内容、高校主要数据平台的建设技术和方案、高校信息系统安全运维体系等几个方面系统地梳理了高校网络运维安全管理与建设，有助于读者全方位地了解高校网络安全建设。

责任编辑：李婧　　　　　　　　　　　责任印制：孙婷婷

高校网络运维管理与信息化建设
GAOXIAO WANGLUO YUNWEI GUANLI YU XINXIHUA JIANSHE
刘　波　李建飞　著

出版发行：	知识产权出版社 有限责任公司	网　　址：	http：//www.ipph.cn
电　　话：	010-82004826		http：//www.laichushu.com
社　　址：	北京市海淀区气象路 50 号院	邮　　编：	100081
责编电话：	010-82000860 转 8594	责编邮箱：	laichushu@cnipr.com
发行电话：	010-82000860 转 8101	发行传真：	010-82000893
印　　刷：	北京中献拓方科技发展有限公司	经　　销：	各大网上书店、新华书店及相关专业书店
开　　本：	710mm×1000mm　1/16	印　　张：	21
版　　次：	2020 年 12 月第 1 版	印　　次：	2020 年 12 月第 1 次印刷
字　　数：	320 千字	定　　价：	98.00 元

ISBN 978-7-5130-7304-2

目　录
Contents

第二篇 高校信息化建设和管理

第一篇

网络运维管理

第1章
计算机网络基础

1.1　计算机网络基本概念

　　计算机网络是计算机技术和通信技术发展的必然产物，进入20世纪90年代以后，以互联网为代表的计算机网络得到了飞速发展，加速了全球数字化、网络化和信息化革命的进程。目前，互联网已经成为人们日常生活中必不可少的组成部分，小到共享单车，大到智慧校园、智慧城市，无不出现互联网技术的身影。在高校校园信息化管理过程中互联网技术起到越来越重要的作用。

1.1.1　网络的定义、分类与性能指标

1. 计算机网络的定义

　　计算机网络是指利用有线或无线的传输介质，将分布在不同地理位置、独立的计算机互连起来而构成的计算机集合。组建网络的目的是实现资源共享和通信。

　　目前，最庞大的计算机网络就是因特网（Internet），它利用传输介质和网络互联设备将分布在全球范围内的计算机或计算机网络互连起来，从而形成一个全球性的计算机网络。

2. 计算机网络的分类

　　可以从不同的角度对计算机网络进行分类。

　　（1）根据网络交换功能的不同，计算机网络可分为电路交换网、报文

交换网、分组交换网和混合交换网。❶ 其中混合交换网就是在一个数据网络中同时采用了电路交换技术和分组交换技术的网络。目前，计算机网络主要采用分组交换技术，电话网络采用电路交换技术。

（2）根据网络覆盖地理范围的大小，计算机网络可分为局域网、城域网和广域网。

局域网（Local Area Network，LAN）是指网络覆盖范围在几百米至几千米的网络，其网络覆盖范围较小，如校园网、企事业单位内部网络等。局域网可运行的协议主要有以太网协议（IEEE 802.3）、令牌总线（IEEE 802.4）、令牌环（IEEE802.5）和光纤分布数据接口（FDDI）。目前，局域网最常用的是以太网协议，运行以太网协议的网络称为以太网。因此，在没有特别说明的情况下局域网通常是指以太网。

城域网（Metropolitan Area Network，MAN）是指网络覆盖范围在几千米至几十千米的网络，其作用范围为一座城市。城域网可采用局域网技术来组建，也可采用分布式队列双总线（Distributed Queue Dual Bus，DQDB）技术来组建，该协议已成为国际标准，编号为 IEEE802.6。

广域网（Wide Area Network，WAN）是指网络覆盖范围在几十千米至几千千米的网络，可以跨越不同的国家或洲。广域网通信所采用的技术与局域网有较大差别。

3. 计算机网络的性能指针

计算机网络的主要性能指针有带宽和时延。

（1）带宽。在模拟信号中，带宽是指通信线路允许通过的信号频率范围，其单位为赫兹（Hz）。在数字通信中，带宽是指数字信道发送数字信号的速率，其单位为比特每秒（b/s 或 bps），因此，带宽有时也称为吞吐量，常用每秒发送的比特数来表示。例如，通常说某条链路的带宽或吞吐量为 100M，实际上是指该条链接的数据发送速率为 100Mb/s 或 100Mbps，即每秒钟可传送 100M 比特的数据。

（2）时延。时延是指一个报文或分组从链路的一端传送到另一端所需的时间。时延由发送时延、传播时延和处理时延三部分构成。

发送时延又称传输时延是使数据块从发送节点进入传输介质所需的时

---

❶ 谢希仁.计算机网络 [M]. 7 版.北京：电子工业出版社，2017：193-194.

间，即从数据块的第一个比特数据开始发送算起，到最后一个比特数据发送完毕所需的时间，其值为数据块的长度除以通道带宽，因此，在发送的数据量一定的情况下，带宽越大，则发送时延越小、传输越快。

传播时延是指电磁波在通道中传输一定的距离所花费的时间。一般情况下，这部分时延可忽略不计，但若通过卫星信道传输，则这部分时延较大。电磁波在铜线电缆中的传播速度约为 2.3×105km/s，在光纤中的传播速度约为 2.0×105km/s，1000km 长的光纤线路产生的传播时延约为 5m/s。[1]

处理时延是指数据在交换节点为存储转发而进行一些必要处理所花费的时间。在处理时延中，排队时延占的比重较大，通常可用排队时延来作为处理时延。

1.1.2　网络拓扑结构

网络拓扑结构是指用传输介质互联的各节点的物理布局。在网络拓扑结构图中，通常用点来表示联网的计算机，用线来表示通信链路。

在计算机网络中，网络拓扑结构主要有总线型、星型、环型、网状型和树型，最常用的是星型结构。在实际组网应用中，可能采取多种结构混合使用。

1. 总线型结构

总线型结构网络使用同轴电缆细缆或粗缆作为公用总线来连接其他节点，总线的两端安装一对 50Ω 的终端电阻，以吸收电磁波信号，避免产生有害的电磁波反射。采用细同轴电缆时，每一段总线的长度一般不超过185m。总线型结构网络可靠性差、速率慢（10Mb/s），目前已很少使用。

2. 星型结构

星型结构网络中各节点以星型方式连接到中心交换节点，从而实现各节点间的相互通信，是目前局域网的主要组网方式。中心交换节点可以采用集线器或交换机，目前主要采用交换机。星型结构的主要优点是控制简单，故障诊断和隔离容易，易于扩展，可靠性好；其主要缺点是需要的电缆较多，中心交换节点负荷较重。

---

[1] 特南鲍姆，韦瑟罗尔.计算机网络 [M].5 版.北京：清华大学出版社，2017：591–677.

3. 环型结构

环型结构由通信线路将各节点连接成一个闭合的环，数据在环上单向流动，网络中用令牌控制来协调各节点的发送，任意两节点都可通信。环型结构的主要优点是所需线缆较少，易于扩展；其主要缺点是可靠性差，一个节点的故障会引起全网故障，故障检测工作困难。

4. 网状型结构

网状型结构在网络的所有设备间实现点对点的互联，在局域网中，较少使用网状型结构；在因特网中，主干路由器彼此间的互联可采用网状型结构，以提供到达目标网络的多种路径选择和冗余链路。

5. 树型结构

树型结构像一棵倒置的树，顶端是树根，树根以下带分支，每个分支还可以再进行分支。树型结构易于扩展，故障隔离较容易，其缺点是各个节点对根的依赖性太大。

1.1.3 网络通信协议

1. 网络通信协议的概念

在计算机网络中，要做到有条不紊地交换数据和通信，就必须共同遵守一些事先约定好的规则。这些为进行网络中的数据交换而建立的规则标准或约定，就称为网络协议。网络协议由语法、语义和同步三个要素组成。语法规定了数据与控制信息的结构或格式；语义定义了所要完成的操作，即完成何种动作或做出何种响应；同步定义了事件顺利实现的详细说明。

2. 常用的网络通信协议

在局域网中用得最广泛的主要是 TCP/IP 协议。TCP/IP 协议是因特网的标准通信协议，支持路由和跨平台特性。在局域网中，也广泛采用TCP/IP 协议来工作。❶ TP/IP 协议是一个大的协议集，并不仅是 TCP 和 IP 这两个协议。

---

❶ 邓世昆 . 计算机网络 [M]. 昆明：云南大学出版社，2015：139–141.

1.1.4 计算机网络架构

相互通信的两个计算机系统必须高度协调一致才能正常工作，而这种"协调"相当复杂，因此计算机网络实际上是一个非常复杂的系统。对计算机网络架构进行分层，可将庞大而复杂的问题转化为若干较小的局部问题，这样就比较容易研究和处理。

对计算机网络架构的分层模型有 OSI 参考模型和 TCP/IP 模型两种。OSI 参考模型属于国际标准，由于分层较多，实现较复杂，主要用于理论研究；TCP/IP 模型分层较少，实现较容易，成为事实上的国际标准。

1. OSI 参考模型

OSI 参考模型（Open System Interconnection Reference Model，开放系统互联参考模型）是国际标准化组织 ISO 于 1983 年正式推出的，即著名的 ISO7498 国际标准。

在 OSI 参考模型中，网络架构被分成了七层，由低层到高层依次是物理层、数据链路层、网络层、传输层、会话层、表示层和应用层。每一层均通过层间接口向相邻的上一层提供服务，上一层要在下一层所提供服务的基础上实现本层的功能，因此服务是垂直的，而协议是水平的，协议是控制对等层实体之间通信的规则，即只有对等的层才能相互通信。

物理层负责传送原始比特流，并屏蔽传输介质的差异，使数据链路层不必考虑传输介质的差异，实现数据链路层的透明传输。另外，物理层还必须解决比特同步的问题。

数据链路层为网络层接供一条无差错的数据传输链路。在发送数据时，接收网络层传递来的数据报，封装成数据帧；在接收数据时，数据链路层将物理层传递来的二进制比特流还原为数据帧。数据链路层传送的基本单位为数据帧，使用物理地址（Media Access Control，MAC）进行寻址。

网络层解决网络与网络之间的通信问题，其主要功能有逻辑编址、分组传输、路由选择等。此层的数据传送单位为 IP 数据报。

传输层也称为运输层，主要用于解决数据在网络之间的传输质量问题，提高网络层的服务质量，提供可靠的点对点的数据传输。它从会话层接收数据，并在必要时将数据分割成适合在网络层传输的数据单元，然后将这些数据交给网络层，再由网络层负责将数据传送到目的主机。该层的数据传输单位为数据报。

会话层用于为不同机器上的应用进程建立和管理会话。

表示层主要用于数据的表示、编码和译码，实现信息的语法语义表示和转换，如加密解密、转换翻译、压缩与解压缩等。

应用层为使用者提供所需的各种应用服务，如 Web 服务、邮件服务、远程登录、文件传输服务、域名服务等。

2. TCP/IP 模型

（1）TCP/IP 模型体系结构。

OSI 的七层体系结构仅是一个纯理论的分析模型，本身并不是一个具体协议的真实分层，既复杂又不实用，因此具有四层体系结构的 TCP/IP 模型得到了广泛应用，成为事实上的国际标准和工业生产标准。

在 TCP/IP 模型中，网络架构由低层到高层依次为网络接口层、网络层、传输层和应用层。[1] 在 TCP/IP 体系结构中，网络接口层整合了 OSI 体系结构中的物理层和数据链路层的功能，因此，从协议的层次结构看，TCP/IP 模型实际上是一个具有五层协议的体系结构。在实际应用中，网络接口层主要由网络接口（网卡）来实现，它实现了数据链路层和物理层的功能。网络层主要由路由器或三层交换机来实现。传输层由用户主机中的应用进程来实现，它存在于分组交换网外面的主机之中。传输层的任务就是负责主机中两个进程之间的通信，传输层上层的应用层就不再关心信息的传输问题了。通常也将分组交换网称为通信子网，而将用户主机的集合称为资源子网。

（2）网络模型各层常用协议。

应用层常用协议主要有 HTTP（超文本传输协议）、S-HTTP（安全的超文本传输协议）、SMTP（简单邮件传输协议）、IMAP4（因特网信息访问协议第 4 版）、POP3（邮局协议第 3 版）、TELNET（终端模拟协议）、FTP（文件传输系统）、TFTP（简单文件传输协议）、DNS（域名系统）、DHCP（动态主机配置协议）、SNMP（简单网络管理协议）等。[2]

---

[1]　竹下隆史，村山公保，荒井透，苅田幸雄. 图解 TCP/IP[M]. 5 版. 乌尼日其其格，译. 北京：人民邮电出版社，2013：51-73.

[2]　SteveMcQuerry. CCNA 学习指南 Cisco 网络设备互连 ICND1[M]. 2 版. 邓郑祥，译. 北京：人民邮电出版社，2008：107-149；李明江. SNMP 简单网络管理协议 [M]. 北京：电子工业出版社，2007：89-107.

传输层主要协议有 TCP（传输控制协议）和 UDP（用户数据报协议）。

网络层主要协议有 IP（Internet Protocol，网际协议）/IPv6 协议、ICMP（互联网控制信息协议）/ICMPv6、RIP2（路由信息协议第 2 版）、OSPF（开放最短路径优先协议）、IGRP（内部网关网络层协议路由协议）、EGP（外部网关协议）等。

网络接口层完成了 OSI 中的数据链路层和物理层的功能，在进行数据分组传送时数据链路层常用的协议主要有 MAC（媒体接入控制）、HDLC（高级数据链路控制协议）、PPP（点对点协议）、ARP（地址解析协议）、RARP（逆向地址解析协议）、MPLS（多标签交换协议）。ARP 协议用于将目的 IP 地址解析为数据链路层物理寻址所需的 MAC 地址，解析成功后，IP 地址与 MAC 地址的对应关系会保存在主机的 ARP 缓冲区中，建立起一个 ARP 列表，以供下次查询使用。RARP 则用于将 MAC 地址解析为对应的 IP 地址。

目前，使用得最多的是 TCP/IP 协议的第 4 版，即 IPv4。新的版本是IPv6，已开始在骨干网络中应用，IPv4 与 IPv6 将共同存在较长时间。

1.2　二层网络常用协议简介

在计算机网络二层的各类技术和协议中，最常用到的就是 VLAN 和 Trunk，MAC 地址也是经常用到的。

MAC（Media Access Control）又称媒体访问控制，用来定义网络设备的位置。在 OSI 模型中，第二层数据链路层负责 MAC 地址，其实工作在数据链路层的交换机就是维护着计算机的 MAC 地址和自身端口的数据库，交换机根据收到的数据帧中的目的 MAC 地址字段来转发数据帧。因此一个主机会有一个 MAC 地址，MAC 地址是网卡决定的，它实际上就是适配器地址，是由网卡生产厂家烧入网卡的 EPROM 闪存中，它存储的是传输数据时真正赖以标识发出数据的计算机和接收数据的主机的地址，而且是不可更改的。形象地说，MAC 地址就如同我们身份证上的身份证号码，具有全球唯一性。

VLAN（Virtual Local Area Network），又称虚拟局域网，是指在交换局域网的基础上，采用网络管理软件构建的可跨越不同网段、不同网络的端到端的逻辑网络。一个 VLAN 组成一个逻辑子网，即一个逻辑广播域，它可以覆盖多个网络设备，允许处于不同地理位置的网络用户加入一个逻辑子网中。Trunk 技术用在交换机之间互连，使不同 VLAN 通过共享链路与其他交换机中的相同 VLAN 通信。交换机之间互连的端口就称为 Trunk 口。

1.2.1 MAC 地址

MAC 地址采用十六进制数表示，共 6 个字节 48 位。其中，前 3 个字节是由 IEEE 的注册管理机构负责分配给不同厂家的代码，也就是高位 24 位，称为组织上唯一的标识符。后 3 个字节也就是低位 24 位，是由各厂家自行指派给生产的适配器接口，称为扩展标识符，一个地址块可以生成 224 个不同的地址。

在网络中，最常用的两个地址就是 IP 地址和 MAC 地址，IP 地址专注于网络层，将数据报从一个网络转发到另外一个网络，而 MAC 地址专注于数据链路层，将一个数据帧从一个节点传送到相同链路的另一个节点。网络层设备，如路由器根据 IP 地址来进行操作。数据链路层设备，如交换机根据 MAC 地址来进行操作。在一个稳定的网络中，IP 地址和 MAC 地址是成对出现的。如果一台计算机要和网络中另外一台计算机通信，那么要配置这两台计算机的 IP 地址，配置的 IP 地址就和 MAC 地址形成了一种对应关系。在数据通信时，IP 地址负责表示计算机的网络层地址。IP 和 MAC 地址这种映像关系由 ARP 地址解析协议完成。

IP 地址和 MAC 地址的相同点是它们都是唯一的，不同点主要有三点：一是对于网络上的某一设备，如一台计算机或一台路由器，其 IP 地址是基于网络拓扑设计出的。同一台设备或计算机上，改动 IP 地址很容易，而 MAC 则是生产厂商刻录好的，不能改动。二是 IP 地址和 MAC 地址的长度也不同，IP 地址为 32 位，MAC 地址为 48 位。三是 IP 地址应用于 OSI 第三层，即网络层，IP 地址的分配是基于网络拓扑的，而 MAC 地址应用在 OSI 第二层，即数据链路层，MAC 地址的分配是基于制造商的。

1.2.2 VLAN 技术

VLAN 工作在 OSI 参考模型的第二层和第三层，VLAN 之间的通信是通过第三层的路由器来完成的。因此 VLAN 间的通信也需要路由器提供中继完成服务，这被称作"VLAN 间路由"。VLAN 是广播域（指的是目标 MAC 地址全部为 1 的广播帧，所能传递到的范围，即能够直接通信的范围），广播域之间来往的数据报都是由路由器中继完成的。本来二层交换机只能构建单一的广播域，不过使用 VLAN 功能后，它能够将网络分割成多个广播域。

与传统的局域网技术相比较，VLAN 技术更加灵活。使用 VLAN 技术，网络设备的移动、添加和修改的管理开销减少，也可以控制广播活动，还可以提高网络的安全性。在计算机网络中，一个二层网络可以被划分为多个不同的广播域，一个广播域对应了一个特定的使用者组，预设情况下这些不同的广播域是相互隔离的。[1]

1.2.3 Trunk 技术

Trunk 能够实现不同交换机中同一 VLAN 间数据的通信，但是 Trunk 技术不能实现不同 VLAN 间的通信，需要通过使用三层设备，用路由或三层交换机来实现。[2]

两台交换机上分别创建了多个 VLAN，在两台交换机上相同的 VLAN 之间要通信，例如 VLAN8 要通信，需要将交换机 A 上属于 VLAN8 的一个端口与交换机 B 上属于 VLAN8 的一个端口互连，如果这两台交换机其他相同 VLAN 间需要通信，那么交换机之间需要更多的互联机，端口利用率太低。若交换机使用 Trunk 技术，事情就变简单，只需要两台交换机之间有一条互联机，将互联机的两个端口设置为 Trunk 模式，这样就可以使交换机上不同的 VLAN 共享这条线路。

交换机的端口一般有两种模式：Access 和 Trunk。连接终端，如果

---

[1] 彭莹 . VLAN 技术在高校校园网络的应用分析 [J]. 电脑迷，2016（3）：25.

[2] 奥多姆，诺特 . 思科网络技术学院教程 CCNA 1 网络基础 [M]. 北京：人民邮电出版社，2008：268–277.

PC 机使用 Acess 模式，设备间级联若要传输多个 VLAN 中的数据，则用 Trunk 模式。把 Acess 口加入到某个 VLAN，那么这个口就只将这个 VLAN 的资料转发给 PC 机，PC 机发送的数据通过这个端口后会打上这个 VLAN 的 ID，转发到相同的 VLAN。

1.3　三层网络常用协议简介

1.3.1　IP 协议

IP 是网络之间互连的协议，是为计算机网络相互连接进行通信而设计的协议。在因特网中，它是能使连接到网上的所有计算机网络实现相互通信的一套规则，规定了计算机在因特网上进行通信时应当遵守的规则。任何厂家生产的计算机系统，只要遵守 IP 协议就可以与因特网互连互通。

IPv6 是 Internet Protocol Version6 的缩写，它是 IETF（Internet Engineering Task Force，互联网工程任务组）设计的用于替代 IPv4 的下一代 IP 协议。

IPv4 地址分为 5 类：A 类保留给政府机构，B 类分配给中等规模的公司，C 类分配给任何需要的人，D 类用于组播，E 类用于实验。各类可容纳的地址数目不同。将 IP 地址写成二进制形式时，A 类地址的第 1 位总是 0，B 类地址的前 2 位总是 10，C 类地址的前 3 位总是 110。

1. A 类地址

（1）A 类地址第 1 个字节为网络地址，其他 3 个字节为主机地址。它的第 1 个字节的第 1 位固定为 0。

（2）A 类地址网络号范围：1.0.0.1~127.255.255.254。

（3）A 类地址中的私有地址和保留地址如下：① 10.XXX 是私有地址（在互联网上不使用，而被用在局域网络中的地址），范围为 10.0.0.0~10.255.255.255。② 127.XXX 是保留地址，用作循环测试。

2. B 类地址

（1）B 类地址第 1 个字节和第 2 个字节为网络地址，其他 2 个字节为主机地址。它的第 1 个字节的前 2 位固定为 10。

（2）B 类地址网络号范围：128.0.0.0~191.255.255.255。

（3）B 类地址的私有地址和保留地址如下：① 172.16.0.0~172.31.255.255 是私有地址。② 169.254.X.X 是保留地址。如果你的 IP 地址是自动获取的，而在网络上又没有找到可用的 DHCP 服务器，就会获取其中一个地址。

3. C 类地址

（1）C 类地址第 1 个字节、第 2 个字节和第 3 个字节为网络地址，第 4 个字节为主机地址。另外第 1 个字节的前 3 位固定为 110。

（2）C 类地址网络号范围：192.0.0.0~223.255.255.255。

（3）C 类地址中的私有地址如下：192.168.X.X（192.168.0.0~192.168.255.255）是私有地址。

4. D 类地址

（1）D 类地址不分网络地址和主机地址，它的第 1 字节的前 4 位固定为 1110。

（2）D 类地址网络号范围：224.0.0.0~239.255.255255。

5. E 类地址

（1）E 类地址不分网络地址和主机地址，它的第 1 字节的前 5 位固定为 1111。

（2）E 类地址网络号范围：240.0.0.0~255.255.255.254。

IP 地址如果只使用 ABCDE 类来划分，会造成大量浪费。比如一个有 500 台主机的网络无法使用 C 类地址，但如果使用一个 B 类地址，6 万多个主机地址只有 500 个被使用，造成 IP 地址的大量浪费。因此，IP 地址还支持 VLSM（Variable Length Subnet Mask，可变长子网掩码技术），可以在 ABC 类网络的基础上进一步划分子网。

1.3.2　DHCP 协议

DHCP（Dynamic Host Configure Protocol，动态主机配置协议）是一个

局域网的网络协议，使用 UDP 协议工作，其主要有两个用途：一是给内部网络或网络服务供货商自动分配 IP 地址，二是给用户或者内部网络管理员作为对所有计算机作中央管理的手段。DHCP 有 3 个端口，其中 UDP67 和 UDP68 为正常的 DHCP 服务端口，分别作为 DHCP Server 和 DHCP Clientl 的服务端口。

在一个使用 TCP/IP 协议的网络中，每一台计算机都必须有一个或多个 IP 地址，才能与其他计算机连接通信。为了便于统一规划和管理网络中的 IP 地址，DHCP 应运而生。这种网络服务有利于对校园网络中的客户机 IP 地址进行有效管理，而不需要手动指定 IP 地址。

DHCP 用一台或一组 DHCP 服务器来管理网络参数的分配，这种方案具有容错性。即使在一个仅拥有少量机器的网络中，DHCP 仍然是有用的，因为一台机器可以几乎不造成任何影响地被增加到本地网络中。甚至对于那些很少改变地址的服务器来说，DHCP 仍然被建议用来设置它们的地址。如果服务器需要被重新分配地址，就可以在尽可能少的地方去做这些改动。对于一些设备，如路由器和防火墙，不应该使用 DHCP。把 TFTP 或 SSH 服务器放在同一台运行 DHCP 的机器上也是有用的，其目的是便于集中管理。

DHCP 也可用于直接为服务器和桌面计算机分配地址，并且通过一个 PPP 代理，也可为拨号、宽带主机、住宅 NAT 网关和路由器分配地址。DHCP 一般不适用于无边际路由器和 DNS 服务器。

1.3.3　NAT 技术

当在专用网内部的一些主机本来已经分配到了本地 IP 地址，但现在又想和因特网上的主机通信时，可使用 NAT（Network Address Translation，网络地址转换）方法。NAT 的实现方式有 3 种：静态转换（Static NAT）、动态转换（Dynamic NAT）和端口地址转换（Port Address Translation）。

静态转换设置起来最为简单，内部网络中的每个主机都被永久映射成外部网络中的某个合法的地址。静态转换是指将内部网络的私有 IP 地址转换为公有 IP 地址，IP 地址对是一对一的，是一成不变的，某个私有 IP 地址只转换为某个公有 IP 地址。借助于静态转换，可以实现外部网络对内部网络中某些特定设备（如服务器）的访问。

动态转换是指将内部网络的私有 IP 地址转换为公用 IP 地址时，IP 地址是不确定的，是随机的，所有被授权访问上因特网的私有 IP 地址可随机转换为任何指定的合法地址。也就是说，只要指定哪些内部地址可以进行转换以及用哪些合法地址作为外部地址时，就可以进行动态转换。动态转换可以使用多个合法外部地址集。当 ISP 提供的合法 IP 地址略少于网络内部的计算机数量时，就可以采用动态转换的方式。

端口地址转换是指改变外出数据报的源口并进行端口转换。内部网络的所有主机均可共享一个合法外部 IP 地址实现对因特网的访问，从而可以最大限度地节约 IP 地址资源。同时，又可隐藏网络内部的所有主机，有效避免来自因特网的攻击。

1.3.4 VTP 协议

VTP（VLAN Trunking Protocol，VLAN 中继协议）也被称为虚拟局域网干道协议。不过有一点要记住，它是思科私有协议，在华为、锐捷等交换机上是不支持此协议的。有时我们需要在整个园区网或者企业网中的一组交换机中保持 VLAN 数据库的同步，以保证所有交换机都能从数据帧中读取相关的 VLAN 信息并进行正确的数据转发，然而对于大型网络来说，可能有成百上千台交换机，而一台交换机上就可能存在几十甚至数百个 VLAN，仅凭网络工程师手工配置，工作量会非常大，并且也不利于日后维护——每次添加修改或删除 VLAN 都需要在所有的交换机上部署。这种情况下，使用 VTP 是最好的选择，把一台交换机配置成 VTP Server，其余的交换机配置成 VTP Client，这样模式是 Client 的交换机就可以自动学习到 Server 上的 VLAN 信息，大大减轻了网络运维人员的工作量。

VTP 是一个位于 OSI 参考模型第二层的通信协议，主要用于管理在同一个域的网络范围内 VLAN 的建立、删除和重命名。在一台 VTP Server 上配置一个新的 VLAN 时，该 VLAN 的配置信息将自动传播到本域内的其他所有交换机。这些交换机会自动地接收这些配置信息，使其 VLAN 的配置与 VTP Server 保持一致，从而减少在多台设备上配置同一个 VLAN 信息的工作量，而且保持了 VLAN 配置的统一性。VTP 在系统级管理增加、删除和调整 VLAN 时，会自动地将信息向网络中其他的交换机广播。另外，VTP 减小了那些可能导致安全问题的配置，便于管理，只要在 VTP Server 上做相应设置，VTP Client 会自动学习 VTP Server 上的 VLAN 信息。

使用 VTP 功能，必须配置 VTP 域。一是域内的每台交换机都必须使用相同的域名，不论是通过配置实现的，还是由交换自动学到的；二是交换机必须是相邻的，即相邻的交换机需要具有相同的域名；三是在所有交换机之间必须配置中继链路。如果上述 3 个条件任何一个不满足，则 VTP 域不能联通，信息也就无法跨越分离部分进行传送。

VTP 有 3 种工作模式：VTP Server、VTP Client 和 VTP Transparent。一般，一个 VTP 域内的整个网络只设一个 VTP Server。VTP Server 维护该 VTP 域中所有的 VLAN 指令清单，VTP Server 可以建立、删除或修改 VLAN，发送并转发相关的通告信息，同步 VLAN 配置，会把配置保存在 NVRAM 中。VTP Client 虽然也维护所有 VLAN 指令清单，但其 VLAN 的配置信息是从 VTP Servers 学到的，VTP Client 不能建立、删除或修改 VLAN，但可以转发通告，同步 VLAN 配置，不保存配置到 NVRAM 中。VTP Transparent 相当于是一台独立的交换机，它不参与 VTP 工作，不从 VTP Server 上学习 VLAN 的配置信息，而只拥有本设备上自己维护的 VLAN 信息。VTP 3 种模式的区别和联系如表 1–1 所示。

表 1–1　VTP 3 种模式的区别和联系

功能	Server 模式	Client 模式	Transparent 模式
创建 VLAN	√	×	√
修改 VLAN	√	×	√
删除 VLAN	√	×	√
发送 设定给其他设备做同步	√	×	×
转发设定给其他设备	√	√	√
同步其他设备给的 VLAN 设定	√	√	×
VLAN 信息存储于 NVRAM	√	×	√

1.3.5　热备份协议

1. HSRP

HSRP（Hot Standby Router Protocol，热备份路由器协议）是思科的私有协议。该协议中含有多台路由器，对应一个 HSRP 组。该组中只有一个路由器承担转发用户流量的职责，这就是活动路由器。当活动路由器失效后，备份路由器将承担该职责，成为新的活动路由器。

但是在本网络内的主机看来，虚拟路由器没有改变。所以主机仍然保持连接，没有受到故障的影响，这样就较好地解决了路由器切换的问题，这就是热备份的原理。

为了减少网络的数据流量，在设置完活动路由器和备份路由器之后，只有活动路由器和备份路由器定时发送 HSRP 报文。如果活动路由器失效，备份路由器将接管成为活动路由器。如果备份路由器失效或者变成了活动路由器，将由另外的路由器接管成为备份路由器。

负责转发数据报的路由器称为活动路由器（Active Router），一旦主动路由器出现故障，HSRP 将启动备份路由器（Standby Routers）取代主动路由器。HSRP 协议提供了一种决定使用主动路由器还是备份路由器的机制，并指定一个虚拟 IP 地址作为网络系统的缺省网关地址。如果主动路由器出现故障，备份路由器（Standby Routers）承接主动路由器的所有任务，并且不会导致主机连通中断现象。

HSRP 运行在 UDP 上，采用端口号 1985。路由器转发协议数据报的源地址使用的是真实 IP 地址，而并非虚拟地址，正是基于这一点，HSRP 路由器间能相互识别。

HSRP 协议利用一个优先级方案来决定哪个配置了 HSRP 协议的路由器成为默认的主动路由器。如果一个路由器的优先级设置的比所有其他路由器的优先级高，则该路由器成为主动路由器。路由器的缺省优先级是100，所以如果只设置一个路由器的优先级高于100，则该路由器将成为主动路由器。

通过在设置了 HSRP 协议的路由器之间发组播（地址为 224.0.0.2）来得知各自的 HSRP 优先级，HSRP 协议选出当前的主动路由器。当在预先设定的一段时间内主动路由器不能发送 Hello 消息时，优先级最高的备用路由器变为主动路由器。路由器之间的包传输对网络上的所有主机来说都是透明的。

配置了 HSRP 协议的路由器交换以下 3 种组播消息。

Hello 消息：Hello 消息通知其他路由器发送路由器的 HSRP 优先级和状态信息，HSRP 路由器默认为每 3 秒钟发送一个 Hello 消息。

Coup 消息：当一个备用路由器变为一个主动路由器时发送一个 Coup 消息。

Resign 消息：当主动路由器要宕机或者当有优先级更高的路由器发送 Hello 消息时，主动路由器发送一个 Resign 消息。

HSRP 使用两个定时器，Hello 间隔和 Hold 间隔。默认的 Hello 间隔是 3 秒，默认的 Hold 间隔是 10 秒。Hello 间隔定义了两组路由器之间交换信息的频率。Hold 间隔定义了经过多长时间后，没有收到其他路由器的信息，则活动路由器或者备用路由器就会被宣告为失败。配置定时器并不是越小越好，虽然定时器越小则切换时间越短。定时器的配置需要和 STP 等的切换时间相一致。另外，Hold 间隔最少应该是 Hello 间隔的 3 倍。

在任一时刻，配置了 HSRP 协议的路由器都将处于以下 6 种状态之一。

Initial 状态：HSRP 启动时的状态，HSRP 还没有运行，一般是在改变配置或端口刚刚启动时进入该状态。

Learn 状态：学习状态，不知道虚拟 IP，未看到活跃路由器发 Hello，等待活动路由器发 Hello。

Listen 状态：路由器已经得到了虚拟 IP 地址，但是它既不是活动路由器也不是等待路由器。它一直监听从活动路由器和等待路由器发来的 Hello 报文。

Speak 状态：在该状态下，路由器定期发送 Hello 报文，并且积极参加活动路由器或等待路由器的竞选。

Standby 状态：当主动路由器失效时路由器准备接管包传输功能。

Active 状态：路由器执行包传输功能。

2. VRRP

VRRP（Virtual Router Redundancy Protocol，虚拟路由冗余协议）是由 IETF（国际互联网工程任务组）提出的解决局域网中配置静态网关出现单点失效现象的路由协议。

VRRP 是一种选择协议，它可以把一个虚拟路由器的责任动态分配到局域网上的 VRRP 路由器中的一台。控制虚拟路由器 IP 地址的 VRRP 路由器称为主路由器，它负责转发数据报到这些虚拟 IP 地址。一旦主路由器不可用，这种选择过程就提供了动态的故障转移机制，这就允许虚拟路由器的 IP 地址可以作为终端主机的默认第一跳路由器。一个局域网络内的所有主机都设置缺省网关，这样主机发出的目的地址不在本网段的报文将被通过缺省网关发往三层交换机，当缺省路由器 Down 掉（口关闭）之后，如果路由器设置了 VRRP 时，那么这时，虚拟路由将启用备份路由器，从而实现了主机和外部网络的通信。

VRRP 将局域网的一组路由器，包括一个 Master（活动路由器）和若干个 Backup（备份路由器），它们组织成一个虚拟路由器，称为一个备份集。这个虚拟的路由器拥有自己的 IP 地址，如 10.100.10.1，这个 IP 地址可以和备份集内的某个路由器的接口地址相同，相同的则称为 IP 拥有者，备份集内的路由器也有自己的 IP 地址，如 Master 的 IP 地址为 10.100.10.2，Backup 的 IP 地址为 10.100.10.3。局域网内的主机仅仅知道这个虚拟路由器的 IP 地址 10.100.10.1，而并不知道具体的 Master 路由器的 IP 地址 10.100.10.2 以及 Backup 路由器的 IP 地址 10.100.10.3。它们将自己的缺省路由下一地址设置为该虚拟路由器的 IP 地址 10.100.10.1。于是，网络内的主机就通过这个虚拟的路由器来与其他网络进行通信。如果备份集内的 Master 路由器坏掉，Backup 路由器将会通过选举策略选出一个新的 Master 路由器，继续向网络内的主机提供路由服务。从而实现网络内的主机不间断地与外部网络进行通信。

3. GLBP

GLBP（Gateway Load Balancing Protocol，网关负载均衡协议）是思科的专有协议。和 HSRP、VRRP 不同的是，GLBP 不仅提供冗余网关，还在各网关之间提供负载均衡，而 HSRP、VRRP 都必须选定一个活动路由器，而备用路由器则处于闲置状态。GLBP 可以绑定多个 MAC 地址到虚拟 IP，从而允许客户端通过获得不同的虚拟 MAC 地址，通过不同的路由器转发数据，因为客户端利用的地址是解析到的虚拟的 MAC 地址，而网关地址仍使用相同的虚拟 IP，从而不但实现了冗余还能够负载均衡。

（1）活动网关选举。使用类似于 HSRP 的机制选举活动网关，优先级最高的路由器成为活动路由器，若优先级相同则 IP 地址最高的路由器成为活动路由器，称作 Active Virtual Gateway，其他非 AVG 提供冗余。某路由器被推举为 AVG 后，和 HSRP 不同的工作开始了，AVG 分配虚拟的 MAC 地址给其他 GLBP 组成员。所有的 GLBP 组中的路由器都转发包，但是各路由器只负责转发与自己的虚拟 MAC 地址的相关的数据报。GLBP 成员之间通过每 3 秒钟向组播地址为 224.0.0.102 的 UDP 端口 3222 发送 Hello 数据报来进行通信。

（2）地址分配。每个 GLBP 组中最多有 4 个虚拟 MAC 地址，非 AVG 也被称作 AVF（Active Virtual Forwarder），非 AVG 路由器由 AVG 按序分配虚拟 MAC 地址。AF 分为两类 Primary Virtual Forwarder FA 和 Secondary Virtual Forwarder。直接由 AVG 分配虚拟 MAC 地址的路由器被称作 Primary Virtual Forwarder，后续不知道 AVG 真实 IP 地址的组成员只能使用 Hello 包来识别其身份，然后被分配虚拟 MAC 地址，此类被称作 Secondary Virtual Forwarder。

（3）GLBP 的特性。负载分担：管理员可以通过配置 GLBP，使多台路由器共同承载局域网客户端的流量，从而在多台可用路由器之间实现更为公平的负载均衡。多虚拟路由器：GLBP 在一台路由器的每个物理接口上，支持多达 1024 个虚拟路由器，即 GLBP 组，每个组最多支持 4 个虚拟转发者。抢占：GLBP 的冗余性机制允许当具有更高优先级的备用虚拟网关变得可用后，通过抢占机制成为 AVG。转发者的抢占行为与此相似，只是转发者抢占使用的是加权而不是优先级，且默认启用。有效的资源利用：GLBP 使组中的每台路由器都可以充当备用角色，而不需要部署一台专用的备用路由器，因为所有可用的路由器都可以承载网络流量。

（4）GLBP 的运作。GLBP 协议支持 3 种负载均衡方式，下面是配置 GLBP 负载均衡时对 3 个参数的解释。

```
Cisco（config-if）#glbp group load-balancing [round-robin I weighted host-
dependent
    round-robin：Load balance equally using each forwarder in turn。
    weighted：Load balance in proportion to forwarder weighting。
    host-dependent：Load balance equally, source MAC determines forwarder
choice。
```

第一，根据 ARP 请求轮询。循环负载分担算法：当客户端发送 ARP 请求来解析默认网关的 MAC 地址时，每个客户端接收到的 ARP 响应中包含的 MAC 地址是循环算法中下一个可用路由器的 MAC 地址。所有路由器的 MAC 地址会被按顺序放入地址解析响应中，作为默认网关 IP 地址对应的 MAC 地址返回给客户端。

第二，根据路由器的权重分配，权重越高被分配的可能性越大。加权负载分担算法：被定向到一台路由器的负载量取决于该路由器所通告的加权值。

第三，根据不同主机的源 MAC 地址。主机相关负载分担算法：只要某个虚拟 MAC 地址还在 GLBP 组中参与流量转发，就确保某主机总是使用这个虚拟 MAC 地址进行通信。

1.4　运维实例

1.4.1　用 MAC 地址定位目标主机

为了确保重要设备的稳定性和冗余性，核心层交换机使用两台 Cisco4507，通过 Trunk 线连接，网络结构图如图 1-1 所示。在两台核心交换机上连接重要的服务器，如视频服务器、FTP 服务器、Web 服务器和邮件服务器等。每台服务器都有两根网线分别连接到 Cisco4507A 和 Cisco4507B 上，以保证服务器和核心交换机之间传输数据的稳定性。单位 IP 地址的部署使用的是 C 类私有 192 网段的地址。所有的服务器都位于 VLAN11~VLAN20 中，对应的网络号是 192.168.11.0~192.168.20.0，如视频服务器的 IP 地址为 192.168.11.8，子网掩码为 255.255.255.0，默认网关为 192.168.11.254。服务器的 IP 地址、默认网关和 DNS 都是静态分配的。

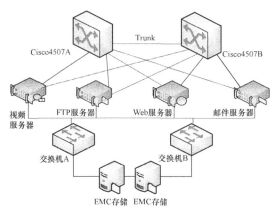

图1-1　网络结构图

因为服务器上数据的重要性，需要对数据进行存储、备份，所以每台服务器都使用 HBA 卡，通过光纤连接到 SAN 网络中的光纤交换机上，再通过光纤交换机连接到 EMC 的存储、备份设备上。

1. 系统升级引起的问题

因为业务扩充和应用系统升级的要求，需对视频服务器上的操作系统及应用软件进行重新安装。但在对视频服务器上的系统进行备份和规整时发现，服务器上有两块网卡都在使用。在视频服务器的操作系统 Win2003 的"命令行"中执行"ipconfig /all"命令，此命令能够显示当前系统的 TCP/IP 配置的设置值，并能用来检验人工配置的 TCP/IP 设置是否正确。执行命令后显示的结果如下所示。

```
C:\ >ipconfig  /all
Ethernet adapter 本地连接 1:
Description·············:   Intel(R)PRO /1000 MT Network Connection
Physical Address·············:   00-13-72-42-24-50
IP Address·············:   10.1.1.12
Subnet Mask·············:   255.255.255.0
Ethernet adapter 本地连接 2:
Description·············:   Intel (R) PRO /1000 MT Network Connection #2
Physical Address·············:   00-13-72-33-21-6F
IP Address·············:   192.168.11.8
Subnet Mask·············:   255.255.255.0
Default Gateway·············:   192.168.11.254
```

上面的输出结果中，其中 192.168.11.8 的 IP 地址，是视频服务器连接到单位办公网中所使用的地址。因为办公网中所有的 PC 机、服务器及网络交换、路由设备都使用的是 192 网段的地址。

但是上面的显示中还有另外一个 10.1.1.12 的 IP 地址，这个地址不是单位办公网中所使用的地址。但这个地址却是个活动地址，也就是在正常使用通过视频服务器上的流量监控软件，能够看到 10.1.1.12 的网卡上有数据流量通过。那它是哪儿的地址？它是连接到什么设备上的？它是连接到什么网络中的？因为在机房视频服务器的日常工作记录本上也没有和 IP 地址 10.1.1.12 相关的记录，但是要对视频服务器的应用系统进行升级，还必须弄明白服务器上所有 IP 地址的功能和用途，所以只能通过其他的方法查询 10.1.1.12 的功用了。

2. 解决问题的步骤

（1）既然知道视频服务器上有两个活动的 IP 地址 192.168.1.8 和 10.1.1.12，那在服务器的 ARP 表中，也肯定有 192.168.11.0/24 和 10.1.1.0/24 这两个网段中的 IP 地址和 MAC 地址的对应项。所以在服务器的"命令行"中执行"arp –a"命令，此命令是通过询问协议数据显示当前的 ARP 表项。如果指定了特定的 IP 地址，则只显示指定计算机 IP 地址和物理地址的对应项。如果不止一个网络接口使用 ARP，则显示每个 ARP 表项。显示的结果如下所示。

```
C : \ >arp -a
Interface :  10.1.1.12 --- 0×10003
Internet Address            Physical Address            Type
10.1.1.2                    00-60-16-0a-b5-a3           dynamic

Interface : 192.168.11.8 --- 0x10004
Internet Address            Physical Address            Type
192.168.11.4                04-1a-72-6a-4e-f2           dynamic
192.168.11.254              01-80-0c-b7-a1-45           dynamic
```

在服务器的命令行中执行了"ping 10.1.1.2"的命令，得到如下的显示。

```
C : \ Users\ Administrator>ping   10.1.1.2
正在 Ping10.1.1.2 具有 32 字节的数据
来自 10.1.1.2 的回复：字节=32 时间=1msTL=255
来自 10.1.1.2 的回复：字节=32 时间=1msr=255
来自 10.1.1.2 的回复：字节=32 时间=1msr=255
来自 10.1.1.2 的回复：字节=32 时间=1msTT=255
10.1.1.2 的 Ping 统计信息：
数据包：已发送=4，已接收=4，丢失=0（0%丢失），
往返行程的估计时间（以毫秒为单位）：
最短=1ms，最长=1ms，平均=1ms
```

由上面显示结果可以看出，192.168.11.0 网段中的 IP 地址和 MAC 地址的对应项都是正常的，这些地址都是单位的办公网中正在使用的地址。但是显示结果中的"10.1.1.2　00-60-16-0a-b5-a3 dynamic"项是在单位办公网中没有使用的地址。不过配置 10.1.1.2 地址的设备肯定是和视频服务器的 10.1.1.12/24 网卡相连接的。

为了证实 10.1.1.2 的 IP 地址是活动的，就在视频服务器的"命令行"中执行了"ping 10.1.1.2"的命令，得到如下的显示结果。

```
C:\ Users\ Administrator>ping   10.1.1.2
正在 Ping10.1.1.2 具有 32 字节的数据
来自 10.1.1.2 的回复：字节=32 时间=1msTL=255
来自 10.1.1.2 的回复：字节=32 时间=1msr=255
来自 10.1.1.2 的回复：字节=32 时间=1msr=255
来自 10.1.1.2 的回复：字节=32 时间=1msTT=255
10.1.1.2 的 Ping 统计信息：
数据包：已发送=4，已接收=4．丢失=0(0%丢失),
往返行程的估计时间(以毫秒为单位)：
最短=1ms，最长=1ms，平均=1ms
```

从上面的显示结果可以看出，10.1.1.2 的 IP 地址也是处于活动状态的。

（2）现在已经知道和视频服务器地址为 10.1.1.12 的网卡相连的设备的地址和 MAC 地址。因为从 10.1.1.12 网卡连接出来的网线是通过机房的地下布线的，也就是说沿着视频服务器网卡后面的网线找各个连接点是非常困难的，因为所有的网线都在地板下，而地板上还放着服务器的机柜。所以现在已经知道了 10.1.1.2 的 IP 地址和 MAC 地址，那能否在办公网中找到和这两个地址相关的信息，也需要在 Cisoc4507 交换机的 ARP 表和 CAM

表中进行查找。

因为在三层交换机中都保存有这两张表，可以通过"show arp"命令查找连接到三层设备的客户端或服务器的 IP 地址和其 MAC 地址的对照表。通过"show mac address-table"查找连接到二层设备的客户端或服务器的 MAC 地址和其连接到二层设备接口的对照表。也就说只要知道其中的某一个就可以知道另一个的值。也可以说三层设备维护的是 ARP 表，二层设备维护的是 CAM 表。因为三层交换机同时具备三层、二层功能，所以这两张表都在进行维护，具体显示如下。

```
C:\ >arp -a
Interface: 10.1.1.12 --- 0×10003
Internet Address          Physical Address          Type
10.1.1.2                  00-60-16-0a-b5-a3         dynamic

Interface:192.168.11.8 - - - 0x10004
Internet Address          Physical Address          Type
192.168.11.4              04-1a-72-6a-4e-f2         dynamic
192.168.11.254            01-80-0c-b7-a1-45         dynamic
```

但是在 Cisco4507 中执行"Cisco4507# show arp | include10.1.1.2"和"Cisco 4507#sh mac address-table dynamic | include 0060.160a.b5a3" 两条命令后，并没有任何结果显示。同时在 Cisco4507 上执行命令"Cisco4507# ping10.1.1.2"，结果显示不能 ping 通该地址，可以看出，在单位的办公网中，并没有 IP 地址是 10.1.1.2 的这个设备。

（3）因为 MAC 地址具有唯一性，并和物理设备绑定在一起，而 IP 地址并不具备这两个特性，所以，现在只能通过 MAC 地址进行查找 IP 地址 10.1.1.2 具体是什么设备，并确定它的物理位置。

MAC 地址是识别局域网节点的标识，刻录在网卡（Network Interface Card，NIC）里，共 48 比特长，由 12 个十六进制的数字组成，其中 0~23 位为组织唯一标识符，24~47 位是由厂家自己分配的。网卡的物理地址通常是由网卡生产厂家烧制在网卡的可擦写可程序设计只读存储器中，它存储的是传输数据时真正赖以标识发出数据的计算机和接收数据的主机的地址。MAC 地址的前 6 个十六进制的数字是由 IEEE 进行分配的。通过 IEEE 的网站，就能查询到 MAC 地址前 6 个十六进制的数字和其使用公司名称的对应关系。

因为现在知道了 IP 地址 10.1.1.2 和其对应的 MAC 地址 00-60-16-0a- b5-a3，所以在一台能访问互联网的计算机的浏览器地址栏中输入通过 MAC 地址查询网卡生产厂商的 IEEE 的网址 "http：//standards.ieee.org/develop/regauth/oui/public.html"，打开后，在页面中输入地址 "00-60-16-0a-b5-a3" 的前六位，然后单击按钮 "Search"，会得到如下的显示结果。

Here are the results of your search through the public section of the IEEE Standards OUI database report for 00-60-16:

```
00-60-16    (hex)      CLARIION
006016      base 16)   CLARIION
                       COSLIN DRIVE
                       Mail Stop C25
                       SOUTHBORO MA 01772
                       NITED STATES
```

由上面的输出结果可以看出，IP 地址是 10.1.1.2 的设备类型是 "CLARIION"，它是 EMC 存储产品中的一个系列产品，属于中端存储产品，所以，现在能确定 10.1.1.12 和 10.1.1.2 两个 IP 地址都是应用在存储设备上，也就能确定 10.1.1.2 的具体位置在 EMC 的存储设备上。

（4）确定 IP 地址的具体位置。打开 EMC 的机柜后，发现在其中有一个五口的交换机，它是 EMC 厂家自带的，五端口交换机上的接口全是电口，上面都接有网线，如图 1-2 所示。

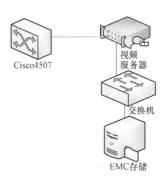

图 1-2　视频服务器连接 EMC 自带交换机图

为了确认视频服务器 10.1.1.12 网卡上的网线是不是接到 EMC 机柜中的五口交换机上，我们把 10.1.1.12 网卡上的网线拔掉，结果五口交换机上一个口的指示灯就灭了，把网线插上后，交换机上那个口的指示灯又亮了。所以，现在就能确定视频服务器上 IP 地址是 10.1.1.12 的网卡是通过 EMC 的五口交换机连接到 EMC 的存储设备上的，10.1.1.2 就是 EMC 存储设备上电口的 IP 地址。10 网段中的地址都是用来在视频服务器上对 EMC 的存储设备进行远程操作控制所使用的。明白了 IP 地址所使用的具体位置和其功能后，就可以放心地对视频服务器进行重装系统和应用软件的升级。

3. 总结

由以上解决问题的步骤可以看出，在视频服务器上共连接有 3 根网络数据线。第 1 根是双绞线，通过 IP 地址是 192.168.11.8 的网卡连接到核心交换机 Cisco4507 上。这根网线的主要作用是让单位办公网络中的客户端能通过 Cisco4507 核心交换机访问到视频服务器上的资源。第 2 根是光纤，通过视频服务器的 HBA 卡，连接到存储局域网络（Storage Area Network，SAN）中的光纤交换机上，再通过光纤交换机连接到 EMC 的存储设备上。这根光纤的主要作用是对视频服务器上数据库中的数据进行存储、备份，通过光纤传输数据也能够大大提高数据传输的速率。第 3 根也是双绞线，通过 IP 地址是 10.1.1.12 的网卡连接到 EMC 自带的五口交换机上，这根网线的主要作用是在视频服务器上通过 Web 管理控制接口对 EMC 存储设备进行管理和配置。

MAC 地址具有全球唯一性，利用这种特性往往能给排查网络故障带来很大的便利。因为 MAC 地址和设备是绑定在一起的，只要做好了 MAC 地址和具体设备对应关系的维护登记工作，知道了 MAC 地址就能找到 MAC 地址对应的设备在哪里。

而 IP 地址并不具有这种特性，IP 地址更多的是一种逻辑上的地址，通常情况下 IP 地址和具体的设备并不是一一对应的，尤其是使用了 DHCP 和 NAT 技术后 IP 地址和设备之间并没有什么关系。使用 DHCP 技术后，客户端和服务器获取到的 IP 地址都是动态变化的，今天使用的是 A 地址，明天使用的可能就是 B 地址。而 NAT 技术的变化更大，如局域网中的使用者使用 NAT 技术和互联网上的用户进行通信，互联网上的使用者看到局域网中用户使用的 IP 地址实际上并不是他的实际地址，所以这时要把 IP

地址与具体的设备或使用者联系起来非常困难。

随着以后 IPv6 使用范围的不断推广，使用 IP 地址的这种不确定性会有很大的改观。因为 IPv6 地址数量的庞大，按保守方法估算，IPv6 实际在整个地球每平方米面积上可分配 1000 多个地址，号称能让"每颗沙子都拥有一个地址"，既然 IP 有这么多的地址，能保证每一个因特网上的终端使用一个 IP 地址，所以当 IPv6 地址在全球普及的时候，也就保证了每一个 IPv6 地址能与具体的设备和使用者对应起来，这将对网络安全和网络维护工作带来很大便利。

其实对于这次网络问题的排查，若是以前在维护和配置视频服务器时能够按照规定，对操作规程进行严格登记和记录，这样在解决上面的问题时，只要看下记录本，所有的东西都一目了然了，也就大大节省了网络维护人员的时间和精力，提高了工作效率。注重点滴和基础工作，对网络的维护、管理工作必不可少。

1.4.2 IP 地址冲突故障实例

网络运维师在工作中遇到的网络问题、故障现象是多种多样的，所以也不能用单一、固定的方法或知识去解决它们，必须根据实际的故障现象，结合自己的工作经验，运用多种方法和知识灵活地排除故障。下面就是在实际工作中碰到的一个故障实例，通过对故障现象的分析和故障的排除过程来说明排除网络故障并不是一件简简单单的事情。

1. 校园网络服务器部署架构

网络服务器部署图如图 1-3 所示。为了确保重要设备的稳定性和冗余性，核心层交换机使用两台 Cisco4506，通过 Trunk 线连接。在核心交换机上连接有单位重要的服务器，如安全中心、DHCP、E-MAIL 和 Web 服务器等。单位 IP 地址的部署使用的是 B 类私有 172 网段的地址。其中，连接在 Cisco4506A 上的 FTP 服务器、Web 服务器和流媒体服务器的品牌是戴尔。连接在 Cisco4506B 上的安全中心服务器和 DHCP 服务器的品牌是戴尔，E-MAIL 服务器的品牌是惠普。

两台 Cisco4506 之间的连接情况及 Cisco4506A 和服务器间的连接情况如图 1-3 所示。

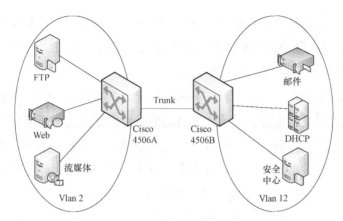

图1-3　网络服务器部署图

2. 核心交换机的网络配置情况

Cisco4506A 上的配置如下所示。

```
Cisco4506A#VLAN database
Cisco4506A(VLAN)#VLAN 2
Cisco4506A(VLAN)#apply
```

```
Cisco4506A GigabitEthernet 1/1<---->Cisco4506B GigabitEthernet 1/1
Cisco4506A GigabitEthernet 4/1 <-- -->FTP Server Eth0
Cisco4506A GigabitEthernet 4/2 <---->Web Server Eth0
Cisco4506A GigabitEthernet 4/3 <---->流媒体服务器 Eth0
Cisco4506A GigabitEthernet 4/4 <---->打印服务器 Eth0
```

```
Cisco4506A(config)#interface range gigabitEthernet 4/1-4
Cisco4506A(config-if-range)# switchport
Cisco4506A (config-if-range)#switchport access VLAN 2
Cisco4506A(config)#int VLAN 2
Cisco4506A(config-if)#ip address 172.16.2.252 255.255.255.0
//创建 VLAN 2 的 SVI 接口，并指定 IP 地址
Cisco4506A(config-if)#no shutdown
Cisco4506A(config-if)standby 2 priority 250 preempt
Cisco4506A(config-if)standby 2 ip 172.16.2.254
//配置 VLAN 2 的 HSRP 参数
Cisco4506A(config)#int VLAN 12
Cisco4506A(config-if)#ip address 172.16.12.252 255.255.255.0
Cisco4506A(config-if) #no shutdown
Cisco4506A(config-if)standby 12 priority 250 preempt
Cisco4506A(config-if)standby 12 ip 172.16.12.254
```

命令"standby 2 priority 250 preempt"中的"priority"是配置 HSRP 的优先级；2 为组序号，它的取值范围为 0~255；250 为优先级的值，取值范围为 0~255，数值越大，优先级越高。

优先级将决定一台路由器在 HSRP 备份集中的状态，优先级最高的路由器将成为活动路由器，其他优先级低的路由器将成为备用路由器。当活动路由器失效后，备用路由器将替代它成为活动路由器。当活动路由器和备用路由器都失效后，其他路由器将参与活动和备用路由器的选举工作。优先级都相同时，接口 IP 地址高的将成为活动路由器。

"preempt"是配置 HSRP 为抢占模式。如果需要高优先级的路由器能主动抢占成为活动路由器，则要配置此命令。配置 preempt 后，能够保证优先级高的路由器失效恢复后总能成为活动路由器。活动路由器失效后，优先级最高的备用路由器将处于活动状态，如果没有使用 preempt 技术，则当活动路由器恢复后，它只能处于备用状态，先前的备用路由器代替其角色处于活动状态。

Cisco4506B 上的配置如下所示。

```
Cisco4506B GigabitEthernet 4/1 <----> 安全中心服务器 Eth0
Cisco4506B GigabitEthernet 4/2 <----> DHCP Server Eth0
Cisco4506B GigabitEthernet 4/3 <----> E-Maill Server Eth0
Cisco4506B GigabitEthernet 4/4 <----> 认证服务器 Eth0
Cisco4506B#VLAN database
Cisco4506B#VLAN database
Cisco4506B(VLAN)#VLAN 12
Cisco4506B(VLAN)#apply
Cisco4506B (config)#interface range gigabitEthernet 4/1-4
Cisco4506B (config-if-range) switchport
Cisco4506B (config-if-range)switchport access VLAN 12
Cisco4506B(config)#int VLAN 12
Cisco4506B(config-if)ip address 172. 16.12.253 255.255.255.0
CisCo4506B(config-if)#no shutdown
Cisco450 6B (config-if)standby 12 priority 249 preempt
Cisco4506B(config-if)standby 12 ip 172.16. 12.254
Cisco4506B(config)#int VLAN 2
```

3. 问题的发生和主要的故障现象

在学校的网络中，还部署有入侵检测系统 IDS 和入侵防御系统 IPS，网络中的 IDS 设备连接到 Cisco4506A 的 GigabitEthernet3/1 镜像口上，在 Cisco4506A 上相关的配置命令如下所示。

```
Cisco4506A (config)#monitor session 1 source VLAN 2 , 12 both
Cisco4506A (config)#monitor session 1 destination interface gigabitEthernet 3/1
```

在"安全中心"服务器上，通过 IDS 设备对图 1–3 中 VLAN2 和 VLAN12 两个区域的监控，IDS 总会提示 IP 地址 192.168.0.120 冲突的告警信息。也就是说在图 1–3 中的 VLAN2、VLAN12 中存在两个设备都在使用地址 192.168.0.120。因为从上面 Cisco4506A 上的两行配置命令可以看出 IDS 只监控了 VLAN2 和 VLAN12 两个网段的数据。

刚看到告警信息时觉得很奇怪，因为学校网络中使用的都是 172 网段的地址，根本就没有部署过 192 的地址，所以首先想到的是可能遇到了攻击。而且 IDS 设备能够显示出引起 IP 地址冲突的两个 MAC 地址：842b.2b48.a187 和 842b.2b58.ea6f。

4. 排除故障的步骤

（1）因为 IDS 监控的是 VLAN2 和 VLAN12 两个网段，所以首先要确定冲突是发生在 VLAN2 还是发生在 VLAN12 中。把在 Cisco4506A 上的配置"Cisco4506A（config）# monitor session 1 source VLAN2，12both"改为"Cisco4506A（config）#monitor session 1 source VLAN2 both"，也就是只让 IDS 监控 VLAN2 中的数据，结果发现 IDS 还是会提示 IP 地址 192.168.0.120 冲突的警告信息。

接着，把配置"Cisco4506A（config）#monitor session 1 source VLAN 2 both"改为"Cisco4506A（config）# monitor session 1 source VLAN 12 both"，也就是只让 IDS 监控 VLAN12 中的数据。但 IDS 依旧会提示 IP 地址 192.168.0.20 冲突。所以，目前在 VLAN2 和 VLAN12 中都存在 IP 地址 192.168.0.120 冲突的问题。难道说攻击都已经渗透到网络核心层的这两个 VLAN 中了？

（2）因为在 IDS 上还提示了引起 IP 地址冲突的两个 MAC 地址，而 MAC 地址具有全球唯一性，所以可以通过这两个 MAC 地址找到 IP 地址 192.168.0.120 是和什么设备关联在一起的。所以，在 Cisco4506A 上执行以下命令。

```
Cisco4506A#sh mac address-table l include 842b.2b
2    842b.2b48.a187     DYNAMIC     Gi4/1
2    842b.2b58.ea6f     DYNAMIC     Gi4/2
```

从以上命令的输出结果可以看出，在 VLAN2 中引起 IP 地址 192.168.0.120 冲突的两个设备就是连接在 Cisco4506A 口 Gi4/1 上的 FTP Server 和连接在 Cisco4506A 口 Gi4/2 上的 Web 服务器，但是在进行网络部署时并没有在这两个服务器上配置 192 的 IP 地址。为了更加确认这种判断，还在 FTP 和 Web 服务器上的"命令行"中执行了命令"ifconfig-a"，从输出的结果中也没有看到 192 网段的 IP 地址，都是 172 的地址。

因为从上面的第（1）点中可以看出，在 VLAN12 中也存在 IP 地址 192.168.0.120 冲突的问题。所以，在 Cisco4506B 上也执行了命令"Cisco 4506B# sh mac address-table"，结果发现引起 IP 地址冲突的两个设备是连接在 Cisco4506B 口 Gi4/1 上的安全中心服务器和连接在 Cico4506B 口 Gi4/2 上的 DHCP 服务器。但是，我们在这两个服务器上也没有配置 192 网段的地址。

（3）综合上面排查故障的过程，可以发现引起 IP 地址冲突的服务器都是戴尔服务器。因为确实查找不到引起 IP 地址冲突的原因，就在百度中搜索了"戴尔 192.168.0.120 冲突"相关信息，发现 192.168.0.120 这个 IP 地址是戴尔服务器远程控制功能中默认使用的一个 IP 地址。戴尔服务器的远程控制功能是通过 DRAC（Dell Remote Access Controller，戴尔远程控制卡）实现的，它是一种系统管理硬件和软件解决方案，专门用于为 Dell PowerEdge 系统提供远程管理功能、崩溃系统恢复和电源控制功能。

也就是说，用户在远程若能访问到图 1-3 中 VLAN2 或 VLAN12 中的 192.168.0.120 这个 IP 地址，也就能实现在远程对 VLAN2 或 VLAN12 中的戴尔服务器进行简单的管理和配置，因为默认情况下具备 DRAC 功能的戴尔服务器都在远程控制卡上配置了 192.168.0.120 这个 IP 地址，而且 DRAC 功能的实现是通过共享戴尔服务器的网口实现的。

所以，连接在 Cisco4506A 上的都位于 VLAN2 中的戴尔 FTP 服务器、Web 服务器和流媒体服务器，在它们连接到 Cisco4506A 上的网口上都同时具备了两个 IP 地址，一个是 172 网段的地址，另一个是 192.168.0.120 地址。而且，它们都位于同个 VLAN 中，所以 IDS 在监控时就会发出 IP 地址冲突的警告信息。同样道理，连接在 Cisco4506B 上的安全中心服务器和 DHCP 服务器也会出现同样的地址冲突的警告信息。

5. 总结

要解决在 IDS 设备中总提示 192.168.0.120 冲突的警告信息，可以使用两种解决办法。一是重新启动戴尔服务器，进入到服务器的 CMOS 设置，在其中把"远程控制卡"的功能关闭即可。二是进入服务器的 CMOS 中，对 DRAC 卡的 IP 地址进行设置，可以把图 1-3 中位于 VLAN2 或 VLAN12 中的几台戴尔服务器的 IP 地址设置成不一样的地址，也可以把它们配置成为 172 网段的 IP 地址，这样就可以通过学校的网络远程对各个戴尔服务器进行简单管理和配置。

1.4.3 通过运维实例深入理解 NAT

目前，ICANN 已把 IPv4 地址分配完毕。没有了 IP 地址，怎么保证一些网络设备互联到因特网呢？目前许多单位普遍使用了 NAT 技术。下面就通过一则现实中运行的实例深入理解 NAT 运行的机制和原理。

1. 网络结构图说明

假设某分公司的 PC 机（10.10.10.2/24）通过因特网访问总部的服务器（192.168.10.2/24），网络结构图如图 1-4 所示。其中在分公司的 Cisco3750 上应用了 PAT 规则，也就是"端口 NAT"。在公司总部的防火墙 B 上应用了 Static NAT，并且防火墙 B 上的互联网端口的 IP 地址配置为 114.23.72.19/24。分公司 Cisco3750 上的互联网端口的 IP 地址配置为 114.23.72.219/24。在分公司的 PC 机和总部的服务器上都运行了"360 流量监控"软件，通过软件中的"网络连接"面板，能够清楚地看出 NAT 运行的机理。

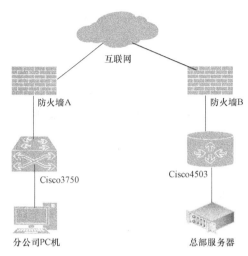

图1-4 网络结构图

2. 交换机和防火墙上 NAT 的配置

（1）防火墙 B 上应用的是 Static NAT 规则，通过防火墙的 Web 控制页面就可操作完成，即在 114.23.72.19/24 和 192.168.10.2/24 之间做静态转换，并且这两个 IP 地址之间的服务端口一一对应。

（2）Cisco3750 上的配置文件如下所示。

```
ip nat pool corporation 114.23.72.219 114.23.72.219 netmask 255.255.255.0
\\定义内部全局地址池
ip nat inside source list 10 pool corporation overload        \\建立映射关系
!
interface GigabitEthernet 1/0/1              \\定义外网接口
no switchport
ip address 114.23.72.219 255.255.255.0
ip nat outside
!
interface GigabitEthernet 1/0/10             \\定义内网接口
ip nat inside
!
access-1ist 10 permit 10.10.10.0 0.0.0.255   \\定义内部本地地址范围
```

3. 总结

NAT 规则有 3 种类型：静态 NAT（Static Nat）、动态 NAT（Dynamic Nat）

和端口 NAT（PAT），也称动态复用 NAT。其实动态 NAT 就是静态 NAT 的一种特例。本实例中就应用了 3 种 NAT 规则中的两种，静态 NAT 和 PAT。

（1）静态 NAT：将内部网络的私有 IP 地址转换为公有 IP 地址，IP 地址对是一对一的，也是一直不变的。实例中总部的 IP 地址 114.23.72.19 和 192.168.10.2 之间就是这种一对一的转换。也就是某个私有 IP 地址只转换为某个公有 IP 地址。借助于静态 NAT，可以实现外部网络对内部网络中某些特定服务器的访问。

（2）动态 NAT：将内部网络的私有 IP 地址转换为公用 IP 地址时，IP 地址不确定，具有随机性。所有被授权访问因特网的私有地址可随机转换为任何指定合法的 IP 地址。也就是说，只要指定哪些内部地址可以进行转换以及用哪些合法地址作为外部地址时，就可以进行动态 NAT 转换。动态 NAT 可以使用多个合法外部地址集。当 ISP 提供的合法 IP 地址略少于网络内部的计算机数量时，可以采用动态转换的方式。

（3）PAT：改变外出数据报的源口并进行口转换，采用口多任务方式。内部网络的所有主机均可共享一个合法外部 IP 地址实现对因特网的访问，可以最大限度地节约 IP 地址资源。同时，也可以隐藏网络内部的所有主机，有效避免来自因特网的攻击。因此，目前网络中应用最多的就是 PAT 规则。

NAT 也能有效地避免来自网络外部的攻击，隐藏并保护网络内部的计算机。但 NAT 最主要的作用，是在一定程度上减缓了 IPv4 地址耗尽的进度，但它也只是减缓，并不能阻止。目前，再有组织申请 IP 地址，就只能是 IPv6 地址了。

第2章
高校局域网的规划设计

2.1 交换式以太网简介

计算机技术与通信技术的结合促进了计算机局域网络的飞速发展，局域网经历了从单工到双工、从共享到交换、从低速到高速、从昂贵到普及的发展过程。交换式以太网是指采用交换机设备，并以星型结构组建的以太网络。

网桥的一个端口所连接的网络属于一个冲突域，因此利用网桥来连接和组建局域网可缩小冲突域的范围、减少碰撞冲突的概率、提高网络通信的速度和效率。网桥端口较少，于是诞生了交换机设备。最早的以太网交换机出现在 1995 年，交换机的前身是网桥，交换机相当于一个多端口的网桥。❶ 交换机的任意两个口就相当于一个两口的网桥。

交换机的每一个端口属于一个冲突域，不同端口属于不同的冲突域。如果交换机的一个端口连接的是一台主机，则该主机收发数据获得收发权的概率就是 100%，不会发生碰撞冲突，因此交换机可在全双工模式工作。交换机拥有一条高带宽的背板总线和内部交换矩阵，并为每个端口设立了独立的通道和带宽，交换机的所有端口都挂接在这条背板总线上，通过内部交换矩阵可实现高速的数据转发，因此交换机每一个端口的带宽是独享的。例如，对于 100Mb/s 的交换机，每个端口的通信速率均可同时达到 100Mb/s。集线器的端口带宽是共享的，比如一台 100Mb/s 的集线器，是所

---

❶ 张海秀.高校校园网规划与设计 [D].青岛：青岛科技大学，2018.

有端口共享使用这 100Mb/s 的带宽。交换机的背板带宽越宽（背板带宽指的是交换机在无阻塞情况下的最大交换能力），交换机的处理和交换速度就越快。交换机的数据转发算法较简单（相对于路由算法），可基于硬件（ASIC 芯片）来实现，因此，交换机可基于硬件实现线速交换。由此可见，交换机各端口是独享带宽，并可实现全双工通信。

交换机工作于数据链路层，能识别数据帧中的 MAC 地址，根据目标 MAC 地址进行数据帧的转发。交换机在未特别指定的情况下，均是指二层交换机。三层交换机是指可以工作在第三层（网络层）的交换机，三层交换机增加了路由功能，能识别 IP 地址，可对 IP 数据报进行路由选择和转发。三层交换机也可工作在第二层，作为一个二层交换机来使用。以太网交换机具备强大的数据交换处理能力和多种功能（VLAN 划分、生成树协议、组播支持、服务质量等），交换机和路由器已成为局域网组网的核心关键设备，交换式以太网成为目前最流行且最佳的组网方式。

2.2　网络互联设备

网络互联设备主要是交换机和路由器，属于网络的核心设备。

2.2.1　交换机

1. 交换机的分类

从广义上分，交换机可分为广域网交换机和局域网交换机。广域网交换机主要应用于电信领域，提供通信的基础平台；而局域网交换机则应用于局域网，用于连接终端设备。

从传输介质和传输速度上分，交换机可分为以太网交换机、快速以太网交换机、千兆以太网交换机、万兆以太网交换机、FDDI 交换机、ATM交换机和令牌环交换机等。

从所应用的网络规模上分，交换机可分为企业级交换机（又称中心交换机）、部门级交换机（又称骨干交换机）和工作组级交换机（又称桌面交换机）三种。

根据结构的不同，交换机可分为固定口交换机和模块化交换机。固定口交换机只能提供有限的端口和固定类型的接口，从连接的用户数量和所使用的传输介质上看，存在一定的局限性。这类交换机也有桌面式和机架式之分，机架式交换机便于安装和管理。

根据工作协议的层不同，交换机可分为第 2 层交换机、第 3 层交换机和第 4 层交换机。第 2 层交换机根据数据链路层的信息（MAC 地址）完成不同端口间的数据交换。接入层交换机一般就采用第 2 层交换机。第 3 层交换机具有路由功能，能识别网络层的 IP 信息，并将 IP 地址用于网络路径的选择，并能够在不同网段间实现数据的线速交换。

2. 影响交换机性能的指标

影响交换机性能的指标主要是 Mpps 和背板带宽。

（1）Mpps（Million Packet Per Second）即每秒可转发多少个百万数据报。其值越大，交换机的交换处理速度也就越快。

（2）背板带宽。背板带宽也是衡量交换机的重要指标之一，它直接影响交换机包转发和数据流处理能力。对于由几百台计算器构成的中小型局域网，即 Gbps 的背板带宽一般可满足应用需求；对于由几千甚至上万台计算机而构成的大型局域网，比如高校校园网，则需要支持几百 Gbps 的大型 3 层交换机。

3. 交换机的功能

交换机通常应具备以下方面的功能，以增强交换机的应用能力。

（1）支持组播。组播不同于单播（点对点通信）和广播，它可以跨网段将数据发给网络中的一组节点，在视频点播、视频会议、多媒体通信中应用较多。

（2）支持 QoS。QoS 是 Quality of Service（服务质量）的缩写。QoS 机制能够识别通过交换机的数据报的特征，并根据这些特征采取不同的传输策略，对于多媒体传输意义很重大。利用 QoS 可以给不同的应用程序分配不同的带宽。

（3）广播抑制功能。在某些情况下，3 层交换机需要转发广播包，比如 DHCP 客户机发送的 BootP（Bootstrap Protocol，引导程序协议）广播包，但是不能由广播包任意广播，而是在广播包超过一定数量的时候能加以限制。因此，交换机应具备广播抑制功能。

（4）支持端口聚合功能。端口聚合是指将若干个端口聚合捆绑在一起，形成一个逻辑端口或者称为 EthericChannel（以太通道）。通过端口聚合，可成倍提高端口的通信速度。

（5）支持 802.1q 协议。IEEE 802.1q 协议和 ISL 协议是 Trunk 链路打标封装协议，以实现跨交换机的 VLAN。目前的交换机一般均支持 802.1q 协议。

（6）支持 802.1d 协议。IEEE 802.1d 协定即生成树协定。在大型网络中，为提高网络的可靠性，往往采用冗余链路的方式保证网络的连通，为防止网络出现环路，必须运行生成树协议。此时交换机就必须支持该协议。

（7）支持网管协议。支持 SNMP 网管协议的交换机，支持利用网管软件对其进行远程管理和控制。

（8）支持流量控制。能够控制交换机的数据流量，HDX、FDX 是通用的流量控制标准，目前的交换机一般均支持。

（9）易于扩展。对于核心层交换机，应注意其扩展性，通常应是模块化的交换机，能在未来根据应用的需要，通过添加功能模块来增强交换机的功能和增加接口。

2.2.2 路由器

1. 路由器简介

路由器主要用于网络的互联，可实现不同类型的网络互联。在局域网的组建中，在局域网与因特网的边界需要使用一台路由器，利用路由器的网络地址转换（NAT）和路由功能，实现代理上网。对于中小型局域网络，常使用中、低端路由器；对于用户数众多的大型局域网络，应采用中、高端的路由器，以提供高性能的 NAT 和路由功能。

2. 路由器的接口类型

路由器的界面中，应用最多的主要是快速以太网接口和高速同步串口。高速同步串口主要用于 DDN、帧中继（Frame Relay）、X .25 等网络连接。在企业网之间，也可通过高速同步串口利用广域网连接技术来实现局域网间的互联。

2.3　交换式校园网规划设计

2.3.1　校园网络规划设计步骤

对网络进行规划设计和组建通常遵循以下基本步骤。

（1）需求分析。网络规划设计前，应与用户充分沟通交流，弄清客户的网络建设需求。

（2）现场踏勘。在与客户沟通交流的同时，应现场考察掌握园区的楼宇分布与各栋楼的间距资料，绘制或索取园区的楼宇建设平面图，并在图中标注距离数据以及各栋楼的楼层数、中心机房的位置、各栋楼的配线间和线井的位置。

（3）设计网络拓扑和综合布线。在弄清用户户组网需求和园区楼宇分布图之后，就可开始规划设计网络拓扑结构图和综合布线系统，定型网络设备，并设计网络工程预算与投标书。

（4）组织综合布线施工与验收。工程中标后，订购相关网络设备和器材，并组织综合布线施工与验收。

（5）安装、配置和调试。安装网络设备，规划 VLAN 与 IP 地址，然后对网络设备（交换机和路由器）按规划进行配置和调试运行。

（6）试运行。网络试运行期结束后进行网络工程验收。

（7）售后服务。对客户进行网络管理与维护培训，然后进入售后服务阶段。

2.3.2　交换式校园局域网的规划设计方法

交换式以太网局域网主要采用交换机和少量的路由器来构建。对于大中型局域网络，通常应采用三层式结构进行设计，这种方案结构清晰、网络运行效率高、易于维护和扩展。对于网络速度，通常应采取万兆核心、千兆主干、百兆交换到桌面或者千兆交换到桌面。

交换式局域网采用星型结构布线和组网，但网络总体结构呈层次结构。三层交换式结构中的"三层"分别是接入层、汇聚层和核心层。

1. 接入层（Access Layer）

接入层位于整个网络结构的最底层，接入层交换机用于连接最终用户，提供网络接入服务。接入层交换机通常采用二层交换机，端口密度一般较高，并应配备高速上行链路口。这类交换机用量较大，与汇聚层交换机共同放置于每栋楼的楼宇配线间。

2. 汇聚层（Distribution Layer）

汇聚层交换机用于汇聚接入层交换机的流量，提供 VLAN 间的互访，并上连至核心层交换机。汇聚层交换机应采用三层交换机，以提供高性能数据交换。汇聚层交换机的每一个端口向下级连接入层交换机。当用户接入端口不够用，而汇聚层又恰好有空余端口时，汇聚层交换机的端口也可提供给用户作为网络接入端口使用栋楼各房间的网线，通过综合布线，全部拉到楼宇配线间，并接在配线架上，利用双绞线跳线，再从配线架接到接入层交换机的各个口。接入层交换机再向上级连到汇聚层交换机，汇聚层交换机再通过光纤向上级连到位于中心机房的核心层交换机汇聚层与核心层交换机均是三层设备，因此，它们之间的级联属于三层设备间的级联，其链路最好采用路由方式。

3. 核心层（Core Layer）

核心层交换机是整个网络的中心交换机，具有最高的交换性能，用于连接和汇聚各汇聚层交换机的流量。核心层交换机一般采用中高端的三层交换机，这类交换机具有很高的交换背板带宽和较多的高速端口，能提供高性能的交换和 IP 包的转发服务。

对于小型局域网可以不用汇聚层交换机，而直接向上级连到核心层交换机，即采用二层结构，其核心层交换机也可采用中端交换机来担任。在具体设计网络时，可根据网络的规模和对带宽的要求，选择适当型号的交换机来做汇聚层和核心层的交换机。

为了使网络连接和运行更加可靠，在实际应用中，对可靠性要求较高的应用场合通常采用双冗余热备份方式上连到更高一层的交换机。采用双冗余热备份结构可获得很高的可靠性，每台交换机向上都是同时连接在两台功能相同的交换机上，其中一台处于工作状态，另一台处于备用等待状态。当原处于工作状态的交换机或某条链路出现故障时，处于等待状态的交换机或链路会立即转为工作状态，接替出现故障的交换机或链路，以保障网络的通畅。

为防止链路出现环路，此时应启用生成树协议（Spanning Tree Protocol，STP），以阻塞部分链路，防止出现环路。

2.4 运维实例

下面以规划设计某个具有 3 个校区、用户主机数在 2000~3000 台范围内的大型校园网络为例，介绍网络的规划设计方法，以及对网络核心设备（交换机 / 路由器）的配置与管理方法。

2.4.1 规划设计某高校大型局域网络

1. 网络建设任务

（1）网络基本情况。某高校有 3 个校区，称为 A 区、B 区和 C 区。A 区和 C 区规模较大，B 区规模较小。A 区与 B 区光纤线路长度在 30 千米左右，租用裸纤（指仅租用光纤线路，不租用两端的网络设备）专线实现这两个校区间的互联。A 区与 C 区相距较远，约 60 千米，因此，不能采用光纤专线，而采用 MPLS VPN 实现 A 区与 C 区的互联。

A 区和 C 区各设置一个中心机房，但以 A 区为主。A 区和 C 区的主要应用服务器放在各自校区的中心机房中，但校区间也能互访这些服务器。

A 区的服务器主要有 Web 服务器、邮件服务器、教务管理服务器、视频点播服务器、DNS 服务器等，共计 10 多台服务器。Web 服务器和邮件服务器要求同时接入电信 ChinaNet 网和教育网（Cernet）。

C 区的服务器主要有教务管理服务器、电影服务器等。

A 区使用的公网地址段为 61.186.202.32，子网掩码为 255.255.255.224，

共 32 个 IP 地址；网关地址为 61.186.202.33，子网掩码为 255.255.255.252。

A 区的教育网地址段为 219.21.55.0/24，共 256 个 IP 地址；网关地址为 219.221.55.1，子网掩码为 255.255.255.252。

C 区使用的公网地址段为 222.177.150.128，子网掩码为 255.255.255.224，共 32 个 IP 地址；网关地址为 22.177.150.129，子网掩码为 255.255.255.252。

（2）网络建设任务与性能要求。现要求组建这 3 个校园网络，实现 3 个校区间的互联互通，并能访问因特网。网络要易于扩展和维护、性能和可靠性高、安全性好。

要求校园网采用万兆核心、千兆主干、百兆交换到桌面。A 区与 B 区采用千兆光纤链路互联，A 区与 C 区采用 100Mb/s MPLS VPN 实现互联。

A 区因特网出口设置两条：一条接入电信 ChinaNet 网，采用 100Mb/s 光纤专线接入；另一条接入教育科研网（Cernet），采用 10Mb/s 光纤专线接入。整个校园网用户（3 个校区）访问教育网资源时，通过教育网出口访问。

C 区设置一条因特网出口，采用 100Mb/s 光纤专线通过当地电信接入因特网。C 区用户访问因特网时，默认采用该条链路出去访问；访问教育网资源时，通过 A 区的教育网出口访问。

2. 选择核心网络设备

（1）设计方案说明。通常是先设计网络拓扑结构，然后再选择网络设备，此处先进行设备选型，再设计网络拓扑结构，以便在拓扑图中标注出设备型号。

3 个校区的网络建设在实际中有先后次序，在发展过程中不断扩建，此处为了讲解和配置的方便，假设其网络同时建设。网络示例中所使用的设备型号为目前网络的主流设备，但不一定是最新的，对于以后新建网络，应选择符合时代的新型号。虽然设备型号和功能升级了，但组网的方法和配置策略不会改变，相关的配置命令也不会有太大的变化。

C 区与 A 区的网络建设方法基本相同，为避免重复介绍，重点放在 A 区和 B 区网络的组建上。对于 C 区仅介绍其核心层与 A 区的互联实现方法，即主要介绍两个远程局域网之间如何实现互联互通。

为便于同时介绍 Cisco 和华为的设备配置，网络设备同时选择了两个厂商的主流设备。对于二层交换机，由于数量众多，拓扑结构图中就不再画出。

（2）选择核心层交换机。考虑到整个校园网规模较大，用户主机数较多，核心层交换机采用华为万兆核心的路由交换机 Quidway s8505，该交换机拥有 5 个功能板插槽和 2 个引擎插槽，背板带宽为 750Gb/s，包转发率为 180Mp，并支持 10GE 接口，具有很强的交换处理能力和可扩展性。

根据应用需要，配置一块拥有 48 个千兆以太网电口的功能板和一块拥有 24 个千兆 SFP 光纤接口板，板上配置 18 个千兆多模光纤接口，用于连接到各栋楼的汇聚层交换机。为提高交换机的可靠性，配置双引擎。

光纤接口不够用时，可使用千兆的电口。使用内网地址的服务器群可使用部分千兆电口。使用公网地址的 DMZ 区服务器群使用 Cisco Catalyst 3750G-24T 千兆交换机实现网络的千兆接入。另使用一台 Cisco Catalyst 3750G-24T 作为千兆防火墙设备，保护 DMZ 区中的服务器群。

各栋楼的汇聚层交换机采用华为的 S3528P 或 Cisco3550-24 或 Cisco 3560。B 区规模不大，核心层交换机采用 Cisco 4506 交换机。

（3）选择核心路由器。由于网络用户数较多，网络出口路由器也采用高端的华为 Quidway NE40-4 交换路由器，并配置一块 NAT 转换板，以提高 NAT 转换的速度和负荷承受能力。

网络的因特网出口有 2 个，与核心层交换机互联需要一个接口，与防火墙设备互联需要一个接口；教育网的招生录取系统需要直连教育网，否则招生录取系统运行有问题，因此，单独使用一个接口连接招生录取用机，故路由器的以太网接口至少需要 5 个；考虑到扩展性，增配 2 个 SFP 光纤接口，标准有 4 个以太网电口。

3. 设计三层交换式网络拓扑结构

（1）总体设计原则与设计方法。A 区中心机房设置在综合楼的 3 楼，该栋楼的汇聚层交换机放在中心机房，由于该栋楼的楼层较高，分别在 1 楼和 6 楼的线井各设置 1 个机柜，放置接入层交换机。其余楼宇的配线间设置在各栋楼的中间楼层，汇聚层交换机和接入层交换机均放置在配线架的机柜中，汇聚层交换机采用多模光纤以千兆链路上连到核心层交换机的

SFP 光纤接口。

（2）网络拓扑结构图。校园网络拓扑结构图如图 2-1 所示。C 区的汇聚层和接入层在拓扑图中省略。

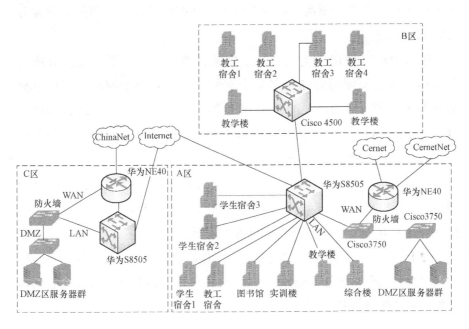

图 2-1　校园网络拓扑结构图

4. 三层设备互联接口地址与接口规划

网络拓扑结构设计出来后，在对交换机和路由器进行配置之前，还应先规划三层设备间的互联接口和接口地址，各栋楼的 VLAN 划分以及各 VLAN 使用的 IP 地址段。

（1）三层设备如何实现互联。各栋楼的汇聚层交换机在通过物理线路（光纤或双绞线）与核心层交换机相连后，还必须分别对汇聚层交换机和核心层交换机进行适当的配置，该条链路才能正常工作。

三层设备间互联链路的工作方式通常采用路由方式，因此需要分别配置互联接口的 IP 地址，然后通过配置指定路由来实现链路的正常工作。

（2）如何规划互联接口地址。三层设备互联的两个接口地址必须在同一个网段，不同的互联链路的接口地址应使用不同网段的地址。

由于一对互联的接口地址只需要 2 个且必须在同一个网段，为节约

IP 地址，通常采取将一个 C（指地址数量，不是指地址的分类）的 IP 地址段通过子网划分，划分出若干个具有 4 个 IP 地址的子网，每个子网除去网络地址和广播地址，刚好剩下 2 个可用的 IP 地址，这 2 个 IP 地址就可用作一对互联链路两端的接口地址，故接口地址的子网掩码通常为 255.25.255.252。

接口地址可使用三类私网地址中的任意一类，但原则上接口地址应与用户主机所使用的 IP 地址区分开来。对于中小型网络，用户主机的 IP 地址习惯上采用 192.168.0.0/16 这类地址；对于大型网络，用户主机的 IP 地址习惯上采用 10.0.0.0/8 这类地址。因此，通常接口地址采用 172.16.0.0/16~172.31.0.0/16 这类地址。

例如，接口地址可以使用 172.16.1.0/24 这一个 C 的 IP 地址，通过子网划分可用作接口地址。当然，不进行子网划分也可以，一对互联接口占用一个 C 的 IP 地址也可，只是 IP 地址略显浪费。

（3）规划互联接口及接口地址。A 区核心层交换机与各三层设备互联的接口地址规划如表 2-1 所示。A 区 NE40 与防火墙和因特网互联的接口及接口地址规划如表 2-2 所示。

表 2-1　A 区核心层交换机与各三层设备互联的接口地址规划

楼宇 / 设备名称	汇聚层交换机型号	互联界面	汇聚层界面 IP 地址	核心层界面 IP 地址	核心层交换机互联界面
综合楼	华为 3528P	G1/1	172.16.1.1/30	172.16.1.2/30	G2/1/1
教学楼	Cisco3550	G0/1	172.16.1.5/30	172.16. 1. 6/30	G3/1/1
实训楼	华为 3528P	G1/1	172.16.1.9/30	172.16. 1.10/30	G3/1/2
图书馆	华为 3528P	G1/1	172.16.1.13/30	172. 16.1. 14/30	G3/1/3
A 区教工宿舍	华为 3528P	G1/1	172.16. 1.17/30	172.16.1.18/30	G3/1/4
学生宿舍 1	华为 3528P	G1/ 1	172.16.1. 21/30	172. 16. 1. 22/ 30	G3/1/5
学生宿舍 2	华为 3528P	G1/ 1	172.16.1.25/30	172. 16.1.26/30	G3/1/6
学生宿舍 3	华为 3528P	G1/1	172. 16.1.29/30	172.16. 1. 30/30	G3/1/7

楼宇/设备名称	汇聚层交换机型号	互联界面	汇聚层界面IP地址	核心层界面IP地址	核心层交换机互联界面
学生宿舍4	华为3528P	G1/1	172. 16.1.33/30	172.16.1. 34/30	G3/1/8
学生宿舍5	华为3528P	G1/1	172. 16.1.37/30	172.16.1.38/ 30	G3/1/9
B校区核心层交换机	Cisco4500	G1/1	172.16.1.41/30	172. 16.1. 42/30	G3/1/10
MPLS VPN电信端	—		172.16.1.45/30	172. 16. 1.46/30	G2/1/2
华为NE40	—	E1/1/7	172.16.1.49/30	172.16.1. 50/30	G2/1/3
防火墙LAN口	Cisco3750	Fa1/0/2	172.16.2.1/30	172. 16.2.2/30	G2/1/4

表2-2 A区NE40与防火墙和因特网互联的接口与接口地址规则

设备/网络名称	设备型号	互联界面	汇聚层接口IP地址	核心层接口IP地址	NE40接口
防火墙WAN口	Cisco3750	Fa1/0/1	172.16.2.5/30	172.16.2.6/30	E1/1/6
Cernet网	—	—	219.221.55.1/30	219.221.55.2/ 30	E1/1/5
ChinaNet网	—	—	61.186.202.33/30	61.186.202.34/30	E1/1/4

A区防火墙与DMZ区服务器接入交换机之间的接口与接口地址规划如表2-3所示。

表2-3 A区防火墙与DMZ区服务器接入交换机之间的接口与接口地址规划

设备/网络名称	设备型号	互联界面	汇聚层接口IP地址	核心层接口IP地址	DMZ交换机
防火墙DMZ	Cisco3750	Fa1/0/3	172. 16. 2.9/30	172.16. 2. 10/30	Fa1/0/24

B区各汇聚交换机与B区核心层交换机互联接口及接口地址规划如表2-4所示。

表 2-4　B 区各汇聚交换机与 B 区核心层交换机互联接口及接口地址规划

楼宇名称	汇聚层交换机型号	互联界面	汇聚层界面 IP 地址	核心层界面 IP 地址	核心层交换机 互联界面
教工宿舍 1	Cisco3550	G0/1	172.16.3.1/30	172.16.3.2/30	G1/2
教工宿舍 2	Cisco3550	G0/1	172.16.3.5/30	172.16.3.6/30	G1/3
教工宿舍 3	Cisco3550	G0/1	172.16.3.9/30	172.16.3.10/30	G1/4
教工宿舍 4	华为 3528P	G1/1	172.16.3.13/30	172.16.3.14/30	G1/5
教学楼	华为 3528P	G1/1	172.16.3.17/30	172.16.3.18/30	G1/6
学生宿舍	Cisco3550	G0/1	172.16.3.21/30	172.16.3.22/30	G1/7

C 区 NE40 接口与接口地址规划如表 2-5 所示。

表 2-5　C 区 NE40 接口与接口地址规划

设备名称	设备型号	互联界面	汇聚层界面 IP 地址	核心层界面 IP 地址	核心层交换机 互联界面
防火墙 WAN 口	Cisco3750	Fa1/0/2	172.16.4.1/30	172.16.4.2/30	E1/1/6
核心层交换机	S8505	—	172.16.4.5/30	172.16.4.6/30	G2/1/1
ChinaNet 网	—	—	222.177.150.129/30	222.177.150.130/30	E1/1/15

C 区核心层交换机与 NF40 和防火墙的接口及接口地址规划如表 2-6 所示。核心层交换机与 C 区各汇聚层交换机间的连接接口及接口地址。

表 2-6　C 区核心层交换机与 NF40 和防火墙的接口及接口地址规划

设备名称	设备型号	互联界面	汇聚层界面 IP 地址	核心层界面 IP 地址	核心层交换机 互联界面
防火墙 LAN 口	Cisco3750	Fa1/0/2	172.16.4.9/30	172.16.4.10/30	G2/1/2
MPLS VPN 电信端	—	—	172.16.5.1/30	172.16.5.2/30	G2/1/3

5. 网段地址规划

整个学校使用一个 B 区的地址，其中 A 区和 B 区使用 64 个 C 区的地址，网段地址起始范围为 192.168.0.0/24~192.168.63.0/24；C 区使用 192.168.64.0/24~192.168.255.0/24 共 192 个 C 区的地址。校园网网段地址规划如表 2-7 所示。

表 2-7　校园网网段地址规划

楼宇/校区名称	网段及地址数	网段地址	地址的聚合表示
B 区	16 个 C	192.168.0.0/24~192.168.15.0/24	192.168.0.0/20
综合楼	2 个 C	192.168.16.0/24~192.168.17.0/24	192.168.16.0/23
教学楼	2 个 C	192.168.18.0/24~192.168.19.0/24	I192.168.18.0/23
实验楼	8 个 C	192.168.20.0/24~192.168.27.0/24	192.168.20.0/21
图书馆	8 个 C	192.168.28.0/24~192.168.35.0/24	192.168.28.0/21
A 区教工宿舍	2 个 C	192.168.36.0/24~192.168.37.0/24	192.168.36.0/23
学生宿舍 1	2 个 C	192.168.38.0/24~192.168.39.0/24	192.168.38.0/23
学生宿舍 2	2 个 C	192.168.40.0/24~192.168.41.0/24	192.168.40.0/23
学生宿舍 3	2 个 C	192.168.42.0/24~192.168.43.0/24	192.168.42.0/23
学生宿舍 4	2 个 C	192.168.44.0/24~192.168.45.0/24	192.168.44.0/23
学生宿舍 5	2 个 C	192.168.46.0/24~192.168.47.0/24	192.168.46.0/23
A 区电信网内部服务器	1 个 C	192.168.62.0/24	
A 区教育网内部服务器	1 个 C	192.168.63.0/24	
A 区和 B 区未分配地址	14 个 C	192.168.48.0/24~192.168.61.0/24	
C 区	192 个 C 即（64+128）个 C	192.168.64.0/24~192.168.255.0/24	192.168.64.0/18 192.168.128.0/17

说明：C 区的 192 个 C 的地址可以分成前 64 个 C 和后 128 个 C 分别进行聚合表达以方便进行路由表达。此处的 C 代表地址数，一个 C 代表 256 个地址，1 个 B 相当于 256 个 C。

6. 公网地址使用规划

下面针对校园网络 A 区所申请到的公网地址进行地址使用规划。

（1）ChinaNet 公网地址使用规划。根据前面的网络规划，A 区所申请到的 ChinaNet 公网址段为 61.186.202.32，子网掩码为 255.25.255.224，共

32 个 IP 地址。

这 32 个 IP 地址用在三个方面，即校园网边界路由器与因特网接入服务商的路由器的互联接口地址、NAT 地址池和服务器。其地址分配规划如下。

校园网的边界路由器与 ISP 互联需要一对接口地址，可从这 32 个地址段中划分出一个具有 4 个 IP 地址的子网来实现，该子网的地址为 61.186.202.32/30。校园网的边界路由器的接口地址使用 61.186.202.34，子网掩码为 255.255.255.252；ISP 服务商的接口地址（网关地址）为 61.186.202.33，子网掩码为 255.255.255.252。

路由器的 NAT 转换需要一个 NAT 地址池，可从剩余的 IP 地址中再划分出一个具有 4 个 IP 地址的子网用做 NAT 地址池，该子网的地址为 61.186.202.36/30。

32 个 IP 地址，用去 8 个后，还剩 24 个：将这 24 个 IP 地址再划分成 2 个子网，一个子网 8 个 IP 地址，用于内部服务器静态 NAT 转换使用，另一个子网 16 个 IP 地址，提供给服务器使用。其子网地址和网关地址如下。

内部服务器静态 NAT 转换使用的网段地址为 61.186.202.40/29。

服务器用的子网地址为 61.186.202.48/28；网关地址为 61.186.202.49；子网掩码为 255.255.255.240。

（2）教育网公网地址使用规划。A 区所申请到的教育网地址段为 219.221.55.0/24，共 256 个 IP 地址。地址使用规划如下。

边界路由器互联接口地址段为 219.221.55.0/30，边界路由器使用地址为 219.221.55.2，子网掩码为 255.255.255.252；ISP 服务商接口地址（网关地址）为 219.221.55.1，子网掩码为 255.255.255.252。

NAT 地址池使用的地址段为 219.221.55.4/30。

内部服务器静态 NAT 转换使用的地址段为 219.221.55.8/29。

教育网的招生录取计算机必须使用教育网地址，不能进行 NAT 地址转换，划分一个具有 16 个 IP 地址的子网供招生系统使用，地址段为 219.221.55.16/28。

教育网服务器划分使用其中的 64 个 IP 地址，其余地址保留备用。这

64个IP地址段为219.221.55.64/26，该网段的网关地址为219.221.55.65，子网掩码为255.255.255.192。

2.4.2　校园网汇聚层与核心层间的互联

1. 汇聚层交换机接口地址与路由

汇聚层交换机与核心层交换机间的互联链路，采用路由方式工作，因此需要配置互联接口地址和路由，才能实现设备间的互联互通。

（1）配置综合楼汇聚层交换机。交换机为华为3528P，根据前面的统一规划，互联界面为G1/1，接口地址为172.16.1.1/30，对端接口地址为172.16.1.2/30。

华为和华三的三层交换机口，不能像Cisco三层交换机接口那样，可以在启用为三层端口后，直接设置接口IP地址。对于华为和华三的三层交换机，要设置互联接口的IP地址，应采用以下步骤和方法来实现：① 创建一个VLAN。② 选中该VLAN的虚拟接口，然后在该虚拟接口上设置互联接口的IP地址。③ 将互联接口划分到该VLAN。

配置步骤与命令如下。

```
<Switch>super
<Switch> system-view
#配置交换机的主机名为 zonghelou
[Switch] sysname zonghelou
#配置 Telnet 登录密码
[zonghelou] user-interface vty 0 4
[zonghelou-ui-vty0-4] authentication-mode password
[zonghelou-ui-vty0-4] set authentication password cipher letmein
[zonghelou-ui-vtyo-4] quit
#配置 Console 口登录密码
[zonghelou]user-interface con 0
[zonghelou-ui-console0] set authentication password simple cisco
```

（2）配置教学楼汇聚层交换机。交换机为Cisco3550，互联接口为G0/1，接口地址为172.16.1.5/30，对端接口地址为172.16.1.6/30。

配置步骤与命令如下。

```
[zonghelou-ui-console] quit
#配置进人管理级别的密码为 nopassword
[zonghe lou] super password level 3 cipher nopassword
#创建 VLAN 10
[zonghelou] vlan 10
[zonghelou-vlan10] quit
#选择 VLAN 10 的虚拟接口
[zonghe lou] interface vlan-interface 10
#配置接口地址。接口地址配置为互联接口地址
[zonghelou-vlan-interface10] ip address 172.16.1.1 255.255.255.252
[zonghelou-vlan-interface10] quit
#选择互联用的口
[zonghelou] interface GigabitEthernet 1/1
#配置端口用途的描述
[zonghelou-GigabitEthernet1/1] description linktos8505
#将该口划分到 VLAN 10 中
[zonghelou-GigabitEthernet1/1] port access vlan 10
[zonghelou- GigabitEthernet1/1] quit
#配置默认路由
[ zonghelou] ip route-static 0.0.0.0 0.0.0.0 172.16.1.2
[zonghelou] quit
#保存配置
<zonghelou> save
<zonghelou> quit
!启用三层界面
jiaoxuelou(config-if)# no switchport
!配置互联接口 IP 地址
Jiaoxuelou (config-if)# ip address 172 16.1.5 255.255.255. 252
jiaoxuelou(config-if)# exit
!配置默认路由
jiaoxuelou(config)# ip route 0.0.0.0 0.0.0.0 172.16.1.6
jiaoxuelou(config)#exit
!保存配置并退出
jiaoxuelou# write
jiaoxuelou#exit
```

（3）配置实训楼汇聚层交换机。交换机为华为 3528P，配置方法与综合

楼相同，只是互联接口的地址和默认路由的下一跳地址不相同，其余配置项均相同。为避免重复，以下的配置命令中，对 Telnet 和 Console 口登录密码配置，以及进入管理级（系统视图）的密码配置命令就不再列出。

互联接口 G1/1，接口地址 172.16.1.9/30，对端接口地址 172.16.1.10/30。配置命令和步骤如下。

```
Switch> system-view
#配置交换机的主机名为 shixunlou
[Switch] sysname shixunlou
#创建 VLAN 10
[shixunlou] vlan 10
[shixunlou-vlan10] quit
#配置虚拟接口的互联地址
[shixunlou] interface vlan-interface 10
[shixunlou-vlan-interface 10] ip address 172.16.1.9 255.255.255.252
[shixunlou-vlan-interface10] quit
#选择互联用的口，将口划分到 VLAN10
[shixunlou] interface GigabitEthernet 1/1
[shixunlou-GigabitEthernet1/1] description linktos8505
[shixunlou-GigabitEthernet 1/1] port access vlan 10
[shixunlou-GigabitEthernet 1/1] quit
#配置默认路由
[shixunlou] ip route-static 0.0.0.0 0.0.0.0 172.16.1.10
[shixunlou] quit
#保存配置并退出
<shixunlou> save
<shixunlou> quit
```

（4）配置图书馆、教工宿舍。这7栋楼的汇聚层交换机也为华为3528P，配置方法完全相同，只有互联接口地址和路由的下一跳地址不相同。具体配置命令就不再重复列出。

2. 核心层交换机接口地址与回头路由

核心层交换机 S8505 与各栋楼的汇聚层交换机互联，需要配置相应的互联接口地址、出口路由和回头路由。回头路由的配置，需要知道各汇聚层交换机使用了哪些网段。校园网各栋楼的网段地址规划参见表 2-7。

配置步骤与配置命令如下。

```
<S8505>system-view
#依次创建用于设置互联接口地址所需的 VLAN
[S8505] vlan20
[S8505-vlan20] description tozonghelou
[S8505-vlan20] vlan21
[S8505-vlan21] description tojiaoxuelou
[S8505-vlan2l] vlan 22
[S8505-vlan22] description toshixunlou
[S8505-vlan22] vlan23
[S8505-vlan23] description totushuguan
[S8505-vlan23] vlan24
[S8505-vlan24] description tocompusA_teacher
[S8505-vlan24] v1an25
[S8505-vlan25] description tostudentl
[S8505-vlan25] vlan26
[S8505-vlan26] description toStudent2
[S8505-vlan26] v1an27
[S8505-vlan27] description tostudent3
[S8505-vlan27] v1an28
[S8505-vlan28] description tostudent 4
[S8505-vlan29] v1an29
[S8505-vlan29] description tostudent5
[S8505-vlan29] v1an30
[S8505-vlan30] description toNE40
[S8505-vlan30] quit
#依次配置 VLAN 接口地址，这些地址将用作互联接口地址
[S8505] interface vlan-interface 20
[S8505-vlan- interface20] ip address 172.16.1.2 255.255.255.252
[S8505-vlan-interface20] interface vlan-interface21
[S8505-vlan- interface21] ip address172.16.1.6 255.255.255.252
[S8505-vlan-interface2l] interface vlan-interface22
[S8505-vlan- Interface22] ip address172.16.1.10 255.255.255.252
[S8505-vlan-interface22] interface vlan-interface23
[S8505-vlan- interface23] ip address 172.16.1.14 255.255.255.252
[S8505-vlan-interface23] interface vlan-interface24
[S8505-vlan- interface24] ip address 172.16.1.18 255.255.255.252
[S8505-vlan-interface24] interface vlan-interface25
[S8505-vlan- interface25] ip address 172.16.1.22 255.255.255.252
[S8505-vlan-interface] interface vlan-interface26
[S8505-vlan- interface26] ip address172.16.1.26 255.255.255.252
```

```
#接下来配置到各栋楼汇聚层的回头路由

#到综合楼的回头路由

[S8505] ip route- static 192.168.16.0 255.255.254.0 172.16.1.1
#到教学楼的回头路由

[S8505] ip route- static 192.168.18.0 255.255.254.0 172.16.1.5
#到实训楼的回头路由

[S8505] ip route-static 192.168.20.0 255.255.248.0 172.16.1.9
#到图书馆的回头路由

[S8505J ip route-static 192.168.28.0 255.255.248.0 172.16.1.13
#到 A 区教工宿舍楼的回头路由

[S8505] ip route- static 192.168.36.0 255.255.254.0 172.16.1.17
到 1 号学生宿舍楼的回头路由

[S8505] ip route- static 192.168.38.0 255.255.254.0 172,16.1.21
#到 2 号学生宿舍楼的回头路由

[S8505] ip route- static 192.168.40.0 255.255.254.0 172.16.1.25
#到 3 号学生宿舍楼的回头路由

[S8505] ip route- static 192.168.42.0 255.255.254.0 172.16.1.29
#到 4 号学生宿舍楼的回头路由

[S8505] ip route- static 192.168.44.0 255.255.254.0 172.16.1.33
#到 5 号学生宿舍楼的回头路由

[S8505] ip route- static 192.168.46.0 255.255.254.0 172.16.1.37
#保存配置并退出

[S8505]quit

<s8505>save

<s8505>quit
```

```
[S8505-Vlan-inter face26] interface Vlan-interface 27
[S8505-Vlan- interface27] ip address 172.16.1.30 255.255.255.252
[S8505-Vlan-interface27] interface Vlan-intertace 28
[S8505-Vlan- interface28] ip address 172.16.1.34 255.255.255.252
[S8505-Vlan-interface28] interface Vlan-interface 29
[S8505-Vlan- interface29] ip address 172.16.1.38 255.255.255.252
[S8505-Vlan- interface29] interface Vlan-interface 30
[S8505-V1an- interface30] ip address 172.16.1.50 255.255.255.252
#依次将互联接口划分到所属的 VLAN
[S8505-Vlan-interface29] quit
[S8505] interface GigabitEthernet 2/1/1
[S8505-GigabitEthernet2/1/1] port access vlan 20
[S8505-GigabitEthernet2/1/1] interface GigabitEthernet 3/1/1
[S8505-GigabitEthernet3/1/1] port access vlan 21
[S8505-GigabitEthernet3/1/1] interface GigabitEthernet 3/1/2
[S8505-GigabitEthernet 3/1/2] port access vlan 22
[S8505-GigabitEthernet2/1/2] interface GigabitEthernet3/1/3
[S8505-GigabitEthernet3/1/3)] port access vlan 23
[S8505-GigabitEthernet2/1/3] interface GigabitEthernet 3/1/4
[S8505-GigabitEthernet 3/1/4] port access vlan 24
[S8505-GigabitEthernet2/1/4] interface GigabitEthernet3/1/5
[S8505-GigabitEthernet3/1/5] port access vlan 25
[S8505-GigabitEthernet2/1/5] interface GigabitEthernet 3/1/6
[S8505-GigabitEthernet3/1/6] port access vlan 26
[S8505-GigabitEthernet2/1/6] interface GigabitEthernet 3/1/7
[S8505-GigabitEthernet3/1/7] port access vlan 27
[S8505-GigabitEthernet2/1/7] interface GigabitEthernet 3/1/8
[S8505-GigabitEthernet3/1/8] port access vlan 28
[S8505-GigabitEthernet2/1/8] interface GigabitEthernet 3/1/9
[S8505-GigabitEthernet 3/1/9] port access vlan 29
#配置与 NE40 互联的接口
[S8505-GigabitEthernet3/1/9] interface GigabitEthernet 2/1/3
[S8505-GigabitEthernet2/1/3] pbrt access vlan 30
[S8505-GigabitEthernet2/1/3] quit
#配置到 NE40 的出口路由
[S8505] ip route- static 0.0.0.0 0.0.0.0 172.16.1.49
```

3. A、B 区间核心层交换机间的互联

A 区和 B 区通过各自的核心层交换机实现互联，B 区核心层交换机为 Cisco4500，互联界面为 G1/1，接口地址为 172.16.1.41/30，A 区使用华为 S8505 交换机的 G3/1/10 接口与之互联，接口地址为 172.16.1.42/30。

（1）A 区华为 S8505 核心层交换机的配置。配置内容：配置接口地址和路由。配置命令如下。

```
<S8505> system-view
#配置互联接口地址
[S8505] vlan 31
[S8505-vlan31] description toCompusB Cisco4500
[S8505-vlan31] quit
[S8505] interface Vlan-interface 31
[S8505-V1an-interface31] ip address 172.16.1.42 255.255.255.252
[S8505-Vlan-interface31] quit
[S8505] interface GigabitEthernet 3/1/10
[S8505-GigabitEthernet 3/1/10] port access vlan 31
[S8505-GigabitEthernet3/1/10] quit
#配置到 B 区的路由
[S8505] ip route- static 192.168.0.0 255.255.240.0 172.16.1.41
#保存配置并退出
[S8505]quit
<S8505>save
<S8505>quit
```

（2）B 区 Cisco4500 核心层交换机的配置内容：配置互联接口地址和路由。配置命令如下。

```
Switch# config t
Switch(config)# hostname C4500
！ 配置互联接口的 IP 地址
C4500(config)# interface GigabitEthernet1/1
C4500(config-if)# description toCompusA _8505
C4500(config-if)# no switchport
C4500(config-if)ip address 172.16.1.41 255.255.255.252
```

```
C4500(config-if)#exit
!配置默认路由到 S8505 核心层交换机
C4500(config) # ip route 0.0.0.0 0.0.0.0 172.16.1.42
!接下来还应配置 Cisco4500 核心层交换机到 B 区各汇聚层交换机的路由，此部分
配置略。
! 保存配置并退出
C4500(config) # exit
C4500 # write
C4500 # exit
通过以上配置后，A 区和 B 区就可实现互联互通。
```

4. 配置 A、C 区间的 MPLS VPN 互联

A 区和 C 区由于相距较远，采用 MPLS VPN 链路实现内网的互联。

连接方式：A 区通过光纤链路接入 ISP 服务商（如市电信公司），C 区通过另一条光纤链路接入当地的 ISP 服务商（如区县电信分公司）。

配置内容：A 区与市电信公司之间，需要配置互联接口地址和路由；C 区与当地电信分公司之间，需要配置另一条互联链路的接口地址和路由。当地电信分公司与市电信公司之间的 MPLS 链路，由网络运营商负责配置。

（1）A 区华为 S8505 的配置。互联接口为 G2/1/2，接口地址为 172.16.1.46/30，对端的网络服务商的接口地址为 172.16.1.45/30。配置命令如下。

```
<S8505> system-view
#配置接口地址
[S8505]vlan 32
[S8505-vlan32] description MPLS
[S8505-vlan32] quit
[S8505] interface Vlan-interface 32
[S8505-Vlan-interface32] ip address 172.16.1.46 255.255.255.252
[S8505-Vlan-interface 32] quit
[S8505] interface GigabitEthernet 2/1/2
[S8505-GigabitEthernet2/1/2] port access vlan 32
```

```
[S8505-GigabitEthernet2/1/2] quit
#配置访问 C 区内网的路由
[S8505] ip route- static 192.168.64.0 255.255.192.0 172.16.1.45
[S8505] ip route- static 192.168.128.0 255.255.128.0 172.16.1.45
#配置访问 C 区服务器群的路由。即通过 MPLs 链路访问 C 区的服务器
[S8505] ip route- static 222.177.150.128 255.255.255.224 172.16.1.45
#保存配置并退出
[S8505] quit
<S8505> save
<S8505> quit
```

（2）C 区华为 S8505 的配置。互联界面为 G2/1/3，接口地址为 172.16.5.2/20；对端的网络服务商的接口地址为 172.16.5.1/30。配置命令如下。

```
<CompusC_S8505> system-view
[CompusC_S8505] vlan 100
[CompusC_S8505-vlan100] description MPLS
[CompusC_S8505-vlan100] quit
[CompusC_S8505]interface Vlan-interface100
[CompusC_S8505-Vlan-interface100] ip address 172.16.5.2 255.255.255.252
[CompusC_S8505-Vlan-interface100] quit
[ CompusC_S8505] interface GigabitEthernet2/1/3
[CompusC_S8505-GigabitEthernet2/1/3] port access vlan 100
[CompusC_S8505-GigabitEthernet2/1/3] quit
#配置到 A 区内网的路由
[CompusC_S8505] ip route- static 192.168.0.0 255.255.192.0 172.16.5.1
#配置访问 A 区服务器群的路由
[CompusC_S8505] ip route- static 61.186.202.32 255.255.255.224 172.16.5.1
[CompusC_S8505] ip route- static 219.221.55.0 255.255.255.0 172.16.5.1
#保存配置并退出
[CompusC_S8505] quit
<CompusC_S8505> save
<CompusC_S8505> quit
通过以上配置和 MPLS 链路，即可实现 A 区与 C 区内网的互联互通。
```

第3章
高校网络运维与管理

3.1　网络管理基础

网络管理简称网管。网管概念出现在 19 世纪，随着计算机和通信技术的飞速发展，网管技术也从原始的人工管理发展为计算机自动管理。现在，一个高效、实用的网络一刻也离不开网络管理。网络管理已成为网络技术的一个重要组成部分。

3.1.1　网络管理的基本概念

尽管网络管理还没有一个精确的定义，但它的内容可作如下归纳：网络管理包括对硬件、软件和人力的使用、综合与协调，以便对网络资源进行监视、测试、配置、分析、评价和控制，这样就能以合理的价格满足网络的使用需求。

网络管理并不是指对网络进行行政上的管理，而是利用网络本身，通过读取或写入网络节点上的状态信息来了解网络的运行状况和对网络进行控制的一种管理。下面分别介绍网络管理模型中的主要构件。

（1）网络管理中心。它是整个网络管理系统的核心，通常是具有良好图形接口的高性能工作站，并由网络管理人员进行直接操作和控制。所有向被管设备发送的命令都是从网管中心发出的。网管中心的关键构件是网管软件，由网管软件负责对网络信息的收集和管理。

（2）被管设备。它可以是主机、路由器、交换机、打印机、集线器、网桥等。在每个被管设备中可以有许多被管对象，如一台路由器就可以有路由接口、CPU、内存等多个被管对象。在每个被管设备中都要运行一个程序，以便和网管中心进行通信，这些运行着的程序叫网络管理代理程序，简称代理（Agent）。每个被管对象都维护着一个可供网管中心读写的若干控制和状态信息，这些信息总称为管理信息库（Management Information Base，MIB）。

（3）网络管理协议。它用于网络管理中心与被管设备间的通信，是一套通信规则。网络管理员利用管理协议通过网络管理中心对被管设备进行管理。目前，使用的网络管理协议是简单网络管理协议（Simple Network Management Protocol，SNMP）。它按照客户/服务器方式工作，网络管理中心运行 SNMP 客户端程序，向被管设备发出请求或命令，被管设备运行 SNMP 服务器程序，返回响应或执行命令。

网络管理主要有五大功能，包括故障管理、配置管理、计费管理、性能管理、安全管理。

（1）故障管理保证网络资源无障碍、无错误的运营状态，其主要包括故障检测、故障诊断、故障排除和故障记录。

（2）配置管理是最基本的网络管理功能，负责网络的建立、业务的展开以及配置数据的维护。配置管理功能主要包括资源列表管理、资源开通以及业务开通。资源列表管理是所有配置管理的基本功能，资源开通是为满足新业务需求及时地配备资源，业务开通是为端点用户分配业务或功能。

（3）计费管理是记录用户使用网络资源的情况并核收费用，同时也统计网络资源的利用效率。

（4）性能管理是保证网络有效运营和提供约定的服务质量。在评价和报告网络资源运营状态的同时，保证各种业务的峰值性能。性能管理中的测量结果是规划过程和资源的开通过程的主要依据，以预知现实的或即将发生的资源不足。

（5）安全管理是采用信息安全措施保护网络中的系统、数据以及业务安全。

3.1.2 SNMP 基础

1. SNMP 概述

SNMP 协定发布于 1988 年，现已有 SNMPV1、SNMPV2、SNMPV3 三个版本。其基本指导思想是协议要尽可能简单。其基本原理是若要管理基本对象，就必须在该对象中添加一些软件或硬件，但这种"添加"必须对原有对象的影响尽可能小。

SNMP 的基本功能包括监视网络性能、检测分析网络差错和配置网络设备等。在网络正常工作时，SNMP 可实现统计、配置和测试等功能。当网络出现故障时，可实现各种差错检测和功能恢复。在 SNMP 管理系统中必须有一个管理中心，运行网络管理软件。管理软件和被管设备中的代理程序利用 SNMP 报文进行通信，通信的 SNMP 报文通过 UDP 协议传输。

2. SNMP 配置

下面是 Cisco 设备的 SNMP 常用配置命令。

（1）配置团体名。

snmp-server community community-name rolrw access-list-number

参数说明：

community-name 为指定团体名。

ro 只读为 Read-only。

rw 可读、可写为 Read-write。

access-list-number 为设置能够访问被管设备的访问清单，可为标准或扩展访问列表。

（2）允许发送 Trap。

snmp-server enable traps

（3）指定 Trap 信息发送到网络管理中心的地址。

snmp-server host IP-Address traps trap-string

参数说明：

lIP-Address 代表设置网络管理中心的 IP 地址。

ltrap- string 代表设置发送 Trap 时使用的字符串。

（4）设置 Trap 信息发送的源地址。

snmp-server trap-source interface-number

参数说明：

interface-number 代表各种类型源的接口地址。

（5）配置维护人员联系信息。

snmp-server contact address-information

参数说明：

address-information 代表维护人员地址，一般为邮件地址。

（6）配置被管设备位置信息。

snmp-server location location-information

参数说明：

location-information 代表设备位置信息，一般使用地址的拼音或英文。

（7）显示 snmp 配置信息。

Show snmp

3.1.3 管理信息库

管理信息库（MIB）是网络中所有可能被管对象集合的数据结构。只有在 MIB 中的对象才能被 SNMP 管理。SNMP 采用与域名系统 DNS 类似的树形结构。

树的节点表示管理对象，管理对象可以用从树根开始的一条路径进行唯一的识别。MIB 用来描述树的层次结构，它是所监控网络设备的标准变量定义的集合。管理对象可以用一串数字唯一确定，这串数字是管理对象的客体标识符（Object5 Identifier）。

表 3-1 列出了以太网设备的常用 MIB 变数，这些变量维护在以太网设备中，供网络管理中心查询。

表 3-1 以太网设备的常用 MIB 变数

MIB 变数	含义	MIB 变数	含义
SysUpTime	距上次重启动的时间	IPInReceives	接收到的 IP 数据报
IfNumber	网络接口数	IPRoutingTable	IP 路由表
IfMTU	接口的最大传输单元	TcpInSegs	已收到的 TCP 报文数
IpDefaultTTL	IP 生存时间值	UdpInDatagrams	已收到的 UDP 报文数

3.1.4 SNMP 的 5 种协议单元

SNMP 规定了 5 种 SNMP 报文，用来在管理进程和代理进程之间进行数据交换。实际上，SNMP 只有两种基本的管理功能。

（1）"读"操作，用 get 报文检测各被管对象的状况。

（2）"写"操作，用 set 报文改变被管对象的状况。

SNMP 的功能通过探询操作实现，即 SNMP 网络管理中心定时向被管设备周期地发送探询报文，被管设备收到探询报文后，将 MIB 变量中的信息返回网络管理中心。探询的好处是可使系统相对简单，且网络开销小，但探询管理协议不够灵活，而且所管理的设备数目不能太多。SNMP 不是完全的探询协议，它允许不经过询问就能发送某些信息，这种信息称为陷阱（Trap）。当被管对象的代理程序检测到有事件发生时，就检查其门限值，当达到门限值时，就主动向管理进程报告事件。这种方法的优点是仅在严重事件发生时才发送陷阱，且陷阱数据报的字节数很少。

SNMP 使用无连接的 UDP 在网络上传送 SNMP 报文，网络开销很小，但 UDP 不保证可靠交付。在运行代理程序的服务端（被管设备）使用熟知端口 161 接收 get、set 报文和发送回应报文。在运行管理程序的客户端（网络管理软件）使用熟知端口 162 接收来自各代理的陷阱报文。

3.2 交换机配置基础

3.2.1 查看交换机信息

对于 Cisco 交换机，查看相关信息使用 "show" 命令，该命令可查看很多方面的信息，可通过执行 "show ?" 命令来获得可查看信息的详细列表。对于华为交换机，查看信息使用 "display" 命令，其用法与 Cisco 基本相同，只是命令关键词表达形式不同。❶ 下面主要介绍最常用的几个查看命令。

---

❶ 冯昊，黄治虎 . 交换机 / 路由器的配置与管理 [M]. 2 版 . 北京：清华大学出版社，2009：38–52.

1. 查看 IOS 版本信息

Cisco 使用"show version"命令；华为使用"display version"命令。

2. 查看系统时钟

Cisco 使用"show clock"命令；华为使用"display clock"命令。

3. 查看配置文件

（1）查看当前正在运行的配置文件，Cisco 使用"show running-config"命令，常简写为"show run"；华为使用"display current-configuration"命令，常简写为"display cur"。

（2）查看启动配置文件，Cisco 使用"show startup-config"命令，常简写为"show start"；华为使用"display saved-configuration"命令，常简写为"display save"。

4. 查看 ARP 地址表

Cisco 使用"show arp"命令；华为使用"display arp"命令。利用该命令通过查看 IP 地址与 MAC 地址的对应关系，可找出当前网段内 ARP 病毒的攻击源，其方法是：在汇聚层交换机，通过查看 ARP 地址表，若有 IP 地址不相同但对应的 MAC 地址相同的列表项，则说明网段内有 ARP 病毒攻击，该 MAC 地址就是 ARP 病毒源主机的 MAC 地址。根据 MAC 地址找到病毒源后，立即拔除带毒主机的网线并作清毒处理。

5. 查看 MAC 地址表

Cisco 使用"show mac-address-table"命令，要查看具有某一个 MAC 地址的主机所连接的端口，可使用"show mac-address-table address mac-address"命令来实现；华为使用"display mac-address"命令。

例如，若发现感染病毒的计算机的 MAC 地址为 00-0FEA-01-B9-4E，现要查找该主机所连接的交换机的口号，则查找命令为"Switch# show mac-address-table address 000F.EA01.B94E"。

6. 查看 IP 路由信息

仅对三层交换机或路由器有效。Cisco 使用"show ip route"命令；华为使用"display ip routing-table"命令。

7. 查看交换机 CPU 负荷与内存使用情况

查看 CPU 负荷情况。Cisco 使用"show processes cpu"命令；华为使用 display cpu 命令。

查看内存使用情况。Cisco 使用"show processes memory"命令；华为使用"display memory"命令。

8. 查看 VLAN 配置情况

Cisco 使用"show vlan"命令；华为使用"display vlan all"命令。

9. 查看端口状态

对于 Cisco 交换机，查看某一口的工作状态，可使用"show interface"命令来实现，其用法为 show interface interface- type interface-number。

interface-type 代表端口的类型，通常有 Ethernet（以太网端口，通信速率为 10Mb/s）、FastEthernet（快速以太网端口，100Mb/s）、GigabitEthernet（吉比特以太网端口，1000Mb/s）和 TenGigabitEthernet（万兆以太网端口），这些端口类型可简约表达为 e、fa、gi 和 tengi。

interface-number 代表端口编号，通常由两部分（槽位编号 / 端口编号）或三部分（Unit ID / 槽位编号 / 端口编号）构成。对于固定配置的低端交换机，通常由两部分构成。对于模块化的中高端交换机，通常由三部分构成。

3.2.2 交换机的基本配置

1. 设置主机名

交换机或路由器都有一个主机名，Cisco 交换机或路由器使用"hostname"命令设置主机名。例如，若要将交换机的主机名设置为 student1，则配置命令如下。

```
Switch config t
Switch（config）# hostname student1
student（config）#
```

对于华为的交换机或路由器，使用"sysname"命令设置主机名如下。

```
<Switch> system view
[Switch] sysname S3528P
[S53528P]
```

2. 配置交换机管理地址

为便于远程管理和维护交换机，交换机通常应设置一个管理 IP 地址，以支持远程登录管理。三层交换机可利用已有的接口地址来登录，不需要单独设置管理地址，可使用交换机上的任意一个接口地址来登录。对于二层交换机，只有 VLAN1 接口可设置 IP 地址，因此，二层交换机的管理地址通常设置在 VLAN1 的接口上。管理地址必须设置为该二层交换机所在的网段。

（1）Cisco 交换机管理地址的配置方法。假设有一台 Cisco 二层交换机属于 192.168.1.0/24 网段，网关地址为 192.168.1.1。现要设置该交换机的管理地址为 192.168.1.254，则设置方法如下。

```
Switch# config
Switch（config）# interface vlan 1
Switch（config if）#ip address 192.168.1.254    255.255.255.0
Switch（config if）#no shutdown
Switch（config if）#exit
```

若要取消管理 IP 地址，可执行"no p address"命令。

管理地址配置后，在同一网段的其他主机就可利用 Telnet 192.168.1. 254 来登录该交换机了。若要跨网段登录连接该交换机，还必须给交换机配置指定默认网关地址，使交换机（作为一个主机）能与其他主机进行通信。

配置指定交换机的默认网关地址使用"ip default-gateway"命令。例如，若要配置交换的默认网关地址为 192.168.1.1，则配置命令如下。

```
Switch（config）# ip default- gateway 192.168.1.1
Switch（config）#exit
Switch# write
```

（2）华为交换机管理地址的配置方法。华为交换机管理地址的配置方法与 Cisco 基本相同，只是命令格式略有不同。若要配置 Quidway E026-FE 交换机的管理地址为 192.168.2.254，则配置方法如下。

```
[E026] interface Vlan-interface1
[E026] ip address 192.168.2.254 255.255.255.0
```

配置管理地址后，接下来还应配置默认路由，否则无法跨网段登录连接交换机。

```
[E026] ip route- static 0.0.0.0 0.0.0.0 192.168.2.1
[E026]quit
<E026> save
```

以上配置方法是针对整个二层交换机同属于一个网段的情况，这种情况下，所有口预设属于 VLAN1，故管理地址可设置在 VLAN1 接口上。但如果一个二层交换机有部分接口属于一个网段，如 VLAN10，另一部分接口属于另一个网段，如 VLAN20，没有一个接口属于 VLAN1，此时管理地址就不能再配置在 VLAN1 接口上了，可先删除 VLAN1 的界面，然后再创建 VLAN10 或 VLAN20 的接口，在该接口上再配置管理地址。其配置方法如下。

```
[E026] undo interface Vlan-interface 1
[E026] interface Vlan-interface 10
[E026] ip address 192.168.2.254 255.255.255.0
```

3. 配置 DNS 服务器

为了使交换机作为主机角色访问其他主机时能进行域名解析，需要给交换机配置指定 DNS 服务器。

（1）启用与禁用 DNS 域名解析。启用 DNS 域名解析，配置命令如下。

```
ip domain lookup
```

禁用 DNS 域名解析，配置命令如下。

```
no ip domain lookup
```

预设情况下，交换机启用了 DNS 域名解析，但没有指定解析时使用的

DNS 服务器的地址。启用 DNS 域名解析后，在对交换机进行配置时，对于输入错误的配置命令，交换机会试着进行域名解析，这将影响配置，特别是在启用了 DNS 域名解析，又没有指定 DNS 服务器的情况下，交换机会花较长时间搜索 DNS 服务器。因此，在实际应用中，通常禁用 DNS 域名解析。

（2）指定 DNS 服务器地址。配置命令如下。

```
ip name server serveraddress1 [serveraddress2. serveraddress6]
```

交换机最多可指定 6 个 DNS 服务器的地址，各地址间用空格分隔，排在最前面的为首选 DNS 服务器。

例如，若要配置指定交换机域名解析时的 DNS 服务器地址为 61.128.128.68 和 61.128.192.68，则配置命令如下。

```
Switch（config）# ip name server 61.128.128.68 61.128.192.68
```

3.2.3 交换机端口的基本配置

对端口的配置命令，均在接口配置模式下运行。

1. 为端口指定一个描述性文字

对端口指定一个描述性的说明文字，说明端口的用途，可起到备忘的作用。

配置命令如下。

```
description port- description
```

该命令对于 Cisco 和华为均适用。如果描述文字中包含有空格，则要用引号将描述文字引起来。

例如，若交换机的 Fa0/1 用做 trunk 链路口，给该口添加一个说明文字，则配置命令如下。

```
Switch（config）# interface fa0/1
Switch（config）description "———trunk port———"
```

2. 设置端口通信速度

配置命令为如下。

```
speed 10|10011000|auto
```

该命令 Cisco 和华为均适用。默认情况下，交换机的端口通信速率设置为自动协商（auto），此时链路的两个端点将相互交流各自的通信能力，从而选择一个双方都支持的最大速度和单工或双工通信模式。若链路一端的口禁用了自动协商，则另一端就只能通过电气信号来探测链路的速率，此时无法确定单工或双工通信模式，将使用默认的通信模式。

若将交换机设置为具体的通信速率，应注意保证通信双方速率要相同。

例如，若要将 Cisco Catalyst 3750 交换机的第 10 号千兆端口降速为 100Mb/s，则配置方法如下。

```
C3750（config）# interface FastEthernet 1/0/10
C3750（config-if）# speed 100
```

3. 设置端口的单双工模式

配置命令如下。

```
duplex full |half |auto
```

该命令 Cisco 和华为均适用。ful 代表全双工（full-duplex），haf 代表半双工（haf duplex），auto 代表自动协商单双工模式。

在配置交换机时，应注意端口的单双工模式的匹配，如果链路的一端设置的是全双工，而另一端是半双工，会造成高出错率，丢包现象会很严重。通常可设置为自动协商或设置为相同的单双工模式。

例如，若要将 Cisco Catalyst 3750 交换机的第 10 号端口设置为全双工通信模式，则配置命令如下。

```
C3750（config）# int fa1/0/10
C3750（config-if）duplex full
```

4. 配置 MTU

MTU（Maximum Transmission Unit，最大传输单元）是指网络允许传输的最大 IP 数据报的大小，单位为字节。超过该值，IP 数据报就必须分片传输。

在以太网中，MTU 的最大值为 1500 字节，最小值为 46 字节。网络中允许设置的 MTU 值与所使用的网络设备有关。

使用 PPPoE 拨号连接时，由于 PPPoE 帧的帧头要占用 6 字节，另外还有 2 字节的协议类型标识，因此，此时的 MTU 应为 1492 字节。对于 VPN，MTU 最佳值为 1430，Modem 拨号时为 576。

例如，若要配置第 10 号端口的 MTU 值为 1492，则配置命令如下。

```
Switch（config）#interface fa0/10
Switch（config-if）# mtu 1492
```

对于华为交换机，也使用相同的命令进行配置。

5. 配置端口的流量控制

Cisco 的低端交换机没有提供流量控制功能，华为和华三的产品提供有流量控制功能，下面主要针对华为和华三产品进行介绍。

默认情况下流量控制功能处于关闭状态。当本端交换机和对端交换机都开启了流量控制功能后，如果本端交换机发生拥塞，本端交换机将向对端交换机发送消息，通知对端交换机暂时停止发送报文或减慢发送报文的速度。对端交换机在接收到该消息后，将暂停发送报文或减慢发送报文的速度，从而避免报文丢失现象的发生，保证了网络业务的正常运行。开启端口的流量控制在接口配置模式下，执行"flow-control"命令即可，关闭流量控制执行"undo flow-control"命令。例如，若要开启交换机的 E0/1 端口的流量控制功能，则配置命令如下。

```
[Quidway]int e0/1
[Quidway Ethernet0/1] flow-control
```

6. 端口协商

启用链路自动协商，配置命令如下。

```
negotiation auto
```

禁用链路自动协商，配置命令如下。

```
no negotiation auto
```

当 Cisco 交换机与华为交换机进行级联时，可关闭端口的自动协商功能，否则端口有可能无法启动（up）。例如，一台 Cisco3550 交换机，通过光纤与对端的华为 S3526E 连接时，需要分别在 Cisco3550 和华为 S3526E 的接口上禁用端口的自动协商功能，对于 Cisco3550 交换机，其配置命令如下。

```
C3550# config t
C3550（config）#interface go/1
C3550（config-if）#no negotiation auto
```

当配置了端口的速率和双工（或半双式）模式后，端口协商功能自动关闭。

华为交换机或路由器也支持该命令，禁用自动协商时，使用"undo negotiation auto"命令。

7. 端口优化

当将用户主机或网络设备连接到已启动的交换机接口上时，在能正常通信之前，交换机接口会进行一个初始化过程，在该过程中，交换机会进行生成树协议初始化、以太信道配置测试和 Trunk 链路测试，需要约 30 秒或更多的时间。

在启用了冗余链路的组网结构中，需要启用生成树协议（Spanning Tree Protocol，STP），通过阻塞冗余端口的方法来构造一个无环路的网络拓扑结构。生成树协议标准编号为 IEEE802.1d。

对于位于接入层的二层交换机，由于连接的是最终使用者，不需要运行生成树协议，这可为初始化过程节约 15 秒。阻止端口运行生成树协议的配置命令如下。

```
spanning tree portfast
```

交换机的端口有 Access 和 Trunk 两种模式，默认为 Access。通过显式配置指定为 Access 模式，可在端口初始化时不进行 Trunk 测试，其配置命令如下。

```
switchport mode access
```

对于没有进行口聚合的端口，可显式配置"no channel-group"命令，以便在初始化时不进行以太信道的协商和测试。

因此，对二层交换口进行优化，减少端口初始化过程的配置命令如下。

```
spanning tree portfast
switchport mode access
no cnannel-group
```

例如，若要将 Cisco2950 交换机的第 1~23 号端口进行优化配置，以减少初始化等待时间，则配置命令如下。

```
C2950（config）# interface range fa0/1-23
C2950（config if-range）switchport mode access
C2950（config if-range）t spanning tree portfast
C2950（config if-range）# no channel-group
```

8. 启用与禁用端口

对于没有进行网络连接的端口，其状态始终是 shutdown。对于正在工作的端口，可根据管理的需要，进行启用或禁用。例如，若发现连接在某一端口的计算机，因感染病毒，正大量向外发包，此时就可禁用该端口，以断开主机与网络的连接。若要禁用第 22 号端口，则配置命令如下。

```
Switch（config）# int f0/22
Switch（config-if）# shutdown
Swltch（config-if）#
00：56：38．%LINK-5-CHANGED：Interface FastEthernet0/22，changed
state to administra tively down
00：56：39．%LINEPROTO-5UPDOWIN：Line protocol on Interface
FastEthernet0/22，changed state to down
```

若要重新启用该端口，则配置命令如下。

```
Switch（config-if）# no shutdown
```

对于华为交换机或路由器，使用"shutdown"与"undo shutdown"命令。

3.2.4　三层交换机的路由配置

1. 路由的基本概念

（1）路由与路由表。路由简单地说，就是到达目的网络或设备的路径。在路由器或三层交换机（统称为三层设备）中维护着一张路由表，在该路由表中，记录着到达目标网络的下一跳地址，以及应该通过哪一个接口出去等重要信息。当 IP 数据报到达三层设备后，三层设备就从 IP 数据报中获得该数据报要到达的目的网络的地址，然后在路由表中查找到达该网络的下一跳的地址。如果在路由表中有匹配项，则将该 IP 数据报转发到下一跳地址所指示的三层设备，以后就由下一个三层设备负责转发，从而最终到达目的主机所在的网络。

（2）静态路由与动态路由。由管理员通过配置命令手工添加的路由，属于静态路由，它以配置命令形式存在于配置文件中。路由器启动时，加载到内存中从而构建起路由表。

动态路由是路由器通过路由协议和路由算法，动态学习到的路由。对于局域网，通常采用静态路由。

（3）默认路由与优先级。在进行路由匹配查找时，默认路由的优先级是最低的。只有在没有找到路由匹配项时，才按默认路由的指示进行转发。在同一个三层设备中，预设路由只能有一条。

如果三层设备只有一个出口，则只配置一个默认路由即可。如果三层设备有多个出口，则要手工配置静态路由和默认路由。通常采取将网络数目最多的一个出口配置成默认路由，即配置成默认的出口。对能到达的网络数目较少的出口，配置成静态路由，以减少手工添加配置静态路由的工作量。

通常所说的默认网关，实际上就是默认路由。在 PC 机上设置默认网关，就相当于添加了一条默认路由。设置了默认网关后，该台 PC 机才能与其他网段的主机进行相互通信，否则只能与本网段的其他主机进行相互通信。

对于 PC 机而言，其网关地址就是该台 PC 机所属 VLAN 的 VLAN 接口地址，该接口地址通常配置在汇聚层的三层交换机上。

2. 路由的配置方法

三层设备自己的接口，在设置 IP 地址并启用接口后，设备会自动添加路由到路由表中，不需要用户添加配置路由。因此，三层设备自己的各接口间可以相互通达。下面主要介绍 Cisco 交换机静态路由的添加配置方法。

（1）配置静态路由。

配置命令如下。

```
ip route network netmask nexthop
```

命令功能：定义一条到指定网络的静态路由，并将该路由加入到路由表中。

network 为目的网络的网络地址，netmask 代表该网络的子网掩码，二者共同确定了目的网络。nexthop 为到达该目的网络的下一跳地址。通常是与该三层设备互联的，能到达目的网络的下一个三层设备的互联接口地址。

例如，如果到达 10.8.0.0/13 网络的下一跳地址为 172.16.1.6，则路由的添加命令如下。

```
ip route   10.8.0.0   255.248.0.0   172.16.1.6
```

（2）配置默认路由。

配置命令如下。

```
ip route   0.0.0.0   0.0.0.0   nexthop
```

该命令用于添加默认路由。

例如，若校园网用户到互联网的网关地址为 218.201.62.17/30，则在校园网的出口（边界）路由器上，其默认路由配置命令如下。

```
ip route   0.0.0.0   0.0.0.0   218.201.62.17
```

（3）删除路由。

若要删除默认路由或删除静态路由，使用带 no 的命令重新执行一次即可。例如，若要删除刚才添加的那一条静态路由，则实现命令如下。

```
no ip route   10.8.0.0   255.248.0.0   172.16.1.6
```

当使用者通过远程登录方式登录到远程的路由器或三层交换机进行路由管理操作时，定要注意不要删除自己的主机所在的网络到该三层设备间的路由。

例如，A 区和 C 区之间的互联链路要作调整，要拆除原来的链路，启用另一条新的链路。用户在 A 区通过远程登录到 C 区的边界路由器上，要对互联路由进行调整修改。此时就不能先删除原来的路由，否则就无法连接访问 C 区了。正确的做法是先添加新链路的路由，然后再删除旧链路的路由。

3.3 用 Ethereal 分析网络数据报

Ethereal 是非常流行的一种网络数据报嗅探和分析软件。Ethereal 的功能完全能够和收费软件 sniffer pro 媲美，具有很强的网络数据报分析和统计功能。网络管理员通过对经过网络的数据报进行分析，从而发现网络问题并进行排除。Ethereal 是目前最流行的基于开放源代码的网络包分析工具之一。

Ethereal 的主要功能有：

（1）从网络接口上捕获实时数据包。

（2）能对捕获的数据报进行详细的协议分析。

（3）可将捕获的数据报进行存储和打开、导入和汇出。

（4）可按多种方式设置过滤条件，只收集有用的数据报。

（5）按多种方式查找需要的数据报。

（6）生成各种各样的数据报统计报表。

Ethereal 的使用方式主要有两种：一种是通过把 Ethereal 所在计算机的网卡设置成混杂模式，捕获本网段内的数据报；另一种是让安装 Ethereal 的计算机连接到局域网出口的镜像口，从而对整个局域网的流入、流出数据报进行捕获和分析。下面对该软件的主要功能做一些介绍。

3.3.1　Ethereal 的安装

本软件可从网站上下载，下载完成后，双击 wireshark-setup.exe 程序，出现安装接口，直接单击 Next 按钮，在 License Agreement 窗体中单击 Iagree 按钮，在后面弹出的窗体中单击 Next 按钮，直到弹出 Install WinPcap 窗体，一定要勾选 Install WinPcap 复选框，然后一直单击 Next 按钮，直到安装完成。

3.3.2　用 Ethereal 捕获数据包

启动 Ethereal 软件，单击 Capture 菜单下的 Interfaces 菜单项，出现选择网卡的窗体，可根据显示的 IP 地址来决定选择哪块网卡来捕获数据报。

选择好网卡后，单击 Capture 菜单下的 Start 菜单项，Ethereal 将开始捕获数据报，并将其显示在主窗体中。主窗体分为三大部分，分别是：①包列表区。清单区中每一行对应一个数据报，显示包的源地址（Source）、目的地址（Destination）、协议类型（Protocol）等信息。②包细节区，采用了树状结构显示协议和协议字段，可被展开及折叠。③包字节区，将数据报的内容以十六进制格式显示出来，左边显示偏移量，中间显示十六进制数值，右边显示相应的 ASCI 字符。

如果要停止捕获，可单击工具栏中的停止按钮，也可单击 Capture 菜单下的 Stop 菜单项。

3.3.3　过滤条件的设置

当数据很多时，必须对不关心的数据报进行过滤。Ethereal 通过设置过滤条件来捕获满足过滤条件的数据报。软件提供了一些常用的过滤表达式（单击 Analyze 菜单下的 Display Filters 菜单项），也可以自己定义过滤表达式。对于过滤表达式的详细介绍，可以参考软件的说明文文件，本书仅作简要的介绍。

1. 常用的变量名

（1）IP 地址变量。

> ip.src：表示数据报中的源 IP 地址。
>
> ip.dst：表示数据报中的目的 IP 地址。
>
> ip.addr：表示数据报中的 IP 地址，既可以是源地址，也可以是目的地址。

（2）MAC 地址变量。

> eth.src：表示数据报中的源 MAC 地址。
>
> eth.dst：表示数据报中的目的 MAC 地址。
>
> eth.addr：表示数据报中的 MAC 地址，既可以是源地址，也可以是目的地址。

（3）TCP、UDP 变数。

> tcp.port：表示 TCP 端口，通过和 ip.src、ip.dst 合用，可表示源口、目的口。
>
> udp.port：表示 UDP 端口，通过和 ip.src、ip.dst 合用，可表示源口、目的口。

2. 运算符

常用运算符如表 3-2 所示。

表 3-2 常用运算符

运算符	符号	含义	实　　例
关系运算符	==	等于	ip.src == 10.0.0.5
	!=	不等于	ip.src != 10.0.0.5
	>	大于	ip.addr > 192.168.1.1
	<	小于	ip.dst < 192.168.1.1
	>=	大于等于	ip.dst >= 192.168.1.1
	<=	小于等于	ip.dst <= 192.168.1.1
逻辑运算符	and	与	ip.dst >= 192.168.1.1 and ip.dst <= 192.168.1.255
	or	或	ip.src == 10.0.0.5 or ip.src == 10.0.0.10
	not	非	not ip.src == 10.0.0.5

3. 过滤表达式

简单表达式由变量和关系运算符组成。过滤表达式由多个简单表达式通过逻辑运算连接在一起组成，其语法为 [not] 简单表达式 [and | or | [not] 简单表达式。

例如，要对源地址为 192.168.1.1 且 TCP 端口为 80 的数据过滤，其过滤表达式为 ip. src == 192.168.1.1 and tcp port == 80。

4. 表达式编辑器

在使用过程要使用更多的变量，可通过表达式编辑器来完成。启动表达式编辑器，表达式编辑器窗口由三部分组成，左边为变量区（Field name），中间为关系运算符区（Relation），右边为数值区（Value）。其操作方步骤：第一步在左边选择要过滤的变量；第二步在中间选择关系运算符；第三步在右边输入变量的值。

5. 过滤表达式的使用

在讲过滤表达式使用前，先介绍过滤表达式工具条的使用。工具条上有 4 个按钮，其功能如下。

Filter：可直接从窗口中选择已经存储的过滤表达式。

Expression：启动表达式编辑器。

Clear：清除输入框中的过滤表达式即取消对数据报的过滤，捕获所有数据报。

Apply：让输入框中的过滤表达式生效。

过滤表达式的使用分两步：第一步是在输入框中输入过滤表达式，既可直接在输入框中输入，也可通过 Filter 和 Expression 按钮输入；第二步是单击 Apply 按钮使过滤表达式生效。

3.3.4　数据包的统计

Ethereal 的统计功能非常强大，所有的统计功能都包括在 Statistics 菜单中，本书只介绍常用统计功能。

（1）综合统计（Summary），主要统计总共捕获多少数据报，每秒平均多少个包，包的平均大小，包的大小分布等资料。

（2）按协议层次统计（Protocol Hierarchy），按协议对包进行分类统计。

（3）按会话进行统计（Conversations），按各种协议的会话进行统计，主要的协议有以太网、IPv4、IPX、TCP 和 UDP 口等。

3.4　网络流量监控

PRTG（Paessler Router Traffic Grapher）是一款功能强大的软件，它通过 SNMP 协议与设备进行通信，取得设备的流量信息并生成图形报表，它几乎支持所有能启用 SNMP 协议的设备，包括服务器、路由器、交换机、计算机等多种设备。通过对这些设备信息的统计，说明网络管理员找到网络的问题所在，确定网络的升级方向。该软件还可将绘制完成后的图形报表发布成页面，供网络管理员或其他人员通过网络查看统计信息报表。

3.4.1 PRTG 的安装

PRTG 软件可从网站上下载，下载完成后，双击 PRTG Traffic Grapher Setup.exe 程序，出现安装接口。直接单击 Next 按钮，在出现的窗体中选择 Iaccept the greement 后，单击 Next 按钮，弹出选择安装路径目录，通过 Browse 按钮选择安装路径目录，然后单击 Next 按钮，弹出信息选择对话框。

若要以网页方式发布流量统计报表，则要选择开启 webserver 功能，即选中 Enable network access to PRTG's webserver（recommended）单选按钮，还可选择建立桌面图示（Create a Desktop Icon）和任务栏快捷方式图示（Create a Quick Launch Icon）。单击 Next 按钮，出现安装窗体，安装完成后，直接单击 Finish 按钮完成安装。安装完成后，必须重新启动操作系统，软件才能使用。

3.4.2 添加监控设备

启动 PRTG 软件，单击 Sensor 菜单下的 Add 菜单项。监控交换机 / 路由器设备选择 Standard SNMP Traffic Sensor 单选按钮，然后单击 Next 按钮。

在出现的对话框中输入要监控设备的名称、IP 地址、配置 SNMP 时设定的团体名和 SNMP 埠号，然后单击 Next 按钮。

如果设备已经启用了 SNMP，且上一步的 SNMP 参数配置是正确的，PRTG 将与设备进行通信，搜索出设备的可监控对象，并显示在弹出窗口中供用户选择。

配置完成后，就可以在 PRTG 中实时监控被管设备的网络流量等信息。还可重复上述步骤，在 PRTG 中添加多个监控设备，这些设备将以树型结构显示在 PRTG 中。

3.4.3 将 PRTG 的统计报表发布到网站

在 PRTG 软件主窗体中，单击 Extras 菜单下的 Options 菜单项，出现选项菜单。下面对选项菜单的功能进行讲解。

（1）设置 PRTG 为 Windows 的服务程序，在选项窗体中勾选 Run as

Service 复选框即可。

（2）设置 WWW 服务器的 IP 地址和端口，口默认为 8080，可设置为 80 口。

（3）设置网站的相关信息，包括网站的风格、网站标题、主页网址及主页的宽度和高度。

3.5 常见故障判断与排除

3.5.1 网络连通性测试

网络连通性测试是网络维护经常使用的测试项，通常采用"ping"命令来检查。思科设备、华为设备和 Windows 操作系统都支持"ping"命令，但参数有一些区别。

1. Cisco 设备上的 ping 命令

使用此命令后，如果提示符为"…"，表示不通；如果提示符为"!"，表示连通；如果是"."和"!"交替表示有掉包，如"..!!..!!!"。

```
cqd7206#ping    192.168.1.1
sending 5，100-byte ICMP Echos to 192.168.1.1, timeout is 2 seconds：
… ← 不通
success rate is o percent（0/5）
cqdd7206#ping    1    -92.168.252.254
Type escape sequence to abort .
Sending 5，100-byte ICMP Echos to 192. 168.252.254, timeout is 2
seconds：
!!!!! ← 不通
Success rate is 100 percent（5/5），round- trip min/avg/max=1/1/4 ms
```

在网络的测试中，还经常通过改变"ping"命令的参数来更仔细地检查网络，如 ping 大包、带源地址的 ping 等。Cisco 设备"ping"命令的参数设置是通过对话形式来完成的，如下所示。

```
cqd7206#ping    ←输 ping 后不带任何参数，直接按回车键
Protoco1[ip]：    ←指定使用的协议，预设为 IP
Target lp address：192.168.252.254 ←设置目标地址
Repeat count[5]：100 ←设置 ping 包的数目
Datagram size[100]：1024 ←调协 ping 包的大小，单位为字节
Timeout in seconds[2]：←超时设置
Extended commands[n]：y ←是否使用扩展的 ping 命令
Source address or interface：192.168.251.1 ←ping 包中的源 IP 地址
Sending 100，1024-byte ICMP Echos to 192.168.252.254，timeout is 2
seconds：
Packet sent with a source address of 192.168.251.1
!!!!!!!!!!!!!!!!!!!!!!!!!!!!!!!!!!!!!!!!!!!!!!!!!!!!!!!!!!!!!!!!!!!!!!!
!!!!!!!!!!!!!!!!!!!!!!!!!!!!!!!!!!!!!!
Success rate is 100 percent（100/100），round- trip min/avg/max=1/7/24 ms
```

　　带源地址"ping"命令主要用于测试当一个设备有多个接口时，在设备上使用不带参数的"ping"命令是连通的，但在某个接口连上 PC 机后，从 PC 机上 ping 不通，这时可设置 PC 机所在接口的地址为源 IP 地址，再进行测试，如果不通，就可能是路由设置有误。后面的实训中专门练习用这个命令检查网络故障。

2. 华为设备上的 ping 命令

　　如果提示响应时间，表示连通；如果提示请求超时（Request time out），表示不通。

```
<zonghelou>ping    192.168.168.2
PING 192.168.168.2：56 data bytes，press CTRL C to break
 Reply from 192.168.168.2：bytes=56  Sequence=1  ttl=127  time=14 ms
←连通
 Reply from 192.168.168.2：bytes=56  Sequence=2  ttl=127  time=11 ms
<zonghelou>ping 192.168.168.240
PING 192.168.168.240：56 data bytes，press CTRI C to break
Request time out ←不通
Request time out
```

华为"ping"命令的参数直接在命令行中设置，参数如下。

> l　–a　指定源地址。
>
> l　–c　指定 ping 包数目。
>
> l　–s　指定 ping 包大小。

例如，指定源地址为 192.168.168.1，数目为 10 个，大小为 1024，命令为

Ping –a 192.168.168.1 –c 10 –s 1024 192.168.168.12。

3. Windows 中的 ping 命令

Windows 中"ping"命令的提示与华为的相同，只是其参数设置有区别。下面介绍其参数。

–t　一直 ping 直到用 Control–C 命令终止。

–n count　count 表示 ping 包的数目。

–l size　size 表示 ping 包的大小（注：该参数是字母 1，不是数字 1）。

例如，若要指定 ping 包数量为 10 个，大小为 1024K，则命令为

Ping –n 10 –l 1024 192.168.168.12。

3.5.2　路由追踪

通过路由追踪，可以查看端到端的通信链路中，经过了哪些路由节点。在局域网中，当两端不能 ping 通时，可以通过路由追踪知道是到哪一个路由器后就不通了。因此，可以通过追踪命令来查找故障点。其命令如下。

> Cisco：traceroute destination–address
>
> 华为：tracert [–a source– address] destination–address
>
> Windows：tracert destination–address
>
> destination–address：要追踪的目的 IP 地址。
>
> source–address：追踪命令使用的源 IP 地址，Cisco 没有带源地址的追踪命令。

例如，追踪目的 IP 地址为 172.16.32.5 的命令如下。

```
cadd7206# traceroute 172. 16.32.5

Type escape sequence to abort

Tracing the route to 172.16.32.5

1 192.168.251.254 16 msec 20 msec 20 msec

2 222.176.5.166 8 msec 8 msec 4 msec

3 172.16.32.6 8 msec 8 msec 8 msec

4 172.16.32.5 8 msec * 8 msec
```

上面的信息表明，从设备到目的地址中间经过了4个路由设备，其路径为 192.168.251.254 → 222.176.5.166 → –172.16.32.6 → 172.16.32.5。

3.5.3 DNS 解析故障排查

在网络维护中，常常会碰到 DNS 解析故障，故障表现为网站用域名不能访问，但用 IP 地址却能够访问。

一旦 DNS 解析出故障，将不能实现域名到 IP 地址的自动转换，因而会出现用域名不能访问，而用 IP 地址却能访问的故障现象。对 DNS 解析故障的处理分为两步。

1. 查看主机的 DNS 服务器地址配置

方法：在操作系统的命令行模式，输入 ipconfig /all 查看 DNS 服务器的配置地址。

```
Ethernet adapter 本地连接 31

Physical Address 00–1A–4D68–D8–4F ← MAC 地址

DHCP Enab1ed：No ←指定 IP 地址

IP Address：192.168.168.12 ← IP 地址

Subnet Mask：255.255.255.0 ←子网掩码

Default Gateway：192.168.168.1 ←默认网关

DNS Servers 61.128.128.68 ←首选 DNs 服务器地址
```

2. 使用 nslookup 测试 DNS 服务器的解析

方法：在命令行执行 "nslookup" 命令。

```
C：\>nslookup
Default Server：68.128.128.61.cq cq.cta.net.cn
Address：61.128.128.68 ←DNS 服务器 IP 地址
>www.sina.com.cn ←要求解析 www.sina.com.cn 域名
Server：68.128.128.61.cq cq.cta.net.cn
Address：61.128.128.68
Non-authoritative answer：
Name：jupiter.sina.com.cn
Address：218.30.66.101 ←返回域名 www.sina.com.cn 对应的 IP 地址
Aliases：www.sina.com.cn
>ww.test1.com ←要求解析 www.test1.com 域名
Server：68.128.128.61.cq.cq.cta.net.cn
Address：61.128.128.68
DNS request timed out，timeout was 2 seconds ←连接域名服务器超时。
```

当出现 DNS request timed out 提示时，可能是因为解析 www.test1.com 域名的服务器出现了故障，此时可判断为 DNS 故障。

3.5.4　防止 ARP 病毒

地址解析协议（Address Resolution Protocol，ARP），其功能是将 IP 地址解析成 MAC 地址。

计算机在数据链路层使用的是 MAC 地址，而常用的是网络层的 IP 地址，因此就需要有一个将 IP 地址转换成 MAC 地址的协议，这就是 ARP 协议。

如果计算机每传输一个数据报都要去查询 MAC 地址，就会因查询数据报过多而造成网络资源的浪费。因此，当查询到 MAC 地址后，就会在本机保留一个 IP 地址和 MAC 地址的对应表（ARP 缓存），供下次传输数据时使用。对于长时间未使用的 ARP 表项，就会因老化而被系统自动清除。

1. ARP 病毒原理

ARP 病毒原理如图 3-1 所示，三台计算机通过交换机连接成局域网，主机名分别为 A、B、C，对应的 IP 地址为 192.168.1.1、192.168.1.2、

192.168.1.3，MAC 地址分别为 MAC_A、MAC_B 和 MAC_C。

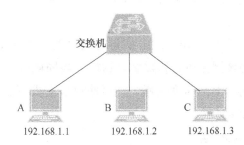

交换机

A　　　　　　B　　　　　　C
192.168.1.1　　　192.168.1.2　　　192.168.1.3

图 3-1　ARP 病毒原理

　　主机 B 要向主机 C 发送数据，先查找 ARP 缓存，缓存中没有主机 C 的 MAC 地址，于是以广播方式向全网发出"IP 地址为 192.168.1.3 主机的 MAC 地址是多少"的 ARP 查询包，这时主机 A 和主机 C 都会收到这个查询包。主机 A 收到查询包后，对比查询的 IP 地址不是自己，将查询包丢弃。主机 C 收到查询包后，对比查询的 IP 地址与自己的 IP 地址一致，回答"IP 地址为 192.168.1.3 主机的 MAC 地址是 MAC_C"，主机 B 收到响应包，然后通过 MAC 地址与主机 C 进行通信。

　　这个过程看起来是完美的，但有一个致命的缺陷，那就是协议正常工作建立在全网主机都只发送正确数据报的基础上。例如，在主机 B 查询主机 C 的 MAC 地址时，本应该只由主机 C 响应这个查询，但是，如果主机 A 有"不怀好意"的程序使主机 A 也主动回答这个查询，且响应包中的 MAC 地址不是主机 C 的 MAC 地址，而是主机 A 的 MAC 地址 MAC_A。不仅如此，主机 A 还重复地发送这个响应包，当主机 B 缓存中关于主机 C 正确 MAC 项目因老化而删除时，就会把主机 A 发送的欺骗 MAC 地址记录到缓存中，以后发向主机 C 的数据就发到主机 A 中了。

　　如果主机 A 冒充的不是主机 C 的 MAC 地址，而是整个局域网网关的 MAC 地址，局域网以前通过网关转发的数据报就通过主机 A 转发了。这样，主机 A 就会监听整个局域网向外发送的数据报。如果用户的用户名和密码是通过名文发送的，就很容易被主机 A 盗取，造成很大的安全隐患。

　　主机 A 冒充局域网的网关，只能接收局域网中主机通过网关转发出去的数据报，而不能接收从网关转发回局域网主机的数据报。因此，更高级的 ARP 病毒不仅冒充网关，还会向网关发送 ARP 欺骗包，让网关上记录的所有 IP 地址对应的 MAC 地址都是 MAC_A，这样网关向局域网内转发的数据报也会发向主机 A。

从上面的分析可以看出，ARP 病毒分为两种：一种是对网关进行欺骗；另一种是对局域网主机进行欺骗。这样，当局域网有一台主机中 ARP 病毒后，将使全网的上网速度变慢，甚至使很多主机不能上网，给网络的运行带来很大的安全威胁。

2. ARP 病毒源的定位

从 ARP 病毒的攻击原理知道，查找 ARP 病毒源非常方便，可从两个方面入手。一方面是用 Ethereal 捕获网络中的 ARP 包，如某台主机发送大量的 ARP 包，包的 MAC 地址不变，而 IP 地址在不断地变化，那这个 MAC 地址对应的主机就中了 ARP 病毒。另一方面是在网关设备（如汇聚层交换机）上，查询 ARP 缓存（Cisc 使用"show arp"命令，华为使用"display arp"命令），如果出现多个 IP 地址对应一个 MAC 地址，则该 MAC 地址的主机就是 ARP 病毒源。

```
[Huawei] display arp
IP Address        MAC Address      Port name      Aging    Type
192.168.6.148     00e0-4c3b-71ff   Ethernet0/19   20       Dynamic
192.168.6.3       00e0-4c4c-1133   Ethernet0/19   20       DynamLc
192.168.6.79      00e0-4c4c-1133   Ethernet0/19   20       Dynamlc
192.168.6.123     00e04-c4c-1133   Ethernet0/19   20       Dynamlc
192.168.6.207     00e0-4c4c-1133   Ethernet0/19   20       Dynamic
```

从上面显示的内容可以知道，MAC 地址为 00e0-4c4c-1133 的主机中了 ARP 病毒。

3. ARP 病毒的防止

从 ARP 病毒的原理入手，对应的措施如下。

（1）对于冒充网关的 ARP 病毒，可采用局域网内的每台主机静态绑定网关 MAC 地址的措施来处理。Windows 中静态绑定 ARP 地址的命令为 arp-s 网关 IP 地址 网关 MAC 地址。如网关的 IP 地址为 192.168.1.1，MAC 地址为 00-aa-00-62-c6-09，静态绑定的命令为 arp -s 192.168.1.1 00-aa-

00-62-c6-09。可将此命令做成自动批处理文件 autoexec.bat，开机后自动执行。

（2）对于欺骗网关的 ARP 病毒，可在网关将所有的主机 IP 地址对应的 MAC 地址进行静态绑定（Cisco 设备的命令为 arp ip-address mac-address，华为设备的命令为 arp static ip-address mac-address）。当主机比较多时，这个工作量很大。因此，最好的办法还是及时定位病毒源，清除病毒。此时网内必须采用静态分配 IP 地址方式。

3.6　运维实例

3.6.1　并不简单的 ping 故障

网络运维人员在工作中最常使用的工具莫过于 ping 工具。网络有没有问题？网络的连通性到底怎么样？先发个 ping 包看看再说。这个最常使用，看似简单的 ping 工具我们绝不能小看它，因为通常是越简单的事情越复杂。下面就通过两则实例来说明简单的 ping 工具其实并不简单。

1. ping 故障实例一

（1）网络结构图说明。如图 3-2 所示，交换机使用的是 Cisco3750 三层交换机，PC1 上安装的操作系统是 Windows XP，PC2 上安装的操作系统是 Windows7（简称 Win7）。PC1 的 IP 地址是 192.168.21.1，子网掩码是 255.255.255.0。PC2 的 IP 地址是 192.168.31.1，子网掩码是 255.255.255.0。设备间的连接情况如图 3-2 所示。

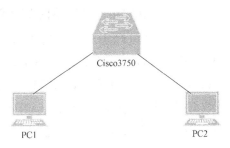

图 3-2　实例一设备链接图

交换机 Cisco3750 上既有二层配置，又有三层配置，它的 Gigabit Ethernet10/1 口位于 VLAN21 中，口 GigabitEthernet1/0/9 位于 VLAN31 中。

（2）Cisco3750 交换机配置情况如下所示。

```
Cisco3750 GigabitEthernet 1/0/1 <-----> PC 1

Cisco3750 GigabitEthernet 1/0/9 <-----> PC 2
```

网络设备上的具体配置命令如下所示。

```
Cisco3750(config) interface   VlAN   21

Cisco3750(config-if) ip address 192.168.21.254 255.255.255.0

//配置 Cisco3750 三层 VLAN 21 的 IP 地址

Cisco3750(config) interface VLAN 31

Cisco3750( config-if) ip address 192.168.31.254 255.255.255.0

//配置 Cisco3750 三层 VLAN 31 的 IP 地址

Cisco3750(config)# interface GigabitEthernet1/0/1

Cisco3750(config-if)# switchport access VLAN 21

Cisco3750(config-if)# switchport mode access

//把 Cisco3750 口 Gi1/0/1 划入到 VLAN 21

Cisco3750(config)# interface GigabitEthernet1/0/9

Cisco3750(config-if)# switchport access VLAN 31

Cisco 3750(config-if)# switchport mode access

//把 Cisco3750 口 Gi1/0/1 划入到 VLAN31
```

Cisco3750 上启用了三层路由功能，这样不同 VLAN 中的数据终端要相互通信的话必须经过 Cisco3750 路由后，数据才能传输到目的地。例如，图 3-2 中位于 VLAN21 中的 PC1 要访问 VLAN31 中的 PC2，那 PC1 发出的数据报就先要到达 Cisco3750 的三层 VLAN21 口，然后 Cisco3750 查找它的路由表，发现数据报的目的地址是要到达 LAN31，根据路由表中的下一条地址，它就把数据报发送到 Cisco3750 上的三层 VLAN31 口，最后到达目的终端。

（3）问题发生过程。其实，在网络相关工作中图 3-2 的网络结构和在交换机上所做的配置命令都是很常见的情况，也是网络配置中最基础的。所以当自己在这种网络结构中碰到 ping 故障时觉得非常奇怪，因为觉得不应该有这种故障情况。也就是在图 3-2 中 PC2 能 ping 通 PC1，但是 PC1 不能 ping 通 PC2。

数据报从 PC1 发出，最终到达 PC2 的路线也非常简单，首先是从 PC1 的网卡把数据报发出，数据报到达 VLAN21 的三层口上，然后 Cisco3750 再把数据报交给 VLAN31 的三层口，最后一步就是 VLAN31 三层口把数据报传输给都位于同个二层 LAN31 的 PC2 上的网卡即可。因为成功的一次 ping 过程都是有去有回的，所以从 PC2 返回到 PC1 的 ping 数据报也就是沿着上面所述路线的反方向返回即可。而且，通常是 A 能 ping 通 B 的情况下，B 也就能 ping 通 A。所以这种故障是比较奇怪。

（4）问题解决过程。首先考虑到的是不是 Cisco3750 上的路由引起的故障。所以就把 PC1 和 PC2 两台计算机放置到同一个 VLAN 中，这样两台 PC 机之间的 ping 包就不用通过路由传输。但是放置在同一个 VLAN 中后，上面的故障现象依旧，也就说明故障不是由 Cisco3750 上的路由引起的。

既然不是 Cisco3750 上的路由引起的，那很可能故障就发生在两台 PC 机上，因为连接两台 PC 机和 Cisco3750 之间的两条网线一般不会引起这种 ping 故障。所以就另外找了一台笔记本 PC3，用它替代了 PC1 的位置，而且让 PC3 和 PC1 上的网络参数配置完全一样，但是故障现象依旧。到这一步也就排除了故障发生在 PC1 上的可能性。

既然故障不在 Cisco3750 和 PC1 上，所以故障很有可能就出在 PC2 上。用 PC3 替换了 PC2 的位置，同时调整 PC3 上的网络参数，让它和 PC2 上的参数完全一样。结果发现故障现象消失，PC1 能 ping 通 PC3，PC3 也能 ping 通 PC1。所以到这一步就能确定故障就发生在 PC2 上了。

在上面排查故障的过程中，PC1 和 PC3 两台计算机上安装的操作系统都是 Windows XP 系统，但 PC2 上使用的是 Win7 操作系统，难道和操作系统有关？后来想到微软在开发 Win7 时，把操作系统的安全性又进行了提升。而且常常微软操作系统的防火墙功能会引起一些莫名其妙的故障，所以故障很有可能就出在 Win7 的防火墙上。

在 PC2 的"控制面板"→"所有控制台项"→"Windows 防火

墙"→"自定义设置"中，发现 Win7 操作系统"家庭或工作（专用）网络"和"公用网络"两个网络的防火墙功能都是打开的。

在 PC2 上关闭 Win7 操作系统的防火墙功能。结果故障现象消失，PC1 和 PC2 之间能够互相 ping 通了。

2. ping 故障实例二

（1）网络结构图说明。ping 故障实例二的网络结构图如图 3-3 所示，交换机使用的是 Cisco3750。

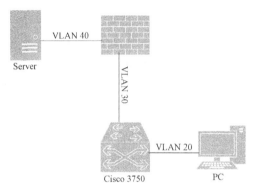

图 3-3　实例二网络结构图

PC 机的 IP 地址是 192.168.20.1，子网掩码是 255.255.255.0。服务器 Server 的 IP 地址是 192.168.40.1，子网掩码是 255.255.255.0。防火墙 FW 的 GigabitEthernet 1 端口的 IP 地址是 192.168.30.1，子网掩码是 255.255.255.0。防火墙 FW 端口 GigabitEthernet 2 的 IP 地址是 192.168.40.254，子网掩码是 255.255.255.0。

（2）交换机上主要配置。网络设备 Cisco3750 上的具体配置命令如下。

```
Cisco3750(config) interface VLAN 20
Cisco3750( config-if) ip address192.168.20.254 255.255.255.0
//配置 Cisco3750 三层 VLAN 20 的 IP 地址
Cisco3750(config) interface VLAN 30
Cisco3750(config-if) ip address 192.168.30.254 255.255.255.0
//配置 Cisco3750 三层 VLAN 30 的 IP 地址
Cisco3750(config)# interface GigabitEthernet 1/0/1
Cisco3750(config-if) switchport access VLAN 20
```

```
Cisco3750(config-if)# switchport mode access
//把 Cisco3750 口 Gi1/0/1 划入到 VLN 20
Cisco3750(config)# interface GigabitEthernet 1/0/2
Cisco3750(config-if)# switchport access VLAN 30
Cisco3750(config-if)# switchport mode access
//把 Cisco3750 口 Gi1/0/2 划入到 VLAN 30
Cisco3750(config)# ip route 192.168.40.0 255.255.255.0 192.168.30.1
//在 Cisco3750 上配置到网络 192.168.40.0/24 的路由
```

（3）问题发生过程。从图 3-3 中可以看出，在 PC 机上 ping 服务器 Server 的数据报传输总共进行了一次路由，也就是在 Cisco3750 上进行了路由。

在 PC 机上的 ping 包首先通过网卡传输到 Cisco3750 交换机的 G1/0/1 口上，交换机发现 ping 包所要到达的目的地不是在它所连接的网络中，然后通过查找路由表（ip route 192.168.40.0 255.255.255.0 192.168.30.1），把 ping 数据报传输给 FW 的 GigabitEthernet 1 口。防火墙收到 ping 数据报后，发现 ping 包所要到达的目的地正是口 GigabitEthernet 2 所连接的 VAN 40 网段，所以它就直接在 VLAN 40 中进行了广播，最终服务器 Server 也就收到了 ping 包。

在 PC 机上 ping 服务器 Server 返回的数据报路线正好和上面所述的路线相反。按说从 PC 机上能 ping 通 Server，那么从 Server 上也就能 ping 通 PC 机，因为它们的数据报所走的路线都是一样的。但事实并非如此，在图 3-3 所示的实例中，PC 机能 ping 通 Server，但在 Server 上却不能 ping 通 PC 机。

（4）问题解决过程。

① 因为从服务器 Server 上 ping PC 机也要经过 3 个网段：VLAN 40、VLAN 30 和 VLAN 20。对照数据报传输的路径一个个检查，先在 Server 上 ping 防火墙的 GigabitEthernet2 口，它和 Server 的网卡口都位于 VLAN40 中，结果能 ping 通。然后再在服务器 Server 上 ping 交换机 Cisco3750 的 G1/0/2 口，此口位于 VLAN30 中，也是从 Server 上发送 ping 包所要经过的口，结果能 ping 通。

② 从上面可以看出从 Server 到防火墙 FW 和交换机 Cisco3750 的网络都是通的。所以可以断定从 Server 上 ping 不通 PC 机就是 ping 数据报到

达 Cisco3750 上后，不能再经过 VLAN 20 把数据报传输给 PC 机。造成这种问题最大的可能就是在防火墙 FW 上没有进行正确的路由配置导致的。

③登录到防火墙设备上，查看设备上的路由配置，如表 3-3 所示。

表 3-3　防火墙 FW 上的路由配置

序号	目的 IP 地址	目的 IP 地址子网掩码	下一跳地址
1	192.168.2.0	255.255.255.0	192.168.30.254
2	192.168.3.0	255.255.255.0	192.168.30.254
3	192.168.17.8	255.255.255.255	192.168.30.254
4	192.168.4.0	255.255.255.0	192.168.30.254
5	192.168.12.0	255.255.255.0	192.168.30.254
6	192.168.10.9	255.255.255.255	192.168.30.254

④从表 3-3 可以看出，没有到达目的网络 "192.168.20.0/24" 的路由，所以当从服务器上 ping PC 机的数据报到达防火墙后，FW 找不到对应的路由就把 ping 包丢弃了，自然 ping 包也就传输不到 PC 机了。

在防火墙 FW 上添加路由 "ip route 192.168.20.0 255.255.255.0 192.168.30.254"，也就是防火墙 FW 收到要到达网络 "192.168.20.0/24" 的数据报后，都把它传输到 Cisco3750 的 VLAN 30 的三层端口（IP 地址为192.168.30.254）上。添加路由后服务器也能成功 ping 通 PC 机了。

3. 总结

（1）以上两个实例都推翻了网络运维工程师常犯的一个错误：总认为 "A 和 B 两个终端，A 能 ping 通 B，B 就肯定能 ping 通 A"。在实例一中是因为 Win7 操作系统的防火墙，在实例二中是因为防火墙 FW 的原因，而导致两个终端之间不能互相 ping 通。这也说明在目前的互联网环境中，随着安全问题的日益突出，安全产品的使用数量也越来越多，而每个安全产品的设计和工作理念都不一样，这就给网络运维工程师带来了巨大挑战。要求在工作中，一定要针对每一个故障现象和细节问题认真分析、深入思考，这样才能真正排除掉网络系统中的安全。

（2）通过深入分析"ping故障实例二"，我们还能发现有一个细节问题，就是隐患。PC机发出ping服务器的数据报，按照Cisco3750和防火墙FW上的路由配置，它是能够到达服务器上的，但是每个ping包都是一个环路，有去有回的。那当从服务器返回的ping包，它是怎么到达PC机的，因为在防火墙FW上并没有配置到PC机所在VLAN 20的路由。

这其实也涉及目前绝大多数防火墙产品在设计上的一个理念，那就是防火墙的"记忆"功能。也就是当PC机发出ping服务器的数据报后，它能记住ping数据包来时的路线。然后，当防火墙FW再次收到从服务器。返回的数据报后，它能把数据报按照自己起初记忆的线路，再沿着反方向把数据报从指定的口传送出去。所以，网络运维人员若是没有理解这点的话，也是很难明白防火墙的工作过程。

（3）PING（Packet Internet Grope）因特网包探索器，是DOS命令，可以检查网络的连通性，能够很好地分析判定网络故障。"ping"命令还可以结合多个参数使用，只要键入ping按回车即可看到各个参数的详细说明。但是某些病毒木马会强行大量远程执行"ping"命令抢占网络资源，导致系统、网速变慢。所以，许多操作系统把严禁ping入侵作为大多数防火墙的一个基本功能提供给用户进行选择。通常情况下如果计算机不用作服务器或进行网络测试，就可以禁用ping功能，从而达到保护计算机的目的。一般执行"ping"命令，得到的回馈信息有以下几种情况。

① Request timed out（请求超时）。收到此类回馈信息一般是由四种情况造成：一是对方已关机，或者网络上根本没有这个地址。二是对方与自己不在同一网段内，通过路由也无法到达对方，但有时对方确实是存在的，当然不存在也是返回超时的信息。三是对方确实存在，但设置了ICMP数据报过滤。不过，要想知道对方是存在，还是不存在？可以用带参数"-a"的"ping"命令探测对方，如果能得到对方的NETBIOS名称，则说明对方是存在的，是有防火墙设置，如果得不到，多半是对方不存在或关机，或不在同一网段内。四是设置了错误的IP地址。正常情况下，一台主机应该有一个网卡、一个IP地址，或多个网卡、多个IP地址。若是多个IP地址的话，这些地址一定要处于不同的IP子网。但如果一台计算机在网络适配器的TCP/IP配置中，设置了一个与另外一个网卡的IP地址

相同的子网中，这样在 IP 层协议看来，这台主机就有两个不同的接口处于同一网段内，同样也会导致 ping 超时的后果。

② Destination host Unreachable（目的主机不可达）。当对方与自己不在同网段内，而自己又未设置默认的路由，就会出现此种信息提示。Destination host Unreachable 和 Time out 还是有区别的，如果所经过路由器的路由表中具有到达目标的路由，而目标因为其他原因不可到达，这时候就会出现 Time out。如果路由表中连到达目标的路由都没有，就会出现 Destination host Unreachable。

③ Unknown host（不知名主机）。这种出错信息的意思是，该远程主机的名字不能被域名服务器 DNS 转换成地址。故障原因可能是域名服务器故障，或者其名字不正确，或者网络管理员的系统与远程主机之间的通信线路有故障。

④ No answer（无回应）。这种故障说明本地系统有一条通向中心主机的路由但却接收不到它发给该中心主机的任何信息。故障原因可能是中心主机没有工作，本地或中心主机网络配置不正确，本地或中心的路由器没有工作，通信线路有故障，或中心主机存在路由选择问题等。

（4）Win 7 操作系统安全性。"ping 故障实例一"就是因为 Win7 中的防火墙设置不正确而引起的。Win7 操作系统不但改进了安全和功能的合法性，而且把数据的保护和管理扩展到了外围设备。还改进了基于角色的计算方案和用户账户管理，在数据保护和坚固协作的固有冲突之间搭建了沟通桥梁，同时也开启了企业级的数据保护和权限许可。

在 Win7 以前的操作系统中，一般也有自带的防火墙，但功能简单。而 Win7 的防火墙做了很大改进，在功能上更加强大。它最大特点是内外兼防，通过"家庭或者工作网络"和"公用网络"两个方面来对计算机进行防护。尤其是"高级设置"里面功能更加全面，可以与一般的专业防火墙软件相媲美，通过入站与出站规则可以设置应用程序访问网络的情况。另外监视功能可以清晰反映出当前网络流通的情况，还可以设置自定义的入站和出站规则。

3.6.2   远程登录故障排查实例

网络结构图如图 3-4 所示。为了确保重要设备的稳定性和冗余性，核心层交换机使用两台 Cisco4506，通过 Trunk 线连接。在汇聚层和接入层分别使用了多台 Cisco3750、Cisco3560 交换机，为了简洁，图 3-4 都只画出了两台。单位 IP 地址的部署，使用的是 C 类私有 192 网段的地址。Cisco4506A 和 Cisco3750A 之间以及 Cisco3750B 和 Cisco3560B 之间都是 Trunk 连接。

根据部门性质的不同，把不同部门划入到不同的 VLAN 中。服务器都部署于 VLAN5~VLAN10 中，对应的网络号是 192.168.5.0~192.168.10.0，如 FTP 服务器位于 VLAN 5 中。服务器的 IP 地址、默认网关和 DNS 都是静态分配的。VLAN11~VLAN200 是属于各个部门使用，对应的网络号是 192.168.1.0~192.168.200.0。VLAN 号和网络号之间都是对应的。VLAN 中的 PC 机连接到 Cisco3560，通过 Cisco3750 接入到核心交换机。Cisco3750 和 Cisco3560 都是二层配置，三层的配置都在 Cisco4506 上，也就是 VLAN 间的路由都是通过 4506 完成的。PC 机的 IP 地址、默认网关和 DNS 都是自动从 DHCP 服务器上获得的，不用手工静态分配。

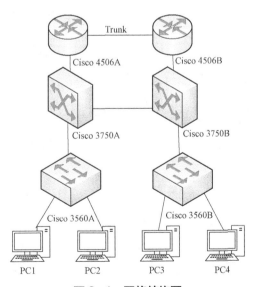

图 3-4   网络结构图

1. 远程登录故障实例一

远程登录故障实例一所涉及的网络部分如图 3-5 所示。

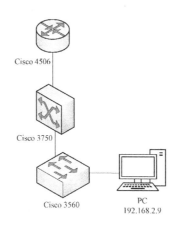

图 3-5 远程登录故障实例一所涉及的网络部分

在 Cisco4506 上的配置命令如下。

```
/配置 Cisco4506 端口 Gi3/1 为 Trunk 模式

Cisco4506(config)interface VLAN 2

Cisco4506( config-if) ip address 192.168.2.254 255.255.255.0

//配置 Cisco4506 的 VLN 2 的 IP 地址

Cisco4506(config) interface VLAN 11

Cisco4506( config-if) ip address 192.168.11.254 255.255.255.0

//配置 Cisco4506 的 VLAN 11 的 IP 地址
```

PC 机的 IP 地址是 192.168.11.2，子网掩码是 252.255.255.0。网络设备上的具体配置命令如下。

```
Cisco4506(config)# ip routing
//启用 Cisco4506 上的路由功能
Cisco4506(config)# interface GigabitEthernet3/1
cisco4506(config-if)# switchport trunk encapsulation dotlq
Cisco4506(config-if)# switchport trunk allowed VLAN all
Cisco4506(config-if)# switchport mode trunk
```

在 Cisco3750 上的配置命令如下。

```
Cisco3750(config)# interface GigabitEthernet 1/0/1
Cisco3750(config-if)# switchport trunk encapsulation dot1q
C1sco3750(config-if)# switchport trunk allowed VLAN all
Cisco3750(config-if)# switchport mode trunk
//配置 Cisco3750 端口 Gi1/0/1 为 Trunk 模式
Cisco3750(config)# interface GigabitEthernet 1/0/25
Cisco3750(config-if)# switchport trunk encapsulation dotlq
Cisco3750(config-if)# switchport trunk allowed VLAN all
Cisco3750(config-if)# switchport mode trunk
//配置 Cisco3750 端口 Gi1/0/25 为 Trunk 模式
Cisco4506(config)# interface VLAN 2
Cisco4506(config-if)# ip address 192.168.2.2 255.255.255.0
//配置 Cisco3750 管理 IP 地址
```

在 Cisco3560 上的配置命令如下。

```
Cisco3560(config)# interface GigabitEthernet 1/0/1

Cisco3560(config-if)# switchport trunk encapsulation dot1q

cisco3560(config-if)# switchport trunk allowed VLAN all

Cisco3560(config-if)# switchport mode trunk

//配置 Cisc3560 端口 Gi1/0/1 为 Trunk 模式

Cisco3560(config)# interface GigabitEthernet 1/0/24

Cisco3560(config-if)# switchport access VLAN 2

Cisco3560(config-if)# switchport mode access

//把 cisco3560 口 Gi1/0/24 划入到 VLAN2
```

Cisco4506 交换机上启用了三层路由功能，这样不同 VLAN 中的数据终端要相互通信的话必须经过 Cisco4506 路由后，数据才能传输到目的地。例如，位于 VLAN 11 中的 PC 机要访问 VLAN2 中的终端，PC 机发出的数据报就先要到达 Cisco4506 的三层 VLAN11 口，然后 Cisco4506 查找它的路由表，发现数据报的目的地址是要到达 VLAN2，根据路由表中的下一条地址，它就把数据报发送到 Cisco4506 上的三层 VLAN2 口，最后到达目的终端。Cisco3750 和 Cisco3560 都是二层配置，没有启用它的三层功能，也就是三层交换机当二层交换机使用。

根据上面的描述，按道理这时在 PC 机的"命令行"中执行命令"telnet 192.168.2.2"后，就能登录到 Cisco3750 上，因为 IP 地址 192.168.2.2 是 Cisco3750 的管理地址。但结果没能登录成功，并且还发现三点奇怪的现象：一是在 PC 机的"命令行"中执行命令"telnet 192.168.2.254"却能登录成功，也就是说从 PC 机上能成功远程登录到 Cisco4506 上，却远程登录不上 Cisco3750 上；二是在 Cisco4506 上也能远程登录到 Cisco3750 上，也就是在 Cisco4506 上执行命令"Cisco4506# Telnet 192.168.2.2"却能成功登录到 Cisco3750；三是在 PC 机上能 ping 通 Cisco4506 上接口 VLAN 2 的 IP 地址 192.168.2.254，但 ping 不通 Cisco3750 的 IP 地址 192.168.2.2。在 PC 机的"命令行"中执行命令"ping 192.168.2.2"的显示结果如下。

```
C:\Users\ Administrator>ping 192.168.2.2
正在 Ping 192.168.2.2 具有 32 字节的数据:
请求超时。
请求超时。
请求超时。
请求超时。
192.168.2.2 的 Ping 统计信息:
数据包:已发送=4,已接收=0,丢失=4(100%丢失)
```

在 PC 机上能 ping 通,并能远程登录到 Cisco4506 上,说明 PC 机和 Cisco4506 之间路由是通的。其实,这也很好理解,PC 机发出的数据报,通过两个交换机 Cisco3750 和 Cisco3560 的二层广播功能,直接把数据报发送到了 Cisco4506 的三层口 VLAN 11 上,VLAN11 收到数据报后发现目的地址是到 VLAN 2 的,Cisco4506 就直接把数据报路由到三层 VLAN2 口上,而三层 VLAN2 端口的 IP 地址就是 192.168.2.254。同理,PC 机也能收到 Cisco4506 三层 VLAN2 端口发回的数据包。所以,在 PC 机上就能成功 ping 通,并远程登录到 Cisco4506。

既然在 PC 机上不能 ping 通 Cisco3750 的管理 IP 地址,那就需要进一步查找网络是在哪里出了问题,这时使用 tracert 命令就是最好的方法。它可以定位到是哪台路由器出了问题,在计算机 PC 机上执行命令"tracert 192.168.2.2"的显示结果如下。

```
C:\ Users\ Administrator>tracert 192.168.2.2
通过最多 30 个跃点跟踪
到 Pcos-2011030WR[192.168.2.2]的路由:
1    1ms     <1 毫秒      <1 毫秒   PCos-2011030R[192.168.11.254]
2    *        *           *        请求超时
3    *        *           *        请求超时
```

上面的输出结果在第"3"行的下面本来还有很多，都省略了。因为数据报不能成功到达目的地 192.168.2.2，所以它只能像第"3"行那样往下延续地输出。从输出的结果可以看出，PC 机上发出的数据报只能到达 Cisco4506 上，因为第"1"行输出中的 192.168.11.254 就是 Cisco4506 上 VLAN 1 的 IP 地址。然后，Telnet 数据报从 Cisco4506 上，就不能路由到 Cisco3750 上，因为从第"2"行输出，一直返回不到数据报。所以可以确定远程登录故障的部位就在 Cisco4506 和 Cisco3750 之间，又因为用户的 PC 机可以正常访问网络，所以又可以排除是网络线路的故障。

最终认为可能是 Cisco3750 上的故障，查看 Cisco3750 的配置文件，发现其中没有默认路由的配置，也就是没有类似"ip default- gateway"和"ip route 0.0.0.0 0.0.0.0"的命令，这两个命令前者是在三层交换机关闭路由功能或者路由功能模块损坏的情况下才有效，而后者是启用了三层交换机的路由功能后，配置默认网关的命令。两个命令的功能都是一致的，路由器在路由表中找不到对应的路由项，就会依照默认网关把数据报发送出去。

既然 Cisco3750 上没有配置默认网关，所以从 PC 机上发出的远程登录数据报，通过 Cisco4506 路由，最终到达 Cisco3750 上后，它不知道怎样把数据报发送出去，因为交换机根本就没有配置这方面的命令。所以它只能把远程登录数据报作丢弃处理。最终 PC 机也就收不到 Cisco3750 返回的数据报，导致不能 ping 和远程登录成功。

在 Cisco3750 上执行命令"Cisco3750（config）# ip default- gateway 192. 168.2.254"后，PC 机可以正常登录到 Cisco3750 上，故障消失。

2. 远程登录故障实例二

假设一台 Cisco3750 发生故障，需要登录到交换机上排除故障。网络的连接非常简单，就是用一台 PC 机通过网线连接到 Cisco3750 上。其中 PC 机的 IP 地址为 192.168.2.9，子网掩码为 255.255.255.0，它通过 Cisco3750 的 Gi1/0/24 和交换机相连。其实要对 Cisco3750 进行配置，可以用 Console 线直接连接到交换机的 Console 口上，另外一端再连接到计算机的串口上，也可以对 Cisco3750 进行配置。但是当时使用的 Console 在线有一个 USB 接口转串口的线可能接触不良的原因，Console 线不能使用，所以只能通过网线的方式 Telnet 到交换机上，再对 Cisco350 进行配置和管理。

在远程登录到交换机上之前，Cisco3750 上的主要配置如下。

```
interface GigabitEthernet 1/0/24
switchport access VLAN   2
switchport mode access
//把 G1/0/24 端口配置成 access 模式，并把它划入到 VLAN 2 中
interface VLAN2
iaddress 192.168. 2.3 255.255.255.0
//配置三层 VLAN 2 端口的 IP 地为 192.168.2.3
```

按道理，这时只要在 PC 机的"命令行"中执行命令"telnet 192.
168.2.3"就可以登录到 Cisco3750 上了。但奇怪的是多次执行此命令也登
录不到交换机上。查看交换机上的虚拟端口的配置，也没什么错误，远
程登录的密码也配置了。而且在 PC 机的"命令行"中执行命令"ping
192.168.2.3"也能 ping 通，如下。

```
C:\ Users\ Administrator>ping 192. 168.2.3
正在 Ping192.168.2.3 具有 32 字节的数据：
来自 192.168.2.3 的回复：字节=32 时间<1 ms   TTL=255
来自 192.168.2.3 的回复：字节=32 时间<1 ms   TTL=255
来自 192.168.2.3 的回复：字节=32 时间<1ms    TTL=255
来自 192.168.2.3 的回复：字节=32 时间=1ms    TTL=255
192.168.2.3 的 Ping 统计信息：
数据包：已发送=4，已接收=4，丢失=0(0 号丢失)，往返行程的
估计时间(以毫秒为单位)：最短=0ms，最长=1ms，平均=0ms
```

从上面的输出可以看出 PC 机和 Cisco3750 之间的网络是通的，因为可

以 ping 通。所以觉得不能远程登录成功，故障还是出在 Cisco3750 交换机上，进一步查看配置文件，发现在虚拟端口的配置中有一项 transport input none，如下。

```
line  vty  0  4
password  7  121254631595c517E
transport input none
login
line  vty  5  15
password  7  121254631595c517E
transport input none
login
```

查数据发现命令"transport input none"的作用是不允许任何协议和这台交换机建立连接，即用户不能远程登录到这台交换机了。问题应该就出在这里，在虚拟端口的配置中把上面的命令删除掉，结果 PC 机可以正常登录到 Cisco3750 了。

在命令"transport input"后面可以接三个参数，即 all、none 和 telnet，all 是允许任何协议和这台交换机建立连接，none 就是上面说的不允许任何协议建立连接，远程登录是只允许 TCP/IP 协议簇中的远程登录协议和这台交换机建立连接，在 Cisco3750 上查看的命令显示结果如下。

```
Cisco3750(config-line)# transport  input  ?
all      All protocols
none     No protocols
telnet   TCP/IP Telnet protocol
```

3. 总结

（1）使用远程登录协议进行远程登录时需要满足三个条件：一是在本地的计算机上必须装有包含远程登录协议的客户程序；二是必须知道远程

主机的 IP 地址或域名；三是因为远程登录是有安全权限限制的服务，所以必须知道登录的标识与口令。

　　远程登录是 TCP/P 协议簇中的一个协议，是远程登录服务的标准协议和主要方式。在终端用户的计算机上使用远程登录程序，就可以通过 TCP 连接登录到运程服务器上，它还能把用户的击键传送到远程服务器，同时也能把远程服务器的输出通过 TCP 连接返回到用户的屏幕上。并且可以在远程登录，程序中输入命令，这些命令就会在远程的服务器上运行，就像你直接在服务器的控制台上执行这些命令的效果一样，而且远程登录是一种常用的远程控制 Web 服务器的方法。

　　（2）远程登录应用在带给我们方便远程登录的同时，也给黑客们提供了一种入侵手段。利用远程登录常常能够入侵到用户的计算机，查看用户的系统信息，也可能会安置一些后门程序。目前，在互联网上，除了一些提供公共资源对外公开的远程登录服务器外，大部分远程登录服务器是不对外开放的。同时，我们在感受远程登录为远程操作和控制异地主机带来便捷的同时，也不要忘记做好各种网络安全防护工作。

3.6.3　用 BAT 档提高维护效率

　　作为一名网络运维师，拿着笔记本跑来跑去排除各种网络故障是常有的事。故障的类型也总是千变万化，有时是客户端故障，有时是网络设备故障。为了确定每一个故障的部位和原因，最常用的方法就是使用替换法。更换一根网线，看故障有没有消失，或者更换客户端的计算机看故障消失没有，若故障消失那就说明是计算机的故障。如果故障依然存在，那么网络的故障就和客户端的计算机没有关系。但使用替换法，在用一台笔记本替换了客户端的计算机后，通常还要对计算机进行一系列的设置，以保证更换后笔记本的配置和原来计算机上的配置是一样的。最常见的就是网络参数的设置，如 IP 地址、子网掩码、默认网关和 DNS 地址等。但就是这些简单的设置，常常会影响网络工程师排查故障的效率，因为需要来回地设置，耽误了很多的时间。下面就通过一则实例，说明如何通过巧妙利用 BAT 的可执行文件来提高网络运维人员的工作效率。

1. 网络结构说明

目前，公司和其他的一些单位（如学校）普遍使用的网络结构拓扑图都是如图 3-6 所示的结构，也就是园区网的架构。图 3-6 中使用的网络设备都是思科（Cisco）的设备，在实际部署时华三（H3C）和华为的网络设备通常使用的也比较多。在图 3-6 中为了确保重要设备的稳定性和冗余性，核心层交换机使用两台 Cisco4506，它们之间通过 Trunk 线连接。在接入层使用了多台 Cisco2960 交换机，图示为了简洁，只画出了两台在核心交换机上连接有单位重要的服务器，如 DHCP、邮件、Web 和视频服务器等。单位 IP 地址的部署，使用的是 A 类私有 10 网段的地址。其中，DHCP 服务器的 IP 地址为 10.10.1.124。Web 服务器的 IP 地址为 10.10.2.1/24，网络中 DNS 地址使用的是 202.96.96.68 和 8.8.8.8，子网掩码都是 255.255.255.0，网络终端的默认网关地址的前三个数字和终端的 IP 地址都是一样的，只是最后一个数字为 254，如 DHCP 和 Web 服务器的默认网关分别是 10.10.1.254 和 10.10.2.254。

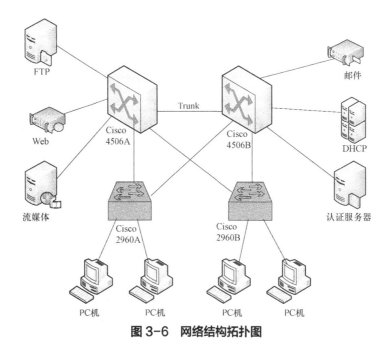

图 3-6　网络结构拓扑图

因为网络中有 DHCP 服务器，所以客户端的 IP 地址、子网掩码都是从 DHCP 服务器上自动获得的。而网络中连接在核心交换机上的服务器

IP 地址、子网掩码等网络参数的配置都是通过静态手工配置的，而不是从 DHCP 服务器上自动获得的。一般网络中的客户端和服务器的网络参数都是这样配置的，因为服务器的网络参数一般都是固定使用的，很长时间都不会发生变化，若经常变化的话，也会影响到服务器的应用系统的相关配置。另外，若是服务器上的 IP 地址变化的话，和 IP 地址相对应的域名往往也要做相应的调整，所以服务器上的网络参数一般都是静态分配的。但是对于网络中客户端的计算机，便捷性往往是其首先要考虑的，若让用户经常自己手动配置 IP 地址，那是比较麻烦的，自动从 DHCP 服务器上获取网络参数才是最好的解决方案。

2. 排除网络故障经常遇到的问题

在网络中，常常会出现用户不能访问服务器上应用系统的故障。例如，在图 3-6 的网络中就可能会出现这种故障。"用户组"中的一台 PC 机不能访问 Web 服务器上的应用，而且在 PC 机上也不能 ping 通 Web 服务器。PC 机的 IP 地址、子网掩码、默认网关和 DNS 地址都是从 DHCP 服务器上自动获取的。

发生故障的原因可能是 PC 机或者是 Web 服务器有问题，也可能是网络设备或者网络线路有问题。若是不能马上定位故障发生的部位，最好的解决办法就是利用"替换法"。把不能访问 Web 应用的 PC 机用一台笔记本代替，然后看故障有没有消失，故障消失的话就说明是使用者 PC 机的故障，否则故障就和 PC 机没有关系；或者用笔记本代替 Web 服务器，然后再在用户组的 PC 机上看能不能 ping 通代替 Web 服务器的笔记本，能 ping 通就说明网络不通的问题和 Web 服务器有关，否则和 Web 服务器无关。

这种排除故障的方法，有一个不方便的地方就是要频繁在计算机（Win7 系统）的"开始"→"控制面板"→"网络和共享中心"→"更改适配器设置"→双击"本地连接"→双击"Internet 协议版本 4（TCP/IPV4）"中进行各项网络参数的配置。

例如，在上面使用"替换法"排除故障的时候，用笔记本替代了 Web 服务器，就要在笔记本上，在上述的地方，设置和 Web 服务器上参数一样的网络配置。若这时又要使用笔记本替代用户组的 PC 机进行测试，就又要把笔记本上网卡的网络参数进行配置。这样来回进行网络参数的配置，其实很烦琐且很耽误时间，有没有配置网卡网络参数快捷的方法呢，可以利用 BAT 文件快速配置网卡的网络参数。

3. 利用 BAT 文件快速配置网卡的网络参数

可以创建两个 BAT 的可执行文件，来提高配置网卡网络参数的效率。首先新建一个文本文档，然后把如下代码复制粘贴到文本文档中：然后保存档，注意保存档的格式为 ".bat" 格式，不要保存成 "txt" 格式，例如 DHCP. bat。再新建一个文本文档，把如下所示的代码复制粘贴到文本文档中。

```
netsh interface ip set address  "本地连接"  dhcp
netsh interface ip set dns  "本地连接"  dhcp
```

```
netsh interface ip set address  "本地连接" static 10.10.2.1 255.255.255.0 10.10.2.254
netsh interface ip set dns "本地连接" static  202.96.96.68
netsh interface ip add dns "本地连接"  8.8.8.8
```

然后以 "Net.bat" 格式保存档。若这两个文件存放的位置不在计算机的桌面上可以把它们拷贝到桌面上，方便以后经常使用。

这样，在上面排除故障的过程中，若是想把笔记本网卡的 IP 地址、子网掩码、默认网关和 DNS 地址分别设置为 10.10.2.1、255.255.255.0、10.10.2.254 和 "202.96.96.68 和 8.8.8.8"，直接在笔记本的桌面上双击 "Net.bat" 的图示，执行 "Net.bat" 档即可。程序运行的时间大约也就一两秒，执行完成后，计算机网卡的参数自动就变成了上面的参数。若想再让笔记本网卡从 DHCP 服务器上自动获取 IP 地址，只需在计算机的桌面上双击 "DHCP.bat" 的可执行文件即可。

4. 总结

（1）有时配置计算机网卡的网络参数，并不都是和 Net.bat 档中所列的参数一样，也可能是别的 IP 地址或默认网关。这种情况下，也不必在 "Internet 协议版本 4（TCP/IPY4）属性" 中配置网络参数，只需在计算机桌面的 Net.bat 图示上点击右键，选择 "编辑" 后，就可以对 Net.bat 文件进行编辑，把 IP 地址、子网掩码等网络参数修改成所需要的值后，保存档，并关闭。然后双击 "Net.bat" 的图示执行它，这样就可以很快把网卡的网络参数配置成所需要的参数。

这种配置网卡网络参数的方法，比在"Internet 协议版本 4（TCP/IPV4）属性"中配置要快且方便。这样，也能给从事网络管理和维护的工程师们节省很多时间，同时也提高了他们的工作效率。

（2）上面两个 bat 档中使用的"netsh"命令，是网络维护人员在网络终端上经常使用的一个网络命令，它也是 Windows 系统本身提供的功能强大的网络配置命令行工具。它允许从本地或远程显示或修改当前正在运行的计算机的网络配置。

例如，命令"netsh interface ip show address/config/dns"，可以分别查看当前计算机中的 IP 地址配置和 IP 地址相关的更多信息、显示 DNS 服务器的地址；命令"netsh interface ip set address/dns"，可以配置计算机网卡接口的 IP 地址、默认网关和 DNS 服务器地址。这也是上面"Net.bat"可执行文件中使用的命令；命令"netsh- c interface dump"，可以查看当前计算机的网络配置文件；命令"netsh iterface ip set address '本地连接' dhcp"，是配置计算机网卡自动从 DHCP 服务器获取 IP 地址和 DNS 地址。

3.6.4　管理路由和交换设备的几种模式

作为一名网络运维工程师，在路由器、交换机上进行命令配置是最为平常的工作，其目的都是通过命令的执行和参数的调整，让路由器和交换机能够以网络运维师的要求去运行。这几乎是网络运维工程师每天都要进行的操作，管理网络设备都有哪几种方式，哪种管理方式更简单，哪种方式更高效？这其实主要是根据网络管理员的实际使用情况进行选择。下面就对网络路由和交换设备的管理模式进简单的总结。

1. 使用 SSH（Secure Shell Protocol，安全外壳协议）方式进行管理

（1）Cisco 网络设备的 SSH 配置。使用 SSH 方式管理的网络拓扑图如图 3-7 所示，Cisco4506 和 Cisco3750 通过 Trunk 线连接，远程 PC 机通过 SSH 方式对 Cisco4506 进行管理，其中 Cisco4506 是通过口 3/1 和 Cisco3750 的 G1/0/25 口相连，两个口都是光口。PC 机的 IP 地址为 10.10.20.3/24，并和 Cisco3750 的 G1/0/1 口相连。

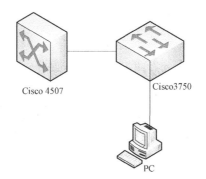

Cisco 4507   Cisco3750

PC

图 3-7　使用 SSH 方式管理的网络拓扑图

在 Cisco4506 上的配置如下。

```
interface GigabitEthernet 3/1

switchport trunk encapsulation dot1q

switchport trunk allowed VLAN 20, 30-300

switch mode trunk

interface   VLAN   20

ip address 10.10.20.1   255.255.255.0
```

在 Cisco3750 上的配置如下。

```
interface GigabitEthernet 1/0/1

switchport access VLAN 20

switchport mode access

interface GigabitEthernet 1/0/25

switchport trunk encapsulation dotlq

switchport trunk allowed VLAN 20,30-300

switchport mode trunk

interface VLAN 20

ip address10.10.20.2 255.255.255.0
```

由以上配置可以看出，Cisco4506 和 Cisco3750 的管理 VLAN 的 IP 地址分别是 10.10.20.1/24 和 10.10.20.2/24，Cisco3750 的 G1/0/1 口位于 VLAN20 中，并和 PC 机相连。这种情况下，Cisco4506 和 Cisco3750 的三层 VLAN20 口和 3750 的 G1/0/ 其实都位于二层 VLAN20 中。

要在 PC 机上通过 SSH 方式管理 Cisco4506 交换机，还需要在 Cisco 4506 上进行如下配置。

```
Switcher(config)# hostname Cisco4506
Cisco4506(config)# ip domain-name domainname.com
//为交换机设置一个域名，也可以认为这个交换机是属于这个域
Cisco4506(config)# crypto key generate rsa
//此命令是产生一对 RSA 密钥，同时启用 SSH，如果你删除了 RSA 密钥，就自动禁用
该 SSH 服务
Cisco4506 (config )# aaa new-model
//启用认证，授权和审计(AAA)
Cisco4506(config)#username cisco password cisco
//配置用户名和密码
Cisco4506(config)# ip ssh time-out 60
//配置 SSH 的超时周期
Cisco4506(config)# ip ssh authentication-retries  2
//配置允许 SSH 验证的次数
Cisco4506(config) line vty  0  15
Cisco4506(config-line)# transport input SSH
//在虚拟终端连接中应用 SSH
```

需要注意的是，在运行上面的配置命令前，要先确认交换机和路由器是不是支持 SSH 功能。一般在交换机或路由器的 Enable 模式下通过命令“show ip ssh”就可以查看，如在图 3-7 的 Cisco4506 中执行如下命令。

```
Cisco4506#sh ip ssh
SSH Disabled version 1.99
%Please create RSA keys to enable SSH .
Authentication timeout: 120 secs; Authentication retries: 3
```

由上面的输出结果可以看出，Cisco4506 支持 SSH 功能，只是还没有

启用而已。

而在 Cisco3750 上执行如上命令后显示结果如下。

```
cisco3750#sh ip ssh

          ^

% Invalid  input  detecte  at  '^'  market
```

由上面的输出可以看出，Cisco3750 并不支持 SSH 功能。

配置完上面的命令后，就可以在 PC 机上测试你的配置。首先要在 PC 机上安装有 SSH 终端客户端程序，如 SecureCRT，然后在 SecureCRT 中进行相应的设置。

（2）华三网络设备的 SSH 配置。华三网络设备 SSH 的配置，在原理上和思科设备的配置一样，只是在命令上有差别而已，下面就以华三 S3100-52TP-SI 交换机为例，说明如何在华三交换机上配置 SSH，具体配置命令如下。

```
<H3C-S3100> system-view
H3C-S3100] public-key local create rsa
//生成 RSA 密钥对
H3C-S3100] public-key Local create dsa
//生成 DSA 密钥对
H3C-S3100] ssh server enable
//启动 SSH 服务器
H3C-S3100] user-interface vty 0 4
H3C-S3100-u1-vty0-4] authentication-mode scheme
//设置 SSH 客户端登录用户接口的认证方式为 AAA 认证
H3C-S3100-ui-vtyo-4] protocol inbound ssh
//设置 H3C-S3100 上远程使用者登录协议为 SSH
H3C-S3100] local-user admin
H3C-S3100-luser-admin] password simple 12345
H3C-S3100-luser-admin] service-type ssh level 3
//创建本地用户 admin，登录密码为 12345，并设置用户访问的命令级别为 3，即管理级用户
H3C-S3100] ssh user admin authentication-type password
//指定使用者 admin 的认证方式为 passwor
```

配置完上面的命令后，也可以使用 SecureCRT，用 SSH 方式登录到 H3C S310052TPS 交换机上，输入用户名和密码后，就可以进行管理和配置。

（3）SSH 是建立在应用层和传输层基础上的安全协议，也是为解决远程登录的安全隐患而开发的一个协议。因为使用远程登录，在网络上是通过明文传送口令和数据的，"中间人"很容易截获这些口令和数据。而 SSH 是基于成熟的公钥密码体系，把所有的传输数据都进行加密，保证在数据传输时不被恶意破坏、泄露和篡改。SSH 还使用了多种加密和认证方式，解决传输中数据加密和身份认证的问题，能有效防止网络嗅探和 IP 地址欺骗等攻击。它也能为远程登录会话和其他网络服务提供安全协议，可以有效防止远程管理过程中的信息泄露问题。使用 SSH，还有一个额外的好处就是资料的传输是经过压缩的，所以可以加快传输的速度。SSH 还可以为 FTP 和 PC 机的使用提供一个安全的"通道"。

2. 使用 WEB 方式管理网络设备

华三的路由、交换设备对 Web 的管理支持比较好。但在用 Web 方式进行管理配置之前，先要对路由、交换设备进行相应的配置。下面就以 H3CS3100–8C–SI 设备为例说明其相关配置，其网络拓扑图如图 3-8 所示。

H3C 3750　　　　　　　　　　　　　管理PC机

图 3-8　管理华三交换机的网络拓扑图

（1）使用一条 Console 线，把计算机的串口和 H3CS3100 交换机的 Console 口相连，配置交换机管理 VLAN 的 IP 地址，具体运行命令如下。

```
<H3C> system-view
H3C] interface VLAN-interface 2
//进入管理 VLAN
H3C-VLAN-interface2] undo ip address
//取消管理 VLAN 原有的 IP 地址
H3C-VLAN-interface2] ip address 10.10.2.1 255.255.255.0
//配置以太网交换机管理 VLAN 的 IP 地址为 10.10.2.1
```

（2）通过 Console 口，在交换机 H3CS3100 上配置欲登录的 Web 管理用户的用户名和认证口令。添加以太网交换机的 Web 用户，用户级别设为 3，即管理级别的用户，命令如下。

```
H3C] local-user admin
//设置用户的用户名为 admin
H3C-luser-admin] service-type telnet level 3
//设置用户级别为 3
H3C-luser-admin] password simple admin
//设置用户 admin 的密码为 admin
```

（3）配置交换机到网关的静态路由，命令如下。

```
H3C] ip route- static 0.0.0.0 0.0.0.0 10.10.2.254
//网关的 IP 地址为 10.10.2.254
H3c] undo ip http shutdown
//执行此命令确保 http 服务运
```

配置完上面的命令后，就可以在管理 PC 机的浏览器中输入 http：//10.10.2.1，按回车键后，就可以看到华三交换机 Web 管理登录接口，输入用户名和密码，并选择 Web 管理接口的语言后回车，就可以看到管理接口，根据管理接口中的语言提示，就可以对交换机 H3CS3100 中的各项参数进行配置。

需要注意的是，管理 PC 机和华三交换机的管理 IP 的 10.10.2.1/24 之间必须有可达行配置路由，若路由不可达，那无论在管理 PC 机的浏览器中输入怎样的 IP 地址也不能登录到华三交换机的 Web 管理接口。要验证在管理 PC 机中到交换机的路由可达性，可以在管理 PC 机的命令行中执行命令 "ping 10.10.2.1"，若能 ping 成功，一般来说在管理 PC 机和华三交换机之间的路由是没有问题的。

3. 使用远程登录方式管理网络设备

这种管理模式需要在路由、交换设备上配置的命令比用 SSH 管理方式配置的命令更少。下面还是以图 3-6 的拓扑图为例，对交换机进行相应的配置，以便用户通过管理 PC 机，用远程登录方式能够对 Cisco4506 进行管理配置。

Cisco4506 和 Cisco03750 上的管理 VLAN20 的配置和 PC 机的 IP 地址及其与 Cisco3750 相连端口的配置和"1"中用 SSH 方式管理的配置都一样，具体如下。

```
interface GigabitEthernet 3/1
switchport trunk encapsulation dot1q
switchport trunk allowed VLAN 20,30-300
switchport mode trunk
interface VLAN 20
ip address 10.10.20.1 255.255.255.0
```

要用 Telnet 方式管理设备，同时还要在 Cisco4506 上进行如下的配置。

```
interface GigabitEthernet 1/0/1
switchport access VLAN 20
switchport mode access
interface GigabitEthernet 1/0/25
switchport trunk
encapsulation dot1q
switchport trunk allowed VLAN 20, 30-300
switchport mode trunk
interface VLAN 20
ip address 10.10.20.2 255.255.255.0
```

```
line vty 0 15
password 7 525E0305E3595551E4
login
```

在 Cisco4506 和 Cisco3750 上配置完以上的命令后，也可以使用 PC 机中的 SecureCRT 软件，远程登录到 Cisco4506 上对其进行管理和配置，在 SecureCRT 中，需要配置的参数也只有 Cisco4506 的 IP 地址 10.10.20.1/24。

当然，也可以直接在 PC 机的命令行中执行命令"telnet 10.10.20.1"，同样可以远程登录到 Cisco4506 交换机上对其进行管理和配置。

4. 使用计算机的串口管理网络设备

一般交换机的电口和光口都位于交换机的正面，这种部署方便以后在设备上进行网线和光缆的拔插。而管理配置交换机的 Console 口一般位于交换机的背面。

通过 Console 口直接连接到路由器或交换机上，对其进行本地管理配置，也是一种安全、可靠的配置维护方式。当网络设备初次加电、与外部网络连接中断或出现其他异常情况时，通常采用这种方式配置网络设备。

将管理 PC 机的串口与网络设备的 Console 口连接，然后在管理 PC 机上运行终端仿真程序，如 Windows 系统中的超级终端，或者使用 SecureCRT 应用程序。然后在终端仿真程序上建立新连接，选择实际连接网络设备时，使用的管理 PC 机上的串口，并配置终端通信的参数。预设情况下的参数都是：9600 波特、8 位数据位、1 位停止位、无校验、无流控。

最后，对路由器或交换机进行上电自检，系统会自动进行配置。自检结束后，系统会提示用户键入回车，直到出现命令行提示符，然后就可以键入命令，配置网络设备，或者查看其运行状态等。

另外，还可以通过配置以下参数，使通过 Console 口的管理更加安全和符合个性化的需求。

```
line console 0
exec-timeout 0 0
password 7 12130F0501595C517E
logging synchronous
login
```

命令 "exec- timeout 0 0" 表示永不超时。若把此命令中的最后一个 "0" 改为 "10"，则表示通过 Console 口登录后，无操作 10 秒后就会超时注销。这时若还想登录到交换机，就必须重新输入密码再次进行登录。这种功能可以避免因管理人员短时间离开而重新输入密码情况的发生。尤其是在密码很复杂的情况下，使用这种命令更有效。但这种功能也存在不安全的因素，所以还是需要按需配置。

命令 "logging synchronous" 的功能是设置，在输入命令时不会被系统日志消息打断，即阻止烦人的控制面板信息来打断你当前的输入，从而使输入的命令更加连续，显得更为易读。

命令"password 7 12130F0501595C517E"的功能是配置管理 PC 机在通过 Console 口登录交换机时，必须通过输入密码才能登录，这也是为了防止其他非命令授权的用户通过 Console 口访问路由器或者交换机。

5. 总结

（1）从安全角度考虑。首先，使用串口管理网络设备是最安全的方式，因为它是用计算机和设备直接相连，而不是通过远程登录到设备上。配置的命令和关键性的口令只在设备和计算机之间直接传输，而不会通过其他的网络设备，这也从根本上杜绝了一些"中间人"的攻击。其次，若是使用 SSH 方式远程登录管理网络设备，也是比较安全的方式，因为 SSH 协议对所有的资料都进行了加密处理，而不是以明文的方式在网络上传输，若是对安全性要求很高的话，还可以结合 SSH 使用专门的认证服务器，结合公钥和私钥体制，也可以消除"中间人"的攻击威胁。最后，Web 管理方式和远程登录管理方式一般来说是最不安全的方式，不过 Web 方式若是通过 Https 方式进行管理，安全性基本和 SSH 方式一致。但是用 HTTP 方式管理，管理用户的计算机和网络设备之间所传输的数据也都是没经过加密的，不推荐使用这种方式。远程登录方式也是不安全的管理方式，目前在很多软件中默认都是不支持远程登录功能的，因为它给用户带来了很多潜在的威胁，像 Win7 默认安装完成后，是不能使用远程登录功能，这也是微软为用户考虑细致、周到的地方。若是用户的网络存在很多的安全风险和漏洞，就一定不要使用远程登录方式管理网络设备。

（2）从易用性角度考虑。首先，Web 管理方式对网络设备进行管理，全都是以窗口接口进行操作，比较直观、容易理解和掌握。不过，Web 方式提供的可配置操作命令比较少，一般只有很少一部分常用的操作命令可以通过 Web 方式操作完成，绝大部分的命令还得以命令行的方式进行配置。所以，一般很少能看到网络高手通过 Web 方式对网络设备进行管理配置，他们都是飞速地敲着各种命令，从而让网络设备以他们的要求去运行。

其次，若用户的网络环境非常安全，比如是一个小型或中型的局域网，没有和外界的网络进行连通，使用远程登录方式管理网络设备也是非常方便的。因为它需要在网络设备上配置的命令比较少，而且在管理 PC 机上不需要安装特别的终端软件，基本上在 Linux 系统和 Windows 系统上都支持远程登录功能，这样就可以在网络中的任何一台 PC 机上对所有的网络设备进行远程管理。最后，虽然 Web 管理和远程登录方式易用，但是在目前复杂度不断提高的各种网络环境中，还是推荐用户使用 SSH 方式对网络设备进行配置，因为安全问题往往就发生在一些不严谨的操作规程当中，一个很小的安全问题很可能会导致全网的崩溃。所以，"安全无小事"这句话同样适用于网络管理工作。

第4章
高校网络安全管理

目前，随着互联网的高速发展，网络已深入到人们生活的各个方面。网络带给人们诸多好处的同时，也带来了很多隐患。其中，安全问题就是最突出的一个。但是许多信息管理者和信息用户对网络安全认识不足，对网络上的攻击和防护知识缺乏足够的认识和了解，他们把大量的时间和精力用于提升网络的性能和效率方面，结果导致黑客攻击、恶意代码、邮件炸弹等越来越多的安全威胁。为了防范各种各样的安全问题，许多网络安全产品也相继在网络中得到推广和应用。针对系统和软件的漏洞，有漏洞扫描产品；为了让因特网上的用户能安全、便捷地访问公司的内部网络，就有了 SSL VPN 和 IPSec VPN 的使用；为了防止黑客的攻击，就有了入侵防御系统和入侵检测系统；而使用范围最为广泛的防火墙，常常是作为网络安全屏障的第一道防线。网络中安全设备使用的增多，相应地在设备的管理上就日益复杂。

4.1 高校网络安全问题

4.1.1 高校网络安全的定义

高校网络安全是指校园网信息系统和信息资源不受自然和人为有害因素的威胁。广义的校园网网络安全包括实体安全、运行安全、数据安全、软件安全和通信安全等。其中，实体安全主要是指校园网硬设备和通信线路的安全，其威胁来自自然和人为危害等因素。信息安全包括数据安全和软件安全，其威胁主要来自信息破坏和信息泄漏。狭义的高校网络安全是指校园网络的信息安全，凡是涉及网络上信息的保密性、完整性、可用性、真实性、可控性的相关技术和理论。❶

4.1.2 校园网网络安全存在的问题

1. 网络环境的脆弱性

从网络环境上讲，学校环境的特殊性决定了网络环境的特殊性。由于教学和科研等特点决定了校园网络环境应该是开放的，管理也较为宽松。从网络设备上讲，校园网络安全非常脆弱。校园网络涉及设备分布极为广泛，包括通信光缆、电缆、电话线、工作站、各类型服务器、交换机、路由器等。任何个人或部门都不可能时刻对这些设备进行全面监控，有些设备甚至是暴露在公众面前的，如通信电缆等。个别人可能出于某种目的，有意或无意地将它们损坏，这样会造成校园网络全部或部分瘫痪，影响正常教学业务。

2. 技术的缺陷性

目前，校园网中普遍使用的是 TCP/IP 协议，TCP/IP 协议是互联网最主要的通信协议，而互联网在其早期是一个开放的专为研究人员服务的通信网路，是完全非营利性的信息共享载体，其共享性和开放性是其主要的特点，所以几乎所有的互联网协议都没有考虑安全机制，这也给日后的信息安全留下了隐患。目前的校园网网络大都是基于互联网技术构造的，同时又与互联网相连，因此，它在安全可靠、服务质量等方面存在着不确定性。❷

3. 入侵者攻击

入侵者包括黑客、破坏者和其他从外部试图非法访问内部网络的网络用户。而校园网提供 WWW 服务、邮件服务、远程教学、教务管理、视频点播等多项服务，是广大师生进行教学与科研活动的主要平台。但校园网

---

❶ 李小志 . 高校校园网络安全分析及解决方案 [J]. 现代教育技术，2018（3）：91-93.

❷ 严军鹏 . 高校校园网络安全技术浅析 [J]. 计算机与网络，2015（21）：52-53.

的独特性使校园网内的服务器对网内用户的限制较少，再加上操作系统本身存在的安全漏洞，这些都对校园网内的服务器构成一定的安全威胁。高校校园网的计算机会面临入侵者的攻击或病毒感染事件的威胁，入侵者会利用端口扫描、系统漏洞、管理的疏忽等方式和手段，非法访问资源、盗取或修改数据，严重影响校园网信息的安全。

4. 恶意代码威胁

恶意代码的威胁包括计算机病毒以及利用系统漏洞的各种恶意攻击。随着网络技术的发展，便利的网络环境使病毒成为网络信息安全的另一个重要威胁，病毒不仅破坏程序和数据，还会严重影响网络效率，甚至破坏设备。病毒主要有两个来源，从外网传入的病毒和内网病毒。目前，外网病毒的防控措施比较成熟，所以外网的威胁相对较小，而由于局域网内使用者众多，而且缺乏统一的管理，因此很容易造成计算机病毒的传播。近几年，网络蠕虫、ARP 木马程序以及利用 RPC 等漏洞进行攻击的冲击波、振荡波等病毒，已经严重威胁了高校网络各项应用的正常使用。例如，由于局域网内计算机中毒，产生大量数据报，冲击网络出口的网络设备，引起网络阻塞甚至交换设备死机，造成网络的瘫痪。

5. 校园网的计算机管理相对混乱

高校校园网中的计算机购置和管理情况非常复杂，学生宿舍中的计算机是学生自己花钱购买、自己维护；机房实验室是统一采购、有技术人员负责维护；有的院系办公用机虽是统一采购，但没有专人维护。这种情况下要求所有的端系统实施唯一的安全政策（比如统一升级系统安装补丁、安装防病毒软件、设置可靠的口令）是非常困难的。由于没有统一的资产管理和设备管理，出现安全问题后通常无法分清责任。

6. 有限的资金投入

由于资金有限再加上校园网的建设和管理通常比较轻视网络安全，管理中往往又会忽视这一块，由此造成了学校对管理和维护人员以及设备方面的投入明显不足。

4.2 高校网络安全防范技术

4.2.1 基于口令的网络安全策略

对网络用户的用户名和口令进行验证是防止非法访问的第一道防线。校园内部采用统一的 Web 登录接口，利用学校统一分配的账号进行登录，网管中心统一监控每一个账号的使用情况，实现全局监控的目的，为了防止非法用户使用网络设备，路由器、交换机、防火墙、服务器的配置均有口令保护；为保证口令的安全性，用户口令不能显示在显示屏上，口令长度应尽量长，口令字符最好是数字、字母和其他字符的混合，用户口令必须经过加密。目前，网上破解口令的软件很多，一个长度为七八位的口令有可能在几分钟内就被破解。因此，设置一个安全的口令是保护网络的关键。

4.2.2 基于动态访问列表的网络安全策略

访问控制列表 ACL（Access Control List）技术，ACL 技术在路由器中被广泛采用，它是一种基于包过滤的流控制技术。标准访问控制列表通过把源地址、目的地址及端口号作为数据报检查的基本元素，并可以规定符合条件的数据报是否允许通过。ACL 通常应用在企业的出口控制上，可以通过实施 ACL，有效地部署企业网络出网策略。随着局域网内部网络资源的增加，一些高校已经开始使用 ACL 来控制对局域网内部资源的访问能力，进而来保障这些资源的安全性。例如，针对常见的网络攻击和蠕虫病毒，可以在接入层交换机设置以下访问控制列表，并应用到接入层的每个端口，达到限制病毒传播的目的。

4.2.3　运用 VLAN 技术

VLAN（Virtual Local Area Network）又称虚拟局域网，是建立在交换式局域网的基础上，将网络资源或网络用户按照一定的原则进行划分，把一个物理上的网络划分为多个小的逻辑网络，每个逻辑局域网形成各自的广播域。它具有以下优点。

（1）控制网络风暴。采用 VLAN 技术，可将某个交换口划到某个 VLAN 中，而一个 VLAN 的广播风暴不会影响其他 VLAN 的性能，从而避免整个网络的灾难性广播风。

（2）确保网络安全。VLAN 能限制个别用户的访问，控制广播域的大小和位置，甚至能锁定某台设备的 MAC 地址，因此 VLAN 能确保网络的安全性。

（3）简化网络管理。网络管理员能借助于 VLAN 技术轻松管理整个网络。网络管理员只需设置几条命令，就能在几分钟内建立某一项目的 VLAN 网络，其成员使用 VLAN 网络，就像在本地使用局域网一样。

4.2.4　基于入侵检测的策略

入侵检测是防火墙技术的重要补充，在不影响网络的情况下能对网络进行检测分析，从而对内部攻击、外部攻击和误操作进行实时识别和响应，有效地监视、审计、网络系统。入侵检测和漏洞扫描技术结合起来是预防黑客攻击的主要手段，它是一项新的安全技术。目前，入侵检测技术主要可以分为基于主机入侵检测和基于网络入侵检测两种。基于主机的系统通过软件来分析来自各个地方的这些数据，可以是事件日志（log 文件）、配置文件、password 文件等；基于网络系统通过网络监听的方式从网络中获取数据，并根据事先定义好的规则检查它，从而判定通信是否合法。

4.2.5　基于 RAID 技术的安全策略

对于一所高校来说数据是无价的，在校园网系统中服务器可灵活使用

RAID 技术。RAID 技术将多个磁盘组织成一个整体，并行读取数据，使计算机性能得到改善，同时提供了系统容错动能，使数据得到保护，RAID 分为多个级别，每种级别决定了系统在性能、冗余、容量等方面有所不同。校园网中服务器主要采用 RAID1 镜像（即容错）功能进行数据保护。RAID1 采用两块硬盘互为镜像，在服务器运行过程中数据被分别写到两个硬盘中。如果有一个硬盘受到病毒的侵害或物理损坏，另一个镜像硬盘上的数据还可以使用。这样就避免了由于硬盘数据的丢失而使系统完全破坏的风险。

4.2.6　基于全局性的病毒防御策略

采用校园网全局病毒防护技术，首先安装网络版防病毒软件，服务器统一管理，客户端登录主机时自动从病毒库更新，双向监测常见病毒及木马程序，实现对服务器、网络设备、客户端的安全保护，这样可以有效地管理可控范围内病毒的传播。对于不可控范围内的主机（比如学生宿舍区），可以通过接入口防御、校园网主页广泛宣传、免费下载免疫程序软件等措施，实现全局的病毒防御。

4.3　运维实例

4.3.1　网络安全设备的管理模式

1. 网络架构

（1）总架构。网络结构图如图 4-1 所示。为了确保重要设备的稳定性和冗余性，核心层交换机使用两台 Cisco4510R，通过 Trunk 线连接。在接入层使用了多台 Cisco3560-E 交换机，图示为了简洁，只画出了两台。在核心交换机上连接有单位重要的服务器，如 DHCP、邮件服务器、Web 服务器和视频服务器等。单位 IP 地址的部署，使用的是 C 类私有 19 网段的地址。其中，DHCP 服务器的地址为 192.168.114，在网络的核心区域部署有单位的安全设备，安全设备也都是通过 Cisco3560E 交换机接入核心交换机 Cisco4510R 上，图 4-1 中为了简洁，没有画出 Cisco3560E 交换机。

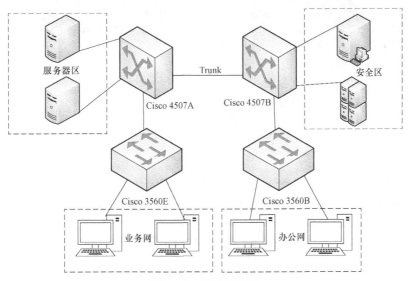

图 4-1　网络结构图

（2）主要网络设备配置。网络主要分为业务网和办公网，业务网所使用 VLAN 的范围是 LAN 21~VLAN 100，办公网所使用的 VLAN 范围是 VLAN 101~VLAN 200。两个网都是通过两台核心交换机 Cisco 4510 交换数据的，但在逻辑上是相互隔离的。服务器都是直接连接到 Cisco 4510 上，所使用的 VLAN 范围是 VLAN 11~VLAN 20。安全设备所使用的 VLAN 范围是 VLAN 2~VLAN 10。

在业务网中，根据部门性质的不同，在 Cisco4510 和 Cisco3560 上做相应的配置，把它们划分到不同的 VLAN 中。下面以业务网中 VLAN 21 的配置为例，列出其相关命令，首先在 Cisco3560EA 上的配置如下。

```
Cisco3560E-A# vlan database
Cisco3560E-A(VLAN)# VLAN 21
//创建 VLAN 21
VLAN 21 added:
Name: VLAN00021
Cisco3560E-A(VLAN)# exit
Cisco3560E-A# configure terminal
Enter configuration commands, one per line. End with CNTL/Z.
Cisco3560E-A (config)# interface range gigabitEthernet 1/0/1-24
//对 3560 上 1 至 24 端口同时进行配置
Cisco3560E-A (config-if-range)# switchport
Cisco3560E-A (config-if-range)# switchport access VLAN 21
//把 3560 上 1 至 24 口都划入 VLAN 21
```

在 Cisco4510A 上的配置如下。

```
Cisco4510A(config )# interface VLAN 21
Cisco4510A(config-if)# ip address 192.168.21.252    255.255.255.0
//创建 VLAN 21 的 SVI 接口，并指定 IP 地址
Cisco4510A(config-if)# no shutdown
Cisco4510A(config-if)# ip helper-address 192.168.11.1
//配置 DHCP 中继功能
Cisco4510A (config-if)# standby 21 priority 150 preempt
Cisco4510A(config-if)# standby 21 ip 192.168.21.254
//配置 VLAN21 的 HSRP 参数
```

同样在办公网中，也是根据部门性质的不同，把它们划分到不同的 VLAN 中，下面是办公网中 VLAN101 的配置，首先在 Cisco3560E-B 上的配置如下所示。

在 Cisco4510B 上的配置如下。

```
Cisco4510B( config)# interface VLAN 101
Cisco4510B( config-if)# ip address192.168.101.252 255.255.255.0
//创建 VLAN101 的 SVI 接口，并指定 IP 地址
Cisco4510B(config-if)# no shutdown
Cisco4510B(config-if)# ip helper-address 192.168.11.1
//配置 DHCP 中继功能
Cisco4510B( config-if)# standby 101 priority 150 preempt
Cisco4510B(contig-if)# standby 101 ip 192.168,101.254
//配置 VAN101 的 HSRP 参数
```

2. 网络安全设备管理的三种模式

（1）第一种模式：安全管理 PC 机与安全设备直接相连，如图 4-2 所示。网络中共有 4 台安全设备：漏洞扫描、IDS、IPS 和防火墙，若要对其中的一台安全设备进行管理配置，需要把计算机直接连接到安全设备上，这种模式通常有以下两种连接管理方式。

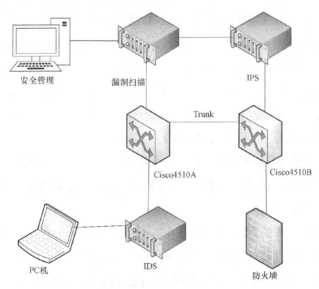

图 4-2　安全管理 PC 机和安全设备直接相连

① 串口连接管理。通过 CONSOLE 口直接连接到安全设备上，对其进行本地管理配置。这也是一种安全、可靠的配置维护方式。当安全设备初

次加电、与外部网络连接中断或出现其他异常情况时，通常采用这种方式配置安全设备。配置步骤如下。

将安全管理 PC 机的串口与安全设备的 CONSOLE 口连接，然后在 PC 机上运行终端仿真程序，如 Windows 系统中的超级终端，或者使用 SecureCRT 应用程序。最后在终端仿真程序上建立新连接。

选择实际连接安全设备时，使用安全管理 PC 机上的串口，配置终端通信参数，预设情况下都是 9600 波特、8 位数据位、1 位停止位、无校验、无流控。

对安全设备进行上电自检，系统自动进行配置，自检结束后提示用户按回车键，直到出现命令行提示符。然后就可键入命令，配置安全设备，或者查看其运行状态。

上面连接方式中的配置参数是一般情况下使用较多的一种，但对于不同设备可能会有不同的设置，例如对于防火墙，联想的连接参数就和上面不一致。

② Web 方式管理。用这种方式对网络安全设备进行管理，全都是以窗口接口操作的，比较容易理解和掌握。配置的步骤如下。

用网线把安全管理 PC 机的网卡接口，直接连到安全设备的管理接口上。同时，也要对安全管理 PC 机和安全设备的管理接口的 IP 地址进行配置，以便让它们位于同一个网段。假如配置安全管理 PC 机的 IP 地址是 192.168.1.2/24，安全设备管理接口的 IP 地址是 192.1681.11/24，这样配置后它们就都位于同一个网段 192.168.1.0/24 中。

在安全管理 PC 机的命令行中执行命令"ping 192.168.1.1"，看是否能 ping 通，若不通，可能是连接安全管理 PC 机和安全设备的网线有故障，直到能 ping 通为止。

开启安全设备的本地 SHI 服务，并且允许管理账号使用 SSH。这是因为对大多数安全设备的 Web 管理都是通过 SH 连接设备的，这样安全管理 PC 机和安全设备之间传输的数据都是通过加密的，安全性比较高。也就是在安全管理 PC 机的浏览器地址栏中只能输入以 htps 开头的网址。

在安全管理 PC 机的浏览器地址栏中输入 htps：/192.1681.1，再按回车键，输入用户名和密码后就可登录到网络安全设备的 Web 管理接口，对其参数和性能进行配置。

（2）第二种模式：安全管理 PC 机通过交换机管理安全设备。如图 4-3 所示，安全设备位于 VLAN2、VLAN3 和 VLAN4 中。这时，安全管理 PC 机对位于同一个 VLAN 中的安全设备进行管理时，只需把安全管理 PC 机直接连接到交换机上，PC 机和安全设备就都位于同一网段中。在这种模式中，对安全设备的管理就不能使用"第一种模式"中的用 CONSOLE 口管理的方法，因为安全管理 PC 机和安全设备没有直接连接，而是通过交换机间接连接起来的。这种模式下，除了可以用"第一种模式"中的 Web 方式对安全设备进行管理配置外，还可以用以下两种方式对安全设备进行管理配置。

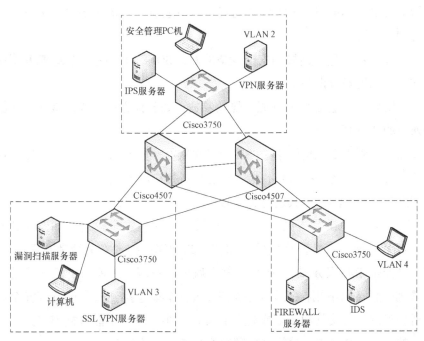

图 4-3　管理 PC 机通过交换机连接到安全设备

①远程登录方式管理。用这种方式对安全设备进行管理时，必须首先保证安全管理 PC 机和安全设备之间有路由可达，并且可以用远程登录方式登录到安全设备上。在本例中，安全管理 PC 机和安全设备位于同一个网段，所以满足用远程登录方式管理的条件。另外，还要在安全设备上进

行如下配置，才能采用远程登录方式对其进行管理。

把一台计算机的串口连接到安全设备的 CONSOLE 口上。通过 CONSOLE 口配置远程用户用 Telnet 方式登录到安全设备上的用户名和口令、管理级别及所属服务等。

通过 CONSOLE 口配置提供 Telnet 服务的 IP 地址、端口号等。

在安全管理 PC 机上的命令行中执行 Telnet 到网络安全设备上的命令，然后输入用户名和口令，就可以登录到安全设备上进行管理配置了。

② SSH 方式管理。当用户在一个不能保证安全的网络环境中时，却要远程登录到安全设备上。这时，SSH 特性就可以提供安全的信息保障及认证功能，起到保护安全设备不受诸如 IP 地址欺诈、明文密码截取等攻击。安全管理 PC 机以 SSH 方式登录到安全设备之前，通常还要在安全设备上进行如下配置。

通过一台计算机连接到安全设备的 CONSOLE 口，或者通过 Web 管理方式，登录到安全设备上。

在安全设备上配置 SSH 服务器的参数，如验证方式、验证重复的次数和兼容的 SSH 版本等。

在安全管理 PC 机上运行 SSH 的终端软件，如 Securecrt 应用程序。在程序中设置正确的连接参数，输入安全设备接口的 IP 地址，就可与安全设备建立起连接，然后对其进行配置管理。

（3）第三种模式：通过安全中心服务器管理安全设备。如图 4-5 所示，与第一种、第二种管理模式相比，此种模式把"安全管理 PC"升级成了"安全中心服务器"。在服务器上就可以对网络中所有的安全设备进行管理配置，而不用再把安全管理 PC 机逐个地连接到安全设备或安全设备所在 VLAN 的交换机上。在这种管理模式中，除了不能直接连接到安全设备的 CONSOLE 口上对其进行管理配置外，其他的三种管理方式，Web、Telnet 和 SSH 在安全中心服务器上都可以使用。用安全中心服务器管理配置安全设备主要存在两种网络环境。

安全中心服务器和安全设备管理接口的 IP 地址不在同一个网段。如图 4-3 所示，安全中心服务器位于 VLAN 13，IP 地址为 192.168.13.124。而漏洞扫描位于 VLAN 13 中，IP 地址为 192.168.3.1，它和安全服务中心服务器的地址位于不同的子网中。如果要让安全服务中心服务器能访问到漏洞扫描，就必须在两台 Cisco4510 上添加三层配置，让两个 VLAN 间的数据能互相访问。

在 Cisco4510A 上的配置如下。

```
Cisco4510A(config)# interface VLAN 13
Cisco4510A( config-if)# ip address 192.168.13.252 255.255.255.0
//创建 VAN13 的 SVI 接口，并指定 IP 地址
Cisco4510A(config-if) no shutdown
Cisco4510A(config-if) ip helper-address 192.168.11.1
//配置 DHCP 中继功能
Cisco4510A (config-if) standby 13 priority 150 preempt
Cisco4510A(config-if) standy 13 ip 192.168.13.254
//配置 VLAN 13 的 HSRP 参数

Cisco4510A(config)# interface VLAN 3
Cisco4510A(config-if) ip address 192.168.3.252 255.255.255.0
//创建 VLAN3 的 SVI接口，并指定 IP 地址
Cisco4510A(config-if)# no shutdown
Cisco4510A(config-if)# ip helper-address 192.168.11.1
//配置 DHCP 中继功能
Cisco4510A(config-if)# standby 3 priority 150 preempt
Cisco4510A(config-if)# standby 3 ip 192.168.3.254
//配置 VAN3 的 HSRP 参数
```

在 Cisco4510B 上的配置如下。

```
Cisco4510B(config)# interface VLAN 13
Cisco4510B( config-1f)# ip address 192.168.13.253 255.255.255.0
//创建 VLAN 13 的 SVI 接口，并指定 IP 地址
Cisco4510B(config-if)# no shutdown
Cisco4510B(config-if)# ip helper-address 192.168.11.1
//配置 DHCP 中继功能
Cisco4510B (config-if)# standby 13 priority 140 preempt
Cisco4510B(config-if)# standby 13 ip 192. 168.13.254
//配置 VLAN 13 的 HSRP 参数
Cisco4510B(config)# interface VLAN 3
Cisco4510B(config-if)# ip address 192. 168.3.253 255.255.255.0
```

```
//创建 VLAN3 的 SVI 接口，并指定 IP 地址
Cisco4510B(config-if)# no shutdown
Cisco4510B(config-if)# ip helper-address 192.168.11.1
//配置 DHCP 中继功能
Cisco4510B(config-if)# standby 3 priority 140 preempt
Cisco4510B(config-if)# standby 3 ip 192.168.3.254
//配置 VLAN3 的 HSRP 参数
```

因为 Cisco4510 和 Cisco3560E 之间都是 Trunk 连接，所以在 Cisco4510A 和 Cisco4510B 上进行了配置后，安全中心服务器就能访问到漏洞扫描安全设备。在安全中心服务器的浏览器地址栏中输入 htps：//192.168.3.1，就能登录到漏洞扫描设备上，然后在 Web 接口中就可以对其参数和性能进行配置。

安全中心服务器和安全设备管理接口的 IP 地址都位于同一个网段中。这种网络环境中，安全中心服务器要对安全设备进行管理时，在路由器或交换机上需要配置的命令就比较少。也就是在图 4-3 中，只需把交换机上的配置命令进行简单的改造，把所有的安全设备的管理接口的 IP 地址和安全中心服务器地址配置到同一个 VLAN 中。这样在 Cisco4510 上就不用进行三层配置。然后在安全中心服务器的浏览器地址栏中输入安全设备的 IP 地址也能对各个安全设备进行管理配置。

3. 总结

以上 3 种网络安全设备的管理模式，主要是根据网络的规模和安全设备的数量来决定使用哪一种管理模式。3 种模式之间没有完全的优劣之分。若是网络中就一两台安全设备，显然采用第一种模式比较好。只需要一台安全管理 PC 机就可以。若是采用架设安全中心服务器的话就有些得不偿失。如果安全设备较多，并且都分布在不同的网段，那选择第二种模式就行，用两三台安全管理 PC 机管理安全设备，比架设两台服务器还是要经济很多。若是安全设备很多，就采用第三种模式，它至少能给网络管理员节省很多的时间，因为在一台服务器上它就可以对所有的安全设备进行管理。

第三种管理模式中，安全中心服务器共使用了两台服务器。这主要是

因为在一些大型的网络中，安全设备不只是有几台、十几台，有的更多。管理这么多数量的安全设备，完全有必要架设两台服务器，保证管理安全设备的稳定性和可靠性。而且，安全中心服务器有时并不仅仅承担着管理的功能，它有时还要提供安全设备软件的升级功能。也就是在安全中心服务器上提供一个访问因特网的接口，所有的安全设备都通过这个接口连接到互联网上进行升级，如防火墙系统版本、病毒特征库的升级，IPS系统版本和特征值的升级等。若安全设备很多，升级数据量就会很大，若用两台服务器双机均衡负载会大大降低用一台服务器升级时所面临巨大数据量的压力。

解决网络安全问题主要是利用网络管理措施，保证网络环境中数据的机密性、完整性和可用性。确保经过网络传送的信息，在到达目的地时没有任何增加、改变、丢失或被非法读取。而且要从以前单纯的以防、堵、隔为主，发展到现在的攻防结合，注重动态安全。在网络安全技术的应用上，要注意从正面防御的角度出发，控制好信息通信中数据的加密、数字签名和认证、授权、访问等。而从反面要做好漏洞扫描评估、入侵检测、病毒防御、安全报警响应等。要对网络安全有一个全面的了解，不仅需要掌握防护方面的知识，还需要掌握检测和响应环节方面的知识。

互联网上发生的大大小小的泄密事件，也再次给我们敲响了警钟，网络安全无小事，网络安全管理也必须从内、外两方面来防范。计算机网络最大的不安全，就是自认为网络是安全的。在安全策略的制定、安全技术的采用和安全保障的获得，其实很大程度上取决于网络管理员对安全威胁的把握。网络上的威胁时刻存在，各种各样的安全问题常常会掩盖在平静的表面之下，所以网络安全管理员必须时刻提高警惕，把好网络安全的每一道关卡。

4.3.2　防火墙部署搭建与故障排除

互联网上的"密码泄露"事件大多会闹得沸沸扬扬，人心惶惶。这就对负责安全的技术人员有了更高的要求。本节通过实例介绍防火墙设备的部署、安装和配置，虽然防火墙不能解决所有的安全问题，但它在网络中的部署是绝对不能少的。

1. 网络架构和防火墙部署情况

网络架构和防火墙部署如图 4-4 所示。为了确保重要设备的稳定性和冗余性，核心层交换机使用两台 Cisco6509-E，通过 Trunk 线连接。在办公区的接入层使用了多台 Cisco2960 交换机，图示为了简洁，只画出了两台。在核心层交换机 Cisco6509-E 上，通过防火墙连接有单位重要的服务器，如 FTP、E-MAIL 服务器和数据库等。单位 IP 地址的部署，使用的是 C 类私有 192 网段的地址。DHCP 服务器的 IP 地址为 192.168.10.1，FTP 服务器的 IP 地址是 192.168.5.2。Cisco6509-E 和 Cisco3750 之间及 Cisco3750 和 Cisco2960 之间都是 Trunk 连接。

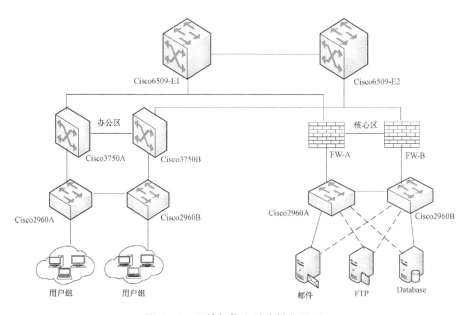

图 4-4　网络架构和防火墙部署图

根据部门性质的不同，把各个部门的计算机划入到不同的 VLAN 中。服务器都位于 VLAN 2~VLAN 10 中，对应的网络号是 192.168.2.0~192.168.10.0，如 DHCP 服务器位于 VLAN 10 中，FTP 服务器位于 VLAN 5 中。服务器的 IP 地址、默认网关和 DNS 都是静态分配的。VLAN 11~VLAN 150 是属于办公部门使用的，对应的网络号是 192.168.11.0~192.168.150.0。

VLAN 号和网络号之间都是对应的。VLAN 中的 PC 机都是通过 Cisco2960 接入网络中，Cisco3750 都是二层配置，三层的配置都在 Cisco6509 上，也就是 VLAN 间的路由都是通过 Cisco6509 完成的。PC 机的 IP 地址、默认网关和 DNS 都是自动从 DHCP 服务器上获得的，不用手工静态分配。

如图 4-5 所示，两台防火墙都是联想 Power V 防火墙，它们运行的模式都为透明模式，也就是以"桥"模式运行的，本身只需要配置一个管理 IP 地址，不必占用任何其他的 IP 资源，也不需要改变使用者的拓扑环境，设备的运行对使用者来说是"透明"的，在网络设备上进行各种命令的配置时，就当不存在这两个防火墙一样，因为它们是透明模式。它们只对线路上的数据报作安全检查和安全策略上的限制，本身不会影响网络的整体架构和配置。这种模式在安装和维护防火墙时，相对防火墙的另外一种运行模式——路由模式来说要简单很多。

Cisco6509E 和核心区 Cisco2960 之间不是 Trunk 模式连接，而是使用接入模式连接的，也就是两台 Cisco6509E 的 Gi3/2 位于 VLAN 5 中，核心区两台 Cisco2960 的 Gi0/1 也位于 VLAN 5 中。两台 Cisco6509 和两台 Cisco3750 之间以及办公区中网络设备间的连接情况如下。

```
Cisco6509-E1 GigabitEthernet 3/1 <-----> Cisco3750A GigabitEthernet 1/0/25
Cisco6509-E2 GigabitEthernet 3/1 <-----> Cisco3750B GigabitEthernet 1/0/25
Cisco3750A GigabitEthernet 1/0/1 <-----> Cisco2960A GigabitEthernet 0/1
Cisco3750B GigabitEthernet 1/0/1 <-----> Cisco2960B GigabitEthernet 0/1
```

2. 主要网络设备上的配置情况

在 Cisco6509E1 上的主要配置如下。

```
hostname Cisco 6509-E1
!
interface GigabitEthernet 3/1
description Link3750A_1/0/25
switchport trunk encapsulation dot1q
switchport trunk allowed VLAN 5 , 115
swltchport mode trunk
!
```

```
interface GigabitEthernet 3/2
description Link_FW- A_Gil
switchport access VLAN 5
switchport mode access
!
interface VLAN 5
ip address 192.168.5.252 255.255.255.0
standby 5 ip 192.168.5.254
standby 5 priority 120
standby 5 preempt
!
interface VLAN 115
ip address 192.168.115.252 255.255.255.0
standby 115 ip 192.168.115.254
standby 115 priority 120
standby 115 preempt
```

其中命令"ip address 192.168.5.252 255.255.255.0"是给指定的 VLAN 配置 IP 地址。命令"standby 5 priority 120"中的"priority"是配置 HSRP 的优先级，5 为组序号，它的取值范围为 0~255，120 为优先级的值，取值范围为 0~255 数值越大优先级越高。

优先级将决定一台路由器在 HSRP 备份集中的状态，优先级最高的路由器将成为活动路由器，其他优先级低的路由器将成为备用路由器。当活动路由器失效后，备用路由器将替代它成为活动路由器。当活动和备用路由器都失效后，其他路由器将参与活动和备用路由器的选举工作。优先级都相同时，接口 IP 地址高的将成为活动路由器。

"preempt"是配置 HSRP 为抢占模式。如果需要高优先级的路由器能主动抢占成为活动路由器，则要配置此命令。配置 preempt 后，能够保证优先级高的路由器失效恢复后总能成为活动路由器。活动路由器失效后，优先级最高的备用路由器将处于活动状态，如果没有使用 preempt 技术，则当活动路由器恢复后，它只能处于备用状态，先前的备用路由器代替其角色处于活动状态命令"standby 5 ip 192.168.5.254"作用是启动 HSRP，如果虚拟 IP 地址不指定，路由器就不会参与备份。虚拟 IP 应该是接口所在的网段内的地址，不能配置为接口上的 IP 地址。

在 Cisco6509-E2 上的主要配置如下。

```
hostname Cisco 6509-E2
!
interface GigabitEthernet 3/1
description Link3750B_1/0/25
switchport trunk encapsulation dot1q
switchport trunk allowed VLAN 5,115
switchport mode trunk
!
interface GigabitEthernet 3/2
description Link_FW-B_Gil
switchport access VLAN 5
switchport mode access
!
interface VLAN 5
ip address 192.168.5.253 255.255.255.0
standby 2 ip 192.168.5.254
standby 2 priority 120
standby 2 preempt
!
interface VLAN 115
ip address 192.168.115.253 255.255.255.0
standby 2 ip 192.168.115.254
standby 2 priority 120
standby 2 preempt
```

在办公区 Cisco3750A 上的配置如下。

```
hostname Cisco3750A
!
interface GigabitEthernet 1/0/25
description Link6509-E1 3/1
switchport trunk encapsulation dot1q
switchport trunk allowed VLAN 5,115
```

```
switchport mode trunk
!
interface GigabitEthernet 1/0/1
description Link2960A 0/1
switchport trunk encapsulation dot1q
switchport trunk allowed VLAN 5,115
switchport mode trunk
```

在办公区 Cisco3750B 上的配置如下。

```
hostname Cisco3750B
!
interface GigabitEthernet 1/0/25
description Link6509-E2 3/1
switchport trunk encapsulation dot1q
switchport trunk allowed VLAN 5,115
switchport mode trunk
!
interface GigabitEthernet 1/0/1
description Link2960B 0/1
switchport trunk encapsulation dot1q
switchport trunk allowed VLAN 5,115
switchport mode trunk
```

在办公区 Cisco2960A 上的配置如下。

```
hostname Cisco2960A
!
interface GigabitEthernet 0/1
description Link3750A 1/0/1
switchport trunk encapsulation dot1q
switchport trunk allowed VLAN 5, 115
switchport mode trunk
```

在办公区 Cisco2960B 上的配置如下。

```
hostname Cisco2960B
!
interface GigabitEthernet 0/1
description Link3750B 1/0/1
switchport trunk encapsulation dot1q
switchport trunk allowed VLAN 5, 115
switchport mode trunk
```

在核心区 Cisco2960A 上的配置如下。

```
hostname Cisco2960A
!
interface GigabitEthernet 0/1
description Link3750A 1/0/1
switchport access VLAN 5
switchport mode access
```

在核心区 Cisco2960B 上的配置如下。

```
hostname Cisco2960B
!
interface GigabitEthernet 0/1
description Link3750B 1/0/1
switchport access VLAN 5
switchport mode access
```

在办公区和核心区中 Cisco2960 交换机上的配置情况是不一样的，前者交换机上的端口为 Trunk 模式，而后者的端口为 Access 模式。

3. 故障发生及排查故障的过程

配置完上面的命令后，在办公区用户的计算机上应该就能访问到核心区服务器上的资源。例如在办公区有一用户 PC 机的 IP 地址为

192.168.115.2，子网掩码为 255.255.255.0，默认网关为 192.168.115.254。它应该是能访问到核心区的 FTP 服务器，FTP 服务器 IP 地址为 192.168.5.2，子网掩码也是 255.255.255.0，默认网关为 192.168.5.254。一般在 PC 机浏览器的地址栏中输入 ftp：//192.168.5.2，按回车键后就能显示出一个对话框，提示输入用户名和密码，然后就能访问到 FTP 服务器上的资源。但结果却访问不成功，根本就没有对话框提示输入用户名和密码。

办公区用户 PC 机访问核心区 FTP 服务器的数据流向如图 4-5 所示。因为在办公区的两台 Cisco3750 和核心区的两台防火墙、两台 Cisco2960 以及两台核心交换机 Cisco6509-E 都是双机热备或负载均衡的运行模式，所以数据流向只要通过两台中的任意一台就都是正常的。

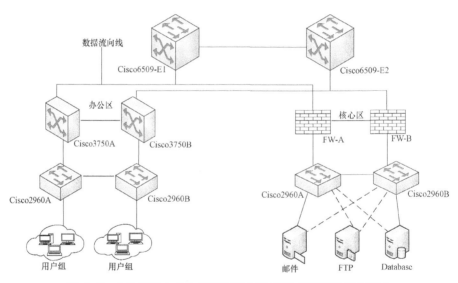

图 4-5 办公区用户 PC 机访问核心区 FTP 服务器的数据流向

既然已经知道了数据的流向，也就能大致确定故障发生在什么地方。为了图示的简洁明了，把图 4-5 再进一步精简，得到如图 4-6 所示的拓扑图。从图 4-6 中可以看出，整个数据流向只有一条线，这样排查故障也就比较简单，排查故障的步骤如下。

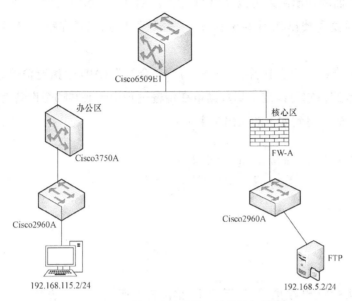

Cisco6509EI

办公区
核心区

Cisco3750A

FW-A

Cisco2960A
Cisco2960A

FTP

192.168.115.2/24
192.168.5.2/24

图 4-6 可能发生故障的网络简洁拓扑图

第一步：在办公区用户的 PC 机"命令行"CMD 中执行命令"telnet 192.168.5.221"得到的输出结果为"正在连接 192.168.5.2…无法打开到主机的连接。在口 21：连接失败"。这就说明在 PC 机上不能登录到 FTP 服务器的 21 口上。原因可能有很多种，可能是用户 PC 机和 FTP 服务器之间的网络不通，也可能是 FTP 服务器上的 21 口根本就没有打开。

第二步：确定是不是网络的故障。在办公区用户的 PC 机"命令行"CMD 中执行命令"ping 192.168.5.2"，得到如下的输出结果。

```
C:\Users\Administrator>ping 192.168.5.2
正在 Ping 192.168.5.2 具有 32 字节的数据：
请求超时。
请求超时。
请求超时。
请求超时。
192.168.5.2 的 Ping 统计信息：
数据包：已发送=4，已接收=0，丢失=4(100 丢失)
```

从上面的输出结果可以看出 PC 机和 FTP 服务器之间的网络是不通的。既然不通就要找出在图 4-6 中的"一条线"中到底是在哪个设备上出了问题。

第三步：在办公区用户 PC 机的"命令行"CMD 中执行命令"tracert 192.168.5.2"，它可以定位到数据报在传输过程中到底在哪个设备上出了问题。执行命令得到如下的输出结果。

```
C:\ Users\ Administrator>tracert 192.168.5.2
通过最多 30 个跃点跟踪到 192.168.5.2 的路由

1    1ms      <1 毫秒     <1 毫秒    192.168.115.254
2    *        *                     *        请求超时
3    *        *                     *        请求超时
```

上面的输出在第"3"行的下面本来还有很多，都省略了。因为数据报不能成功到达目的地 192.168.5.2，所以它只能像第"3"行那样往下延续地输出。从输出的结果可以看出，PC 机上发出的数据报只能到达 Cisco6509 上，因为第"1"行输出中的 192.168.115.254 就是 Cisco6509 上 VLAN 115 的 IP 地址。也就是 PC 机和 Cisco6509 之间的路由是通的，为了验证这个结果，我们在 PC 机的命令行中执行了命令"ping 192.168.115.254"，结果能成功 ping 通。

其实，这也很好理解，PC 机发出的数据报，通过两个交换机 Cisco2960 和 Cisco3750 的二层广播功能，直接把数据报发送到了 Cisco6509 的三层口 VLAN 115 上，VLAN 115 收到数据报后发现是 ping 命令，就再把收到的数据报返回给 PC 机。所以，在 PC 机上能 ping 通 Cisco6509。但是，从 PC 机上发出的 ping 数据报，在 Cisco6509 上就不能路由到 FTP 服务器，因为从执行命令"tracert 192.168.5.2"，输出的第"2"行一直往下，收不到返回的数据报。所以现在可以把故障定位在 Cisco6509 和 FTP 服务器之间。

第四步：这一步需要确定是不是因为 FTP 服务器引起的这种故障现象。所以就找了一台状态良好的笔记本，把插在 FTP 服务器上的网线拔下来插到笔记本的网口上，然后把笔记本网口的 IP 地址、子网掩码和默认网关都配置成和 FTP 服务器完全一样的。然后，再次在办公区的计算机上执行和上面一样的 ping 命令、Telent 命令和 Tracert 命令。结果与上面前三步的测试结果一样，还是不通。这就排除了 FTP 服务器引起的这种故障现象。其实，在这一步中所使用排除故障的方法，是最简单，也是最常用的"替换法"。

第五步：因为在 Cisco6509 和 FTP 服务器之间，所经过的网络设备就只有 Cisco6509、防火墙和 Cisco2960，而 Cisco2960 上都是非常简单的二层配置，出现错误配置的可能性不大。Cisco6509 在前三步的测试中，也没有发现有什么异常现象。所以问题最有可能出在防火墙上。

打开防火墙的 Web 管理配置接口，查看其中的安全策略配置，发现其中并没有配置允许 192.168.115.2 访问 192.168.5.2 的策略。因为所使用的防火墙策略默认是全禁止的，也就是预设情况下防火墙不允许任何数据报通过，除非在它上面配置了允许某个数据报通过的策略。所以，只要在防火墙上添加了允许办公区用户访问 FTP 服务器的安全策略，就可以解决上面的问题。同时也要添加允许 192.168.115.2 的 IP 地址 ping 地址 192.168.5.2 的策略，这样在 PC 机上也就能 ping 通 FTP 服务器了。

4. 防火墙上安全策略的配置

（1）在防火墙上总共需要配置添加两个策略，才能解决上面的故障，步骤如下所示。在防火墙上添加允许办公区用户访问 FTP 服务器的安全策略。如图 4-7 所示，是添加策略的 Web 界面。标红色星号的选项是必须填写的。"规则名"为 VLAN115-to-VLAN5；"序号"是自动生成的；"源地址"和"目的地址"的 IP 地址和子网掩码就按如图 4-7 所示的填写即可，但注意子网掩码一定要写 255.255.255.255 不能写成 255.255.255.0。因为前者的子网掩码只对应一个 IP 地址，而后者则对应的是一个网段。如果把源地址和它的子网掩码写成 192.168.115.2 和 255.255.255.255，意思就是只允许 192.168.115.2 这一个 IP 地址访问 FTP 服务器。但若是把子网掩码写成了 255.255.255.0，那对应的安全策略就成了允许所有属于 192.168.115.0/24 这个网段 IP 地址访问 FTP 服务器。

"动作"共有 4 个选项，但只能选择其中一项，"允许"就是允许与源地址和目的地址匹配的 IP 数据报通过，"禁止"就是不允许通过。还有两个选项是在防火墙上使用其他的安全功能时才选择的。最后一个选项是

"服务"，这个是从服务的下拉菜单中选择的，选择的是 FTP 服务。一般在防火墙之类的安全设备上都会预设定义一些常用的安全服务，如 FTP、HTTP 和 CMP 等。另外，还有如下所示几个功能，虽然在本例中没有使用，但也非常重要。

"源口"中口号的填写，可以用逗号分割表示多个口，或用英文冒号分测表示口段。两种分割方式不能同时使用。"源 MAC"是指数据包中二层的源 MAC 地址。

"流入网口"是限制网络数据报的流入网口，可以防止 P 欺骗。可选内容包括：any 和所有已启动的网口。默认值为 any，表示不限制接收网口。如果防火墙工作在透明模式，必须选择相应的物理网口如 Gi1。如果不能确定流入网口或工作在混合模式，就选择 any。

"流出网口"检查，当选择源地址转换时才能选择。在透明模式下需要选择桥设备。如果不能确定流出网口或工作在混合模式，应当选择 any。

"时间调度"是指在指定的时间段内，安全规则为生效状态，在指定的时间段外，安全规则就变为无效。

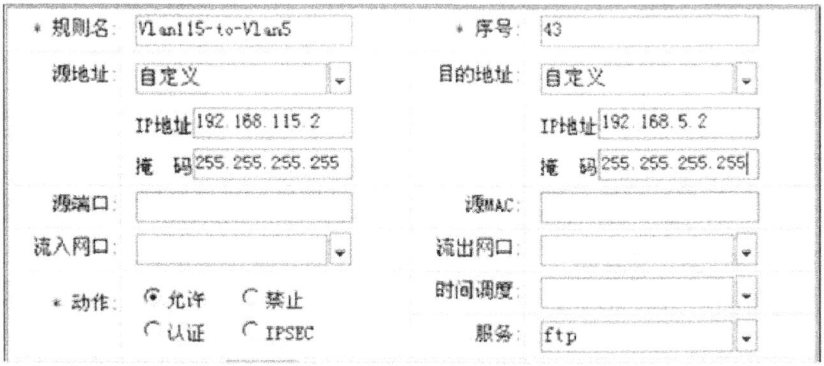

图 4-7　在防火墙 WEB 管理接口中添加允许访问 FTP 服务

（2）在防火墙上添加允许所有的 ping 命令都能通过防火墙的策略。如图 4-8 所示，是在防火墙的 Web 管理接口中添加此策略的示意图。"规则名"为 CMP；"序号"为 18，也是系统自动生成的；注意"源地址"和"目的地址"中的 IP 地址、子网掩码任何内容都没有填写。其实这种情况下，不输入任何地址就代表所有的 IP 地址。也就是所有 ping 的数据报，无论它的源地址和目的地址是什么 IP 地址，都允许它通过防火墙；"动作"选择允许；"服务"选择的是 Icmp any，它代表的就是 ping 命令所使用的服务。在图 4-8 中的还有以下的几个功能选项在本例中也是没有使用，但也非常重要。

"长连接"设定该条规则可以支持的长连接时间。0 为不限时。若限时，则有效的时间范围是 30~28800 钟。如果希望在指定的时间之后断开连接，就可以设定该功能。

"深度过滤"在生效的安全规则中执行深度过滤。不过，对数据报进行应用层的过滤会影响系统的处理性能，所以一般情况下不要启用深度过滤。可以在下拉列表的选项中选择"无"，从而不启用深度过滤功能。

"P2P 过滤"对满足条件的数据报进行 BT 过滤。Emule 和 Edonkey 过滤，只在包过滤"允许"的情况下可用，至少选择"BT 过滤""Emule 和 Edonkey 过滤"的其中一个时，才可以选择"P2P 日志纪录"。

这里 BT 过滤就是对于满足该规则的连接，禁止其 BT 下载，支持的 BT 客户端包括 Bitcomet0.60 以下版本、BitTorrent 和比特精灵。Emule 和 Edonkey 过滤就是对于满足该规则的连接，禁止其 Emule 和 Edonkey 下载。不过，对于已经建立连接的 BT/ed2K 的下载，不能禁止，必须重启 BT/ed2K 客户端后才能生效。

"抗攻击"共包括 4 种抗攻击。TCP 服务可以选择抗 SYN Flood 攻击；UDP 服务可以选择抗 UDP Flood 攻击；ICMP 服务可以选择抗 ICMP Flood 攻击和抗 Ping of Death 攻击。也可以在一条规则中，选择多个抗攻击选项。4 种抗攻击的详细说明如下：

当允许 TCP 规则时，选择了抗 SYN Flood 攻击，防火墙会对流经的带有 Syn 标记的数据进行单独的处理。抗 Syn Flood 攻击之后的输入框填写数值的具体含义：个位数为保留数字，0~9 分别代表抗攻击强度，从弱到强。设置数字的位数如果超过两位，则该数字减去个位的数字表示限制每秒通过的能够真正建立 TCP 连接的带有 Syn 标志数据报的个数。如果设置为 0，表示每秒通过的带有 Syn 标志的数据报大于 90，才进行能否真正建立 TCP 连接；如果设置为 1，表示每秒通过的带有 Syn 标志的数据报大于 80，才进行能否真正建立 TCP 连接；如果设置为 9，表示通过的带有 Syn

标志的数据报都经过了防火墙的判断，确认是可以建立真正 TCP 连接的数据报。

当允许 UDP 规则时，选择了抗 UDP Flood 攻击，防火墙会对流经的 UDP 数据进行单独的处理。抗 UDP Flood 攻击之后的输入框填写的数值的具体含义是限制每秒通过的 UDP 数据报的个数。

当允许 ICMP 规则时，选择了抗 ICMP Flood 攻击，防火墙会对流经的 ICMP 数据报进行单独的处理。抗 ICMP Flood 攻击之后的输入框填写的数值的具体含义是限制每秒通过的 ICMP 数据报的个数。

当允许 ICMP 规则时，选择了抗 ping of Death 攻击，防火墙会对流经的 ICMP 数据报进行单独的处理。含有 ping of Death 攻击特征类型的数据报将被过滤掉。

"包过滤日志"强制要求匹配该条规则的数据报是否需要记录包过滤日志。

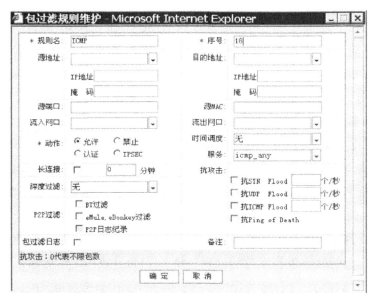

图 4-8　在 Web 管理接口中添加允许 ping 包通过防火墙

（3）在防火墙的 Web 管理接口中，配置添加完以上两条安全策略后，也就解决了在办公区用户的计算机上不能 ping 通和不能访问 FTP 服务器上资源的故障。

5. 总结

随着互联网的飞速发展，网络安全问题越来越突出，人们的安全意识也不断地提高，但现在还没有一项技术和工具比防火墙解决网络的安全问题更有效。利用它强大的隔离和预防作用，通过在网络边界进行隔离，是改善网络安全状况最有效的方式。防火墙通常是圈定一个保护的范围，并假定防火墙是唯一的出口，然后防火墙来决定是放行还是封锁进出的数据报。

防火墙不是万能的，但没有防火墙是万万不能的。防火墙不能解决所有的安全问题，但防火墙解决了绝大部分的安全问题。再配合其他的安全技术和工具，它能够提供完整的安全解决方案。随着互联网应用的增加，标准软件的漏洞也越来越多，这种隐患不但没有很好地解决，而且情况越来越严重，通过部署防火墙来屏蔽这种问题，目前还是最有效的手段。

以上所述，都是目前广泛使用的传统型防火墙在网络中所发挥的巨大作用及其优势。但是这些传统防火墙都是基于一种重要的理论假设来进行安全防护的，这种理论认为，如果防火墙拒绝某类数据报的通过，则认为它一定是安全的，因为该类包已经被丢弃。但防火墙并不保证准许通过的数据报是安全的，它无法判断一个正常的服务的数据报和一个恶意的数据报有什么不同。传统防火墙也无法提供基于应用和用户的，从第三层到第七层的一体化访问策略控制，黑客常常通过穿透合法的80端口，就可以轻松地让防火墙的安全控制策略变成"聋子和瞎子"。此外，它也无法提供基于应用的使用分析和报表展示，无法说明用户了解当前网络边界的现状。而且，当前的安全威胁已不再是单一的类型。通常一个完整的入侵行为包含了多种技术手段，如漏洞利用、Web入侵、木马后门、恶意网站等，如果将这些安全威胁割裂地进行处理和分析，系统的防范短板依然存在。

新一代的防火墙应该加强允许通过防火墙的数据报的安全性，因为网络安全的真实需求是，既要保证网络安全，也必须保证应用的正常运行。所以，目前企业使用越来越多的七层防火墙受到了更多人的关注，它是一种基于应用层开发的新一代应用防火墙，与传统安全设备相比它可以针对丰富的应用提供完整的可视化的内容安全保护方案。它解决了传统安全设备在应用可视化、应用管控应用防护、未知威胁处理方面的巨大不足，并且满足了同时开启所有功能后性能不会大幅下降的要求。七层防火墙既满足了普遍互联网边界行为管控的要求，同时还满足了在内网数据中心和广域网边界的部署要求，可以识别和控制丰富的内网应用。

随着人们对网安全意识的不断增强和各种功能强大、性能先进安全设备的广泛应用，一个安全、绿色的互联网会越来越深入到人们的工作和生活当中。

第二篇

高校信息化建设和管理

第5章
高校信息化的目标和评价体系

5.1　高校信息化目标决定因素

目前，随着《国家教育事业发展"十三五"规划》《教育信息化 2.0 行动计划》等文件的出台，各大高校的信息化建设工作都在如火如荼地开展当中。高校信息化的目标，简而言之，通过建设一个信息化校园来支持高校的发展，其任务是利用信息技术来支持学校的教学、科研和管理工作，为广大的学生、教师和行政管理人员服务。信息化建设都是为组织的发展目标服务的，高校信息化也必然要为学校战略目标服务。当然，每个学校的战略目标不尽相同，其信息化的目标也会有所区别，但是高校信息化的总体目标是利用信息化的技术手段来支持和提高学校的教学、科研和管理等工作的效率。下面以中国传媒大学为例，分析高校信息化建设的主要目标。

5.1.1　高校的发展战略

1. 大学学科体系建设

高校要发展，学科体系建设是基础。例如，中国传媒大学是教育部直属的"一流学科建设高校"，"211 工程"重点建设大学，"985 优势学科创新平台"重点建设高校，形成了以新闻传播学、戏剧与影视学、艺术学理论、信息与通信工程为龙头，设计学、音乐与舞蹈学、美术学、中国语言文学、外国语言文学、电子科学与技术、计算机科学与技术、法学、管理科学与工程等为支撑，互联网信息、文化产业、新媒体、艺术与科学等交叉学科为特色的多学科融合渗透、协调可持续发展的学科体系。目前，学校提出了以实现世界知名高水平传媒大学为方向的奋斗目标。中国传媒大学以中国特色、世界一流为目标，瞄准智能传媒和国际一流两大主攻方向，全面布局智能传媒教育，率先实现由传统传媒教育向智能传媒教育的转型跨越，赢得智能传媒教育主动权和主导权，引领推动新文科建设。中国传媒大学要实现这个目标，必须在前沿领域的学科交叉上做好文章，发展强势学科和特色学科的新优势，扶植新的学科增长点。但是，目前校内学科之间的交流渠道尚未完全畅通，急需建立能够支持跨学科交流的体制和平台。

2. 学校整体科研能力的提升和产业规模的扩张

科研水平是最重要的衡量指标，所以一方面要不断扩大科研项目的数量，充分凸显综合性大学的优势；另一方面，要在质量上实现飞跃，力争取得一批突破性的科研成果，增加论文发表数和质量，成立若干高水平的研究中心和重点实验室。为此，需要在体制上进一步改革，加大对科研的投入和奖励措施，疏通信息流通的渠道，为科研工作的发展提供良好的环境和支持。一些实践性的科研成果只有为产业所应用，方能充分发挥其效用，所以要积极促产、学、研的结合，提高科研成果的转化率。所以，要加强学校与产业界、政府的联系。目前，中国传媒大学与产业界联系很多，但是，一般都是各系、各学院、各个实验室各行其是，没有形成一定的规模效应。所以，需在整个学校范围内建立一个统一的对外窗口，充分发挥学校多学科的综合优势，力争取得新的突破。

3. 学生的培养体系建设

培养高素质的学生始终是一所学校的主要任务，高校作为国家人才的重要培养基地，担负着十分重大的责任。随着时代的发展，企业对人才的要求越来越高，如何培养符合社会需求的高素质人才始终是一所大学最重要的课题。具有世界一流水平的大学培养的学生，不仅应该有丰富的实践经验，而且应该具有深厚的理论修养，并能在学习好现有知识的基础上，具有良好的创新能力和创业精神。如何能做到这些，是现有的学生培养体系面临的重要挑战。

4. 学校师资队伍建设体系

教师是决定学校科研水平、学生培养质量的中坚力量，世界一流水平大学的教师首先应该是能领导学科前沿发展的学者，其次应具有传道、授业、解惑的素养。一所大学要实现世界一流大学的目标，必须建立起几十个国际知名学者的人才团队，在学术多元化和学术创新性上实现突破。

5. 学校的管理和服务体制

教学、科研等工作的顺利开展，必然要求学校有一个高效、规范的管理和服务体制来配合。通过理顺学校内部管理和服务流程，进行体制创新和机制转化，调整相关的政策，推进创新人才的培养、重大基地的建设、科研产业的突破、对外合作的加强，实现学校工作跨越式的发展，加快学校向世界一流大学前进的步伐。而规范的工作流程优化必须以信息技术为主要手段。

5.1.2 高校发展的关键流程

通过主要流程分析，可以了解关键成功因素的目标，了解系统的现状，了解学校战略目标对于流程的要求，确定高校信息化建设的战略目标和总体框架。

1. 学生培养流程

一所大学的学科体系建设在学生培养流程中主要体现在学生培养计划的制订上，综合性交叉性的学科体系要发展壮大必然要求有大量后继人才来支撑，所以要在学生课程计划中体现出来。在学生培养流程中，制订学生培养计划要考虑到学校学科体系建设的战略性要求。科研水平提高和产业扩张也与学生培养流程密切相关。首先，在学生的课程设置中不但要有实践性知识，还需要有理论的熏陶，培养学生的研究能力。其次，在学生的综合培养过程中要给予学生参加科研的机会，使具有培养潜力的学生能早日进入实验室，进行研究工作。科研要转化成现实的生产力，促进相关产业的发展，必然要求与产业密切结合，所以要求学生能够把握业界的发展动态，力争站在理论的最高峰与实践的最前沿。

学生培养体系的建立更是与学生培养流程密切相关，一个高效、具有世界领先水平的学生培养体系必然有一个实实在在的、科学的学生培养流程来支撑。要达到学生培养体系的目标，必然要求提高整个学生培养流程的效率，首先在招生阶段，要提高生源的质量，一个很关键的因素是学校的宣传，由于高等教育的竞争越来越激烈，而学生的素质对学校的发展又具有十分重要的意义，所以必须加强招生前的宣传工作。当学生进入大学以后，如何根据不同学生的兴趣爱好和特长来制订培养计划十分关键，丰富而具有挑战性的培养计划可以充分挖掘学生的内在潜能，进而可以培养出高质量的人才。

2. 师资队伍建设流程

教师是学校学科体系建设的中坚力量，决定着学校学科发展的水平和方向，所以，建设一支结构优化、素质良好、富有活力的教师团队，对于学校建立研究型大学学科体系具有决定性意义。所以，要加强学科体系建设，必须在教师队伍建设上下功夫，一方面，要积极引进一些国际知名的专家、学者，作为学科带头人，带动整个学科的发展；另一方面，要加强对现有教师的培养，为教师提供一个很好的发展环境，并根据学校学科建设方向制订好科学合理的教师培养计划。

教师是科研工作的主力军，所以，科研工作的提高必然要求进一步加强教师队伍建设，在保证教学质量的前提下，要求教师投入大量的时间开展科研工作，这就需要在加强教师队伍建设的摸索过程中不断建立和完善配套制度，需要学校能不断完善软硬件条件，使教师队伍建设更有成效。而学生培养体系目标的实现，与队伍建设流程也密切相关，如果没有教师在前面引路，给学生指明方向并解答疑问，是很难顺利完成学生培养体系的目标的。所以，学生培养体系目标必须充分体现在队伍建设流程上，即不断提高教学质量，需有一个高效的系统来支持教师的教学工作，包括备课、上课、批改作业、讨论、考试等具体环节。

3. 学校的科研管理流程

科研管理流程也是一所大学具有基础性意义的流程，体现了以下几个关键成功因素的要求。要达到学科体系建设目标，必然要求加强相关学科的科研工作，加大对于交叉学科、新兴学科的投入。而要保证投入、建设能取得预期的结果，必须有一个强大的科研管理系统，能够支持交叉学科的科研管理。

要提高科研水平和产业规模，首先需要有一个完整的科研项目全程管理系统，包括从项目申报、项目审核、项目研究、项目申请验收、项目结项等的全过程，要加快产业化，则需要能给产业界提供一个窗口，加快科研项目的转化过程。

要达到学生培养体系的目标，即要培养具有研究能力的学生这一目标，需要科研管理流程来支持，所以科研管理系统也必须与学生培养系统进行交互，从而能协同工作。要达到科研经费使用情况的实时查看，也需要科研系统和财务系统的数据对接才能正确无误地完成各项工作流程。

4. 学校内部的管理和办事流程

学校内部管理流程是学校日常工作的基础流程，决定着整个学校运行的效率。从关键成功要素的角度看，要实现学科体系建设的目标，学校必然要求在组织机构方面进行必要的变动，这就涉及学校的人力资源管理流程。学生学习、教师科研工作之余，要有一个良好的休息环境，必须不断完善学校的各部门办事流程等。

5.1.3　高校信息化目标分析

在目前信息化、网络化技术和应用飞速发展的信息社会中，中国传媒大学要实现自身的战略目标，必须有效利用信息基础设施和技术手段，创造一个信息充分共享、管理流程优化和高效的信息化数字校园。以信息化理念和信息技术对学校的流程、管理和服务方式进行优化改造，从而提高工作质量、效率和服务水平，解决目前存在的信息资源孤立化、分散化的弊病，达到决策的信息化，使得学校管理决策层可以准确、全面、及时地根据信息系统所提供的翔实信息做出准确的决策和规划。

根据上述对中国传媒大学的发展战略因素和发展关键流程的分析，中国传媒大学信息化建设的总体目标主要包括：第一，建设高效规范的人事管理系统。一个良好的人事管理系统可以方便、准确地管理学校的各种类型的工作人员，也可以根据系统实时发现学校师资中存在的各种问题，帮助管理层准确做出相应的措施。第二，建设统一的大科研管理系统。管理系统要完全整合学校的所有学科科研项目信息、科研成果信息、科研获奖信息，不仅包括项目、成果等的申报、审核、研究、申请验收、项目结项等功能，还需要提供相关的科研统计并提供给管理者参考的实时科研数据，同时也需要为学校的师生提供学习、科研相关的文献跟踪、资料推荐等完备的一套科研管理系统。第三，建设完善的教务管理系统，提供学生选课、上课、学习、考试等一系列的在线业务系统。第四，建设资产管理信息化系统，提供校内的所有资产从采购、支付、登记、使用、报废的全生命周期的管理。第五，财务系统要实现和人事、科研、资产、一卡通等业务系统的全面对接，让每一个涉及财务流程方面的业务系统都直接连接财务系统，从而实现学校的财务统一管理，使得学校的财务管理更加清晰和完善。第六，学校的一站式办事服务大厅，让校内的师生要在学校办事更加快捷和方便，只要登录校内的办事大厅业务系统，就可以找到自己所要办的所有业务流程，从而实现少跑路、多办事的目的。第七，建设一套综合学生管理系统，实现从学生的入学注册、学籍管理、学费缴纳、学生家庭困难情况、学生请假休学等在校情况的在线管理系统。

5.2　高校信息化的评价体系

信息系统的建设是个动态的过程，大体分为三个阶段，即建设阶段、应用阶段和维护升级阶段。对信息系统的考察，实际上是针对这个动态过程的静态成果，包括建设阶段产生的成果，应用阶段逐渐培养起来的应用水平和管理规范以及保证信息系统持续健康发展的制度建设和组织建设成果。从这一角度出发，为开展高校信息化评估工作而制定的高校信息化水平评价指标应涵盖建设、应用和保障三部分内容。❶高校信息化水平评价指标体系必须符合高校当前的信息化建设水平，既不能落后于高校现在的信息化水平，也不能太超前，而应该反映高校信息化建设现状，并适当超前以对高校信息化建设进行引导。中国高校信息化建设较之于欧美国家起步稍晚，在经历了初期大规模信息化基础设施建设以后，如何有效地使用这些信息系统是很多高校所关心的问题。所以，当前的评价指标体系关于应用情况的考察内容较多。高校作为教学和科研单位，教学、科研和管理是高校信息化应用的重点。指标体系从三个方面考察高校信息系统的应用状况：基础应用、教学科研应用以及学校日常管理上的应用。

鉴于国外高校信息化发展的历史经验，评价指标体系对信息化的保障体系建设给予了足够的重视。国外高校在相当一段时间内对信息化

❶　王运武.“数字校园”向“智慧校园”的转型发展研究 – 基于系统思维的分析思辨视角[J]. 远程教育杂志，2013（2）.

的整体规划，尤其是相应的财务计划并没有给予足够的关注。从保证高校信息系统持续健康再发展的角度出发，高校信息化水平评价指标体系应包含"保障体系"这一大指标。它不仅融合了传统提法上的信息化战略地位，而且强化了信息化建设的资金保障和组织实施保障。这样，从制度、资金、组织上保证高校信息系统建设更加全面、严谨。综上所述，高校信息化水平评价指标体系主要包含信息化基础设施、信息化基础应用、教学科研信息化、管理信息化、信息化保障体系五个部分的内容。

5.2.1 信息化基础设施建设情况

信息化是当前世界发展的大趋势，是我国经济加快发展和社会全面进步的重大战略机遇。教育信息化是国民经济和社会信息化的重要组成部分。以教育信息化为龙头，带动教育现代化，实现教育的跨越式发展，已成为我国教育事业发展的战略选择。信息化基础设施是信息化建设的基础条件，也是信息化的"命脉"。一个单位、一个企业、一个地区到一个国家，只有通过构建一条条畅通无阻的"信息高速公路"，才可能实现各种信息化应用。信息化基础设施的建设是高校开展信息化工作的首要任务，没有信息化的基础设施，信息化的各种应用以及为此而建立的信息化保障体系都无从谈起。加强基础设施建设，提高资源整合与开发质量和应用水平，逐步形成支持我国初步实现教育现代化的知识共享渠道和机制，使全国学习者可以实现随时随地通过网络获取知识、进行学习。具体到高校来讲，信息化基础设施的建设主要包含信息化设备配置、校园网建设以及网络与信息安全建设三方面内容。指标体系从这三方面出发，来考察高校的信息化基础设施建设和应用情况。

1. 高性能的信息化设备拥有水平

高性能的信息化设备包含服务器、个人计算机、交换机、路由器、扫描仪、录像机、投影仪等。服务器作为整个校园网的核心，对发挥校园网的功能起着非常关键的作用，设备的生命力在于能够被使用，而使用的主体包括教师、管理人员等，因此，个人计算机的配置也非常重要。多媒体教室，面向全校教师的课堂教学和各类学生活动而开放，也是目前各高校信息化基础设施建设中的重要内容，大部分高校都配置有多媒体教室。因为信息化设备内容太多，从重要性的角度出发，指标体系主要从高性能服务器、个人计算机、多媒体教室的拥有水平上来考察。对设备的考察应该从设备的主要性能指标、质量方面着手，但是实际操作起来比较困难，考察的内容多而且复杂，因此，指标体系通过从数量上进行简单的统计来考察各高校的信息化设备拥有水平。

2. 校园网建设与应用水平

高校校园网已经成为教师和学生获取资源和信息的主要途径之一，它在高校教育中的作用与地位日益显著。教师和学生对高校校园网的依赖性相当高，"随时随地获取信息"已成为广大师生的新需求。校园网是面向全校师生和员工的、安全的、可管理的、高可用的网络服务平台。校园网作为现代高校基础设施的重要组成部分，是提高高校教学科研水平和管理水平的不可缺少的现代化手段和支撑环境。考察校园网的建设与应用水平主要从校园网覆盖情况、无线网覆盖情况、教育科研网接入情况、主干网络稳定性、校园网主干带宽、出口带宽等方面来考察。

真正校园网的概念就是要求全部校园覆盖，任何人、任何地点、任何时间都能访问网络，但目前绝大部分高校还没有能力实现这一理想。这里，校园网的覆盖范围不仅包含有线网络的覆盖面，还包含无线网络的覆盖面。从全球范围来看，无线通信网的用户年增量在持续大幅度地增长，无线通信已经进入规模化发展的阶段。无线通信技术也将为教育信息化带来巨大的推动作用。

校园网络一般采用"主干加分支"的结构，利用高速网络技术构建整个校园主干网，其中包含一个或多个的出口连接外部网络，学校各部门的局域网或计算机终端则作为校园网的分支通过交换设备或集中设备连接到学校的主干网上。随着网络规模和访问量的不断增加，网络运行的稳定性要求也越来越高。要考察高校的网络稳定性，指标体系从校园网主干网的稳定程度上来考察，具体考核网络故障的恢复速度和故障频率，这里的网络故障是指由于设备故障、病毒或网络攻击等原因造成正常网络数据传输无法进行，并由此使校园主干网停止服务的现象。

根据相关调查，当前觉大多数高校教学、科研、行政办公等已经基本上全部联入校园网，这个比例在综合类大学达到了百分之百。大多数高校的教室也提供了校园网接入环境或者建设覆盖了无线网络。在学生宿舍联网方面,大部分的高校将学生宿舍接入校园网,其中综合类大学宿舍联网比例最高,高职类院校的学生宿舍联网比例略低。指标体系对此问题的考察主要从已接入校园网的校园建筑占校园总建筑的比例来着手,这里的校园建筑包含教室、学生宿舍、办公楼等。

国内高校校园网的主干带宽以万兆网为主,很大一部分高校已经升级到万兆校园网,千兆和百兆校园网的比例已经大幅度降低。指标体系从校园网主干的日平均流量以及校园网主干日平均流速和校园网主干最大带宽之间的比例关系两方面来考察校园网主干带宽及其利用情况。

校园网作为现代学校信息运行的承载平台,涉及众多不同的应用及众多用户。随着校园网的迅速发展,校园网出口带宽瓶颈日益突出,如何有效地解决这一问题是当前高校所普遍关注的一个问题。网络出口带宽永远是紧缺资源,必须有节制地使用,否则会造成资源的滥用,就像交通无人管理一样,引起校园网的混乱和堵塞。指标体系从校园网出口的信息日平均流量以及校园网出口的信息平均流速和校园网出口最大带宽之间的比例关系两方面来考察校园网出口带宽及其利用情况。

3. 网络与信息安全建设水平

随着人们对信息和网络的依赖性日益加深,信息安全的问题也日益突出。信息安全对教育行业也同样重要。信息安全的技术包括信息的安全存储、安全交换、安全销毁、可靠的身份标识与识别、个人隐私权的保护等。这些信息安全技术将充分运用到未来教育的各个领域,如电子版考试卷的传递、考生身份识别、电子文档的认证与管理、信息分层次、分级别的发布等。现在的校园网络已成为学校的基础设施,就像水、电、煤一样不可缺少。为了保证校园网络能够不间断运行,网络与信息安全建设成为当前信息化建设的一个热点。网络与信息安全建设水平指的是校园网在维护网络安全(如防毒杀毒、信息过滤等方面)的表现水平。

(1)病毒防治方面。随着网络的大幅度应用,频繁的网络病毒爆发很容易让整个网络瘫痪。计算机病毒是指编制或者在计算机程序中插入的破坏计算机功能或者毁坏数据,影响计算机使用,并能自我复制的一组计算机指令或者程序代码,就像生物病毒一样,计算机病毒有独特的复制功能。因此,高校针对网络病毒都采取了一系列的防范措施。网络病毒的防治必须考虑安装病毒防治软件，如360安全管家、瑞星杀毒软件、终端安全检测软件等。指标体系对此问题的考察主要从校园网络内安装了病毒防治软件的客户端（包括学生、老师和管理人员）占总客户端的比例，以及网络病毒防治中心的建设水平两方面进行。

（2）网络运行情况检测系统建设方面。随着校园网规模的逐渐扩大和系统应用的不断深入，网络环境越来越复杂。网络系统在运行中会经常出现网络不通、信息外漏等问题，严重影响了校园网的正常使用。网络运行故障检测系统通过对网络设备及其应用进行实时监测，提供完善的监测和报警，以满足网络运行和维护人员对故障和性能管理的需求。例如态势感知系统，针对校内网的服务器和个人主机，检测系统能够实时的检测校园网中的应用系统服务器和在线用户主机中存在的安全事件和安全漏洞，从而管理员可以实时地掌握校园网网络运行情况；EDR终端检测系统，可以用于检测安装了EDR客户终端中存在的系统安全问题，比如该系统中了病毒、木马等，能够实时地检测和查杀相关病毒，防止其传播和使用。指标体系主要从是否对网络进行运行监测以及是否及时呈报故障报告两方面来考察。

（3）网络入侵检测方面。以太网的共享通信介质技术，在进行网络通信时，随着数据包在网络上的广播，任何联网的计算机都可以监听正在通信的数据包，因此存在着安全隐患。入侵检测系统利用以太网的这种特性，进行有效的网络监控，调整网络资源分配，及时发现不正常数据包，并根据安全策略原则进行处理，确保网络系统的安全。入侵检测能力是衡量一个防御体系是否完整有效的重要因素。强大的、完整的入侵检测体系可以弥补防火墙相对静态防御的不足。指标体系主要从是否有黑客入侵检测设施以及检测的功能范围两方面来考察。

（4）信息内容过滤系统建设情况。很多高校的校园网经过多年的不断建设，已发展成为较复杂的网络。对于这种大中型的校园网络，对信息进行过滤是很必要的。对校园网来说，安全的含义除了指稳定运行之外，也注重内容的健康，为学校的教育工作服务。大部分高校都采用各种信息过滤系统来过滤垃圾信息和有害信息，如垃圾邮件过滤系统等。指标体系主要从是否有信息过滤系统以及过滤系统的功能范围两方面来考察。

（5）等级保护测评情况。《网络安全等级保护基本要求》（GB/T

22239-2019)、《网络安全等级保护测评要求》(GBT28448-2019)于2019年5月10日正式发布,并于2019年12月1日正式实施。信息安全等级保护工作包括定级、备案、安全建设和整改、信息安全等级测评、信息安全检查五个阶段。指标体系主要从是否符合等级保护制度方面来考察。

5.2.2 信息化基础应用情况

随着互联网、大数据时代的高速发展,数字化的时代彻底地改变了人们的生活习惯和工作方式。这种变革同时也带动了教育信息化的蓬勃发展,高校的信息化建设工作如火如荼地进行。与此同时,扎实的应用是促进信息化基础设施建设、信息资源丰富和完善、教职员工信息素质提高的关键。而基础应用,作为一种普及式的应用,其应用水平可以反映一个学校信息化建设成果的基本风貌,特别是在中国高校信息化建设还没有进入成熟阶段的时候,这种对普及工作的考核也是不可轻视的。同时,对基础应用情况的考核也可以反映出建设与应用的协调程度。指标体系中,信息化基础应用主要体现在基本应用情况、学校网站和信息系统的应用水平、图书馆电子资源建设与应用水平、应用集成的基础平台建设情况四个方面。

1. 基本应用情况

高校信息化建设是高等学校建设的重要部分,是一项基础性、长期性和经常性的工作,其建设水平是高校整体办学水平、学校形象和地位的重要标志。信息化校园可以为高校的教职工以及学生提供个性化服务,满足他们的个性化服务需求。信息化校园也提供一些学校日常生活所必需的服务,如数字校园办公平台、邮件、FTP、论坛、校园一卡通、数字图书馆、VPN等。指标体系也从这几方面来考察高校的基本应用情况。

(1)数字校园办公平台系统建设与使用情况。高校的传统办公模式中,院校各个部门之间缺少必要的信息链接通道,导致各个机构、部门的信息传达不顺畅,难以实现信息畅通和资源共享的目的,在这种情况下,高校的办公事务难以高效、协作完成。目前,我国高校的办公事务以及基本管理职能不断增多,高校校区数量也不断增多,改进办公模式,建设高校数字化办公系统是一所大学信息化建设的基本任务之一。

高校数字化办公系统的构建，需具有较强的实用性和便捷性。该系统具有较强的兼容性，能够适应高校不同性质、不同组织方式的工作流程，并依据特定的行为方式运转起来。该系统对高校组织结构的调整具有兼容性，可以承载大型关系数据库系统。该系统是一个开放体系，客户使用端可以依据本校的实际办公特点进行系统的调整和修改，如用户能够在图形化界面上通过快捷方式进行办公流程的制定、修改以及控制使用状态，还可以在实际的系统应用过程中，依据本校系统构建规模配置合适的管理员。该系统具有完善的工作流编辑器，基本涵盖高校办公事务的所有流程。高校数字化办公系统具有信息发布功能，能够有效发布各项信息，其整体设计具有较强的人性化。办公系统中任何信息只要满足权限要求，都能够发布到信息阅览平台中，而受到权限控制，用户登录系统尽可以看到相应权限内的信息。同时，系统信息阅览平台与高校门户网站通过集成作用，可以实现门户信息与 OA 系统信息的同步传输或发布。另外，系统还设计有人性化的在线帮助，及时帮助用户了解、掌握搜索引擎的使用方法，让用户能够全文检索数据，满足用户的实际需求，而在高校用户搜索过程中，实现模糊查询和精确查询的双重查询，以便于用户扩大搜索范围，获得所需的资料。

（2）电子邮件系统建设与使用情况。随着校园网络的大范围普及，电子邮件的应用占据了校园网应用中非常大的比例。电子邮件系统是学校信息化最基本的应用，每个在校师生都拥有一个基本的校内电子邮件账号是学校信息管理的基本需要。指标体系对此问题的考察主要从是否建立电子邮件系统、电子邮箱用户总数、使用电子邮件服务的用户范围、平均每位教职工、学生的邮箱容量、个人电子邮箱的存储空间等方面来进行。

（3）校内网络存储空间的建设和使用情况。随着各种资源的不断增加，伴随着人们对各种有用资源的需求量的增加，对于这些资源的存取成为困扰校内师生的一个问题。网络存储空间的存在为他们解决了这一难题。师生不必再用 U 盘或者移动硬盘复制，通过使用校园网为个人提供的网络存储空间方便地存放和获取所需的资源。网络存储空间目前在高校中的应用也越来越多，高校普遍认识到网络存储空间的有用性和重要性。指标体系对此问题的考察主要从是否由校方提供网上个人存储空间、由校方提供的网络存储空间总量、已使用的网络存储空间总量、使用该服务的用户范围、平均每位教职工的存储空间大小、平均每位学生的存储空间大小等方面来进行。

（4）校园 BBS 系统的建设和使用情况。BBS（Bulletin Board System，电子公告牌）是一种全网开放的服务。BBS 上发布了该网提供的各类服务，支持分类讨论区、双人对谈、多人聊天及电子邮件等功能。论坛与邮件都是早期因特网最普遍的应用，至今在高校内仍被广泛地使用。自从教育科研网建立以来，校园论坛就很快地发展起来，目前很多大学都有了论坛，几乎遍及全国。指标体系对此问题的考察主要从是否建立校园公告系统（论坛）、校园公告系统的注册用户总数、允许同时上站的最大人数、平均每日上站人次等方面进行。

（5）校园一卡通系统的建设和使用情况。校园一卡通是集身份识别和现金支付功能为一体的非接触式 IC 卡。在学校里，师生和员工用一卡通取代了以前的各种如医疗卡、图书卡等用来证明自己身份的卡。另外，用一卡通进行部分金融支付、会议签到、楼宇门禁等，可以提高学校的管理效率，方便师生和教职员工工作、学习和生活。指标体系对校园卡的考察主要从是否建立校园卡系统、校园卡已经实现的功能、校园卡覆盖的校区范围等方面进行。

2. 学校网站和信息系统的应用水平

在互联网络高速发展的今天，网站成为学校、公司、企业、政府及团体进行形象展示、信息发布、业务拓展、客户服务、内部沟通的首要选择。网站不但具有快捷、无距离及随时随地均可更新的特性，更能提供一些互动性的功能，如留言板、在线讨论区等，使得网站充满生气，让人倍感亲切。学校的网站建设适应现代教育技术和信息化技术的发展需要，是学校教育信息化建设的重要方面，是学校对外交流与宣传的窗口。学校网站应用水平主要考察学校各个部门应用网站的水平。

（1）学校主页的日平均访问量。目前，各高校基本上都拥有自己的学校主页。学校主页是展现学校风貌的第一个窗口，也是最重要的窗口。不管校外人员还是内部人员首先接触的都是校级网站，通过校级网站的介绍，人们对该学校有一个整体的了解。因此，考察学校网站应用水平，最直接、最首要的考察内容即学校校级主站的日访问量。指标体系中对此问题的考察主要获取学校主页平均每日访问次数的数据。

（2）学校各部门网站情况。学校主页仅是对该学校的整体风貌进行了介绍。通过学校主页，用户可以链接到很多二级网站，如各部门、院、系、研究机构的网站。这些网站更具体、更详尽地介绍了各部门、院、系、研究机构的具体信息。这些二级网站的建立能够使得校内和校外的人员对该学校有更直观和更深入的了解。指标体系中对此问题的考察主要从学校的信息化管理和建设部门中注册的各部门自建的二级网站总数和使用情况等方面进行考察。

3. 图书馆电子资源建设与应用水平

电子资源是指以电子数据形式把文字、图像、声音、动画等多种形式的信息储存在光、磁等非纸介质的载体中，通过网络通信、计算机或终端再现出来的资源。电子资源建设属于基础性建设的一部分，但是它与基础设施建设的不同之处在于电子资源在教学、科研活动中扮演重要角色，与学校的战略目标的实现与否有很大关联。可以说，电子资源是信息化校园建设的核心，没有电子资源就没有真正意义上的教育信息化。图书馆电子资源的建设情况主要从电子书刊量、提供的各类文献数据库的数量、是否加入国家或地区的网络图书馆方面来衡量。对图书馆电子资源应用情况的考察也很有必要。目前，高校在图书馆电子资源方面，重建设轻应用的现象还不少。从前期的调研中发现，在高校中，大部分学生对图书、期刊资料网上查询和预约、使用学术资料数据库和电子期刊等图书馆服务不是非常重视。因而，高校必须面向学生开设图书馆信息检索课程或进行信息检索培训，引导广大学生积极利用图书馆的信息化服务，帮助学生更好地完成学业，更多地接触最前沿的学术进展。因此，在当前的指标体系中，把电子资源的应用情况纳入考察范围内。应用情况的考察相比建设情况来讲更复杂，目前仅从图书馆电子资源数量、电子资源数据库的建设情况电子资源的浏览情况和下载情况四方面来衡量。

（1）图书馆电子资源数量情况。指图书馆信息系统提供的可使用的电子图书、期刊的数量。图书馆电子资源包括电子期刊、电子图书、电子学术论文、电子报刊，光盘数据库、网上数据库以及传统图书的扫描件。指标体系中对此问题的考察主要从学校拥有的电子资源总量方面进行。

（2）图书馆电子资源数据库的建设情况。当前我国大多数大学图书馆都提供了电子书服务，加大了电子书服务的力度。高校图书馆的电子资源服务主要以外购商业电子数据库为主，在高校局域网内授权阅读。高校图书馆中最常见的电子书资源类型为学术论文、专著、文学著作、工具书等。指标评价体系主要应该从学校电子书数据库的数量、种类和质量方面进行考察，例如是否建设拥有各个领域的权威数据库以及建设拥有的数量。

（3）图书馆电子资源浏览情况。电子资源只有被师生运用，才能发挥其应有的资源价值，而反映电子资源被使用情况的最直接的表现之一就是电子资源的浏览情况。目前，有些高校有关这方面的统计，电子资源的应用情况引起了必要的重视，但是从高校的整体情况来看，这种重视程度还不够。指标体系中对此问题的考察主要从图书馆电子资源被浏览的日平均次数方面进行。

（4）图书馆电子资源下载情况。反映电子资源使用情况的另一直接表现是统计电子资源的下载情况。资源被下载的多少从一定程度上可以反映该资源的有用性和受重视程度。高校应该把电子资源的下载情况也纳入学校的统计指标中，通过对该指标的考察，高校采取相应的措施，力求资源的有效利用和实现价值的最大化。指标体系中对此问题的考察主要从图书馆电子资源被下载的日平均量方面进行。

4. 应用系统集成的基础平台建设情况

应用集成的基础平台在高校信息化建设中起到强有力的支撑作用，应用集成的基础平台的建设为更高效地开展信息化应用工作、提高信息化应用水平提供了支撑环境。在考察指标体系中，考察高校的应用集成环境建设和应用情况主要从主数据平台、统一身份认证系统建设、学校信息门户主站的建设情况这三方面进行。

（1）主数据平台方面。主数据平台的核心是数据资源的集成共享，通过主数据平台的建立，对各个时期的系统进行整合，实现学校层面的一体化数据管理。共享数据平台是使得各个信息系统进行信息共享的重要平台。指标体系中对此问题的考察主要从是否建立校园公共数据库或数据交换系统、多少业务系统的数据和主数据平台进行数据交换和共享、主数据平台包含的数据类别等方面进行。

（2）统一身份认证系统建设方面。随着学校各种信息化应用系统数量的增加，同一用户在不同的系统里设置的用户名和密码不尽相同，这样就容易出现遗忘密码等问题。统一身份认证系统整合各个系统的用户信息，对用户进行集中管理，从而提供统一的用户管理平台。通过这样的方式，方便用户在各个系统之间切换，提供给用户一个方便的接口。统一身份认证系统考察的是校园网内相关信息系统在统一身份认证方面的建设和应用水平，包括是否有统一身份认证、统一身份认证的范围、所接入的应用系统等。

（3）学校信息门户主站的建设情况。信息门户系统是针对学校资源越来越丰富的情况，为方便师生和员工更好地利用各种信息资源而建立的个性化门户，师生和员工通过进入这一门户可享受集成的、个性化的信息服务。学校信息化门户的建设和应用反映的是学校资源整合的状况，主要考察学校门户网站的服务对象，包括学校师生、上级管理者、校友、来访者及其他合作伙伴的覆盖的范围、可提供的服务内容（信息发布、网上学习、用户网上自助服务）等是否齐全、是否可实现与其他信息资源的链接与信息集成。指标体系中对此问题的考察主要从是否有校内信息门户系统以及用于集中提供校园信息服务的网站所涉及的服务系统方面进行。

5.2.3　教学和科研信息化情况

教育信息化首先是教学信息化，校园网的第一职能是教学，失去了教学工作这块主阵地，教育信息化和校园网的建设将失去根本的、持久的动力。科研信息化是整个社会信息化的前卫，是下一代互联网络技术及信息基础设施在科研领域的率先应用。通过建立一种信息化的科研环境为科研人员提供信息化手段，达到深化科研工作的目的。高校信息化建设最终就是为了服务于教学和科研，所以信息系统在科研和教学上的应用对一个高校而言是非常重要的。但是在推进教师授课信息化的过程中会遇到诸多阻力。因此，教学和科研信息化是当前和今后相当长的一段时间内校园信息化的重点和难点，信息化如何来支持教学和科研是目前高校开展信息化工作的重点和难点。充分运用现代化信息技术手段，改革教学理念，改善教学过程管理，改进教学方法，提高教学质量和效率，探索与发展全新的教育模式，改善信息化的科研环境，这成为当前各高校努力的方向和目标。

1. 教学资源的建设和应用

校园网的基本功能有教学、管理、通信、教育信息资源等，教学功能无疑是校园网的核心与主体。教学资源则是实现教学功能的基础。网络仅仅是信息化的形式，丰富的信息资源和方便的获取方式才是信息化的内容与实质，因此，校园网发展的关键是教育信息资源的建设和发展，而教学资源的建设因在校园网络基础建设之上因而比它更困难。校园网上教学资源的建设已成为实施现代化教学和教育教学资源共享的重点。教学资源建设的基本思路首先是教学必须有精品的教学内容，对于不同呈现形式的内容，要有内容集成的平台，在此基础上提供全程的教学服务。教学资源建设的特点是从传统的纸质教材转变成多媒体的教学资源，从分散的资源到集成的资源，从产品生产到提供服务，从封闭的建设方式转变成开放的建设方式。网上教学资源建设主要包含教学资源库建设、网络课程建设和教学支撑软件建设。教学资源充分且合理的利用，为提高学校整体的教学水平打下了坚实的基础。

（1）在教学资源制作工具方面。教学资源的制作工具即教学支撑软件，借助这些工具软件，教师可以简单直观地编制程序、调度各种媒体信息、设计用户界面等，从而摆脱烦琐的底层设计工作，将注意力集中于课件的创意和设计。例如PPT，可以非常方便地制作各种文字，绘制图形，加入图像、声音、动画、视频影像等各种媒体信息，并根据需要设计各种演示效果。上课时，教师只需轻点鼠标，就可播放出制作好的一幅幅精美的文字和画面。指标体系中对此问题的考察主要从是否有提供给全校师生使用的专用教学资源编辑软件以及该软件的主要用途等方面进行。

（2）教学资源库和专题学习网站系统的建设情况。教学资源库主要包含多媒体素材库（包括数字文档库、数字音频库、数字图片库、数字照片库、数字动画库、数字视频库等）、多媒体课件（用于课堂教学或网络教学）、电子教案、教学案例库、题库等。教学资源库按照教学资源获得的方式有很多种，包括本校原有的教学资源，这类资源更多的是教师在长期教学过程中积累下来的试题、练习、教案等教学资料、教学心得及其他相关资料，经过数字化存入计算机，成为校园网的教学资源。还有由专门商业机构进行开发，作为商品进行销售，学校通过购买获得。还有通过在学术研讨会等各类会议上的交流获得，也有的是在高校之间和教师间的交往中获得的，这类资源多数是较为成功的课件、课例、试题、教育教学经验与论文等。专题学习网站的建设和应用起步较晚，但将逐渐成为今后课程整合发展的一个主流方向。专题学习网站的本质是基于专题资源的研究、协作式学习系统。其目的是为学生对专题内容开展深入的学习、研究提供必要的支持、引导、管理和帮助。专题学习网站的核心是专题学习资源以及对专题知识的学习和研究。专题学习网站按照有关的资源建设规范分类、整理与本专题相关的资源，建立专题资源库。自然专题学习网站中的网络虚拟实验室、数学专题学习网站中的几何画板等专题资源库、专题电子图书、按照一定规范制作的音乐库、电影库等都属于专题资源库。

指标体系中对此问题的考察主要从学校或院系统一建设的面向学科专业的教学资源库的数量、学校或院系统一建设的面向学科专业的专题学习网站数量、学校积累的各种教学资源量等方面进行。

（3）网络课程建设方面。网络课程强调的是利用网络作为教学传输媒体的教学方式来替代传统的面对面的教学方式，使课程教学活动不受时间、空间、地点等条件的约束，从而使广大的学习者充分共享名校、名师、名课程等优质的教学资源。网络课程可以支持师生通过网络共享有关的课程资料，包括课程大纲、教材、讲稿、作业、考题、课件、参考资料、网络资源等。指标体系中对此问题的考察主要从学校或院系组织发布的校园网上可以直接获取的教学课件数量、学校或院系组织发布的校园网上可以直接获取的完整的网络课程数量等方面进行。

2. 教学过程的信息化手段支持应用

教学过程的信息化支持应用包括多媒体教学、远程教学、辅助教学平台等多种手段和方式，通过信息技术对教学全过程的支持和改造，提高本科生和研究生的教学质量和教学效率。指标体系主要从多媒体教学情况、网络教学情况以及网络教学平台的建设和使用情况三方面来考察。

（1）多媒体教学情况。作为教学方式的一大改进，各高校普遍认同多媒体教学的重要性。多媒体教学情况的考察可以从采用多媒体教学的课程占总课程的比例和多媒体教室的利用率两方面进行。

（2）网络教学情况。网络教学主要是利用网络开展教学活动，是21世纪各种新型教学模式中最活跃也最有发展前景的主导模式。网络教学大致分为网络辅助教学和网上课程教学两种模式。在教学准备阶段，网络教学可以使得教师借助网络与同事进行集体协作备课，分工协同制作课件。在授课阶段，教师可以通过网络播放讲稿，同时进行课堂讲解。如果师生同时联机，教师可以在教学过程中要求学生快速反应，方便教师进行实时统计和分析。在课后复习阶段，借助网络教师可以布置作业、学生可以递交作业、教师可以进行作业讲评和解答疑难等。在教学管理与评估过程中，教师可以对每位学生的学习进度进行跟踪，可以实时联机测试和考试。对网络教学情况的考察主要从实现网上教学的课程总数和参加网上课程的学生总数两方面进行。

（3）网络教学平台的建设和使用情况。网络教学是在保留传统的面对面课堂教学的基础上，充分利用计算机网络技术和网络信息资源，改善教学质量、提高教学效率、降低教学成本的一种教学模式。网络教学平台则提供了支持师生利用网络进行教学活动的有效环境，包括备课、授课、复习、答疑、讨论、完成和提交作业、批改作业、测试与考试等。

网络辅助教学平台支持教师使用信息技术来完成教学的全过程，使广大教师不用掌握信息技术本身，而把信息技术贯穿于教学的全过程，以提高教学效率和教学质量。有了这个平台后，还要充分发挥教师学习和使用信息技术的积极性和主动性，利用信息技术，改变教学理念，实现教学的现代化。指标体系中对此问题的考察主要从是否有由学校或院系统一建设的网络教学或辅助教学平台、最主要的网络教学平台上已注册的教师总数和学生总数、平台上的课程门数、学生基于网络平台进行自主学习，是否有相应的鼓励和奖励策略等方面进行。

3. 科研信息共享水平

超越时空界限是现代计算机网络上信息传递的一大特点。项目申报的通知、申请书、课题指南等信息在网上发布，科研人员可以即时得到，同时科研人员的科研成果、科研管理资料等及时上传至网络，不再通过纸质文件进行传递，这将大大减少科研信息传递过程中的重复劳动，缩短科研信息传递过程。科研信息的网上发布与共享能够提高科研管理工作的效率和水平，及时反映科研管理和科研信息的动态，促进科研管理决策科学化。考察科研信息的网上发布与共享水平即为考察信息系统在辅助科研信息的交流及共享方面的应用水平。可以从网上科研信息的发布与更新情况、科研项目专题网站使用情况、学科资源库的使用情况、科研项目交流和协作平台使用情况来考察。目前，科研信息化还是高校信息化工作中比较薄弱的环节，指标体系将这一部分作为附加项来考察。

（1）科研信息发布与更新情况。科研信息网上发布与更新可以使科研管理部门实现动态、适时的管理，即时获取和提供所需信息，随时掌握最新数据，及时了解科研动态。在没有网络的情况下，常常是每年一次性统计上一年度全校科研成果，这种滞后性导致成果管理与其他管理要素不同步。网络环境下的远程化、动态化极大地提高了高校科研管理水平。这里，科研信息是指各类国际、国内科研项目的信息（如国家自然科学和社会科学基金、省市级科学基金学校级科学基金等），主要是科研人员的科技成果信息。考察学校科研信息的网上发布与更新情况主要从在校内服务器上发布的科研项目信息的条数和更新的频次上来进行。

（2）科研项目专题网站建设情况。科研项目专题网站是针对某一个科研项目而成立的专题网站，科研项目专题网站提供有关该项目的中间结果而不是项目最终成果，无论是项目组的内部人员还是外部人员都可以通过登录该网站了解项目的最新进度、项目中期结果等信息。指标体系中，考察学校的科研项目专题网站使用情况主要看专题网站的数量。

（3）学科资料库建设情况。随着教育信息化的深层次推进，互联网中的信息资源以指数方式增长，这些资源不仅在内容上多种多样，在表现形式上更是丰富多彩。如何将分散、无序的资源整合起来，使用户能方便、高效地将其运用于学习和工作之中，并在大范围内实现共享便成为当前各高校关注的重点。学科资源库是信息技术和学科课程整合的关键，通过建立一个存储该学科成果、新闻动向、科研论文等资源的数据库，方便教师、科研人员、学生更好地学习和研究。学科资源库的使用情况主要从学校或院系统一建设的为学科研究服务的学科资源库的数量和容量上来考察。

（4）科研项目交流协作平台使用情况。科研项目交流和协作平台是用现代网络技术来支持科研工作过程。它能支持从科研资料的收集、分析，到利用网络进行协同研究，可以提高科研工作的效率和质量。而要使用这一个平台，资源的数字化是基础。科研人员借助于这个平台，可以进行国际和国内的学术性交流与合作性研究，并且利用网络促进最新科研成果向教学领域、生产领域的转化，从而提高教学、科研水平，并充分发挥科研成果的效用，提高生产力、造福整个社会。对它的使用情况的考察主要看正在使用的科研项目交流平台的总数和参与使用的人数等。

4. 科研项目的信息化支持环境

互联网和校园网的日益普及为科研项目的网络化提供了一个很好的支撑环境。没有一定的信息化支持环境，科研项目也难以实现信息化。这里，信息化支持环境不仅包含软环境，如网络、软件等，也包含硬环境，如高性能的计算机、大型的仪器设备等。指标体系中，对科研项目信息化支持环境的考察主要从以下三方面进行。

（1）软件工具的应用水平。随着信息技术的飞速发展，在各学术领域中，已有各种各样的工具软件来辅助科研人员的研究工作。充分利用这些工具软件，尤其是各种专业软件，可以大幅度提高科研开发与设计工作的效率及准确度，如统计系使用的 SAS 和 SPSS、工程设计使用的 CAD。指标体系中，对此问题的考察主要从最近一学年使用支持科研的专业工具软件的项目数量上进行。

（2）高性能计算机的应用水平。在国际高科技竞争日益激烈的今天，高性能计算技术对促进科技进步和推动经济发展有着不可替代的作用。很多影响人类社会的一些关键性科学问题，如全球气候模型、人类基因工程、飞行动力学、海洋环流、流体力学等，都必须依靠高性能计算技术才能予以解决。高性能计算机提供的高速计算能力和海量存储能力对教育和科研的作用也是不能低估的。现代科研问题空前复杂，科学研究的对象已不再是简单孤立的系统，而是涵盖更大的范围，跨学科科研信息、数据的实时获取与处理，仿真与大规模计算成为分析发现和预测的主要手段之一。因此，要为科研提供信息化的支撑环境，高性能的计算机便成为必需品。考察其应用水平，指标体系中主要看使用高性能计算机的项目数量。

（3）大型仪器设备的信息共享水平。在信息化社会里，信息成为一种重要的战略资源。而科技资源作为一种重要的信息资源对科学技术的发展起着关键作用，资源（尤其是大型仪器设备等耗资巨大的资源）的共享一直是科技界不断呼吁并希望逐步解决的问题，而设备信息共享无疑加快了它的步伐。这些科技资源若不共享，不仅造成投资的巨大浪费，在相当程度上也会制约高校科研水平的提高。指标体系中，大型仪器设备信息共享水平的考察主要是通过网络共享实验设备的项目数量。

5.2.4 行政事务管理信息化情况

行政事务管理信息化运用现代信息技术和科学管理方法取代手工操作和传统管理方式，实现工作流程的重组，达到高效率、高水平的现代化管理目标。具体来说，即利用信息技术在信息共享的基础上来实现职能部门信息管理的自动化，实现上下级部门之间更迅速、便捷的沟通，实现不同职能部门之间的数据共享与协调。基于校园网络的各种管理信息系统，不仅能满足学校日常行政办公、财务管理、人员管理和学生管理等方面的要求，同时也可以有效实现校内各管理部门与教学、科研部门之间的信息交流和共享，提高整个学校的管理效率。

高校行政管理信息化经历了从单机应用向系统集成，从实现单项职能到全面支持管理工作及流程，从工作支持到促进流程改善的发展过程。在高校信息化建设初期，工作重点往往放在校园网基础设施建设上，管理方面的应用主要是实现基本职能的电子化，如财务和人事工作等。在这一阶段中，信息化的应用实施主要根据部门需要而产生，以支持具体管理工作为出发点，所以应用软件大多是单机版，数据也不考虑与其他部门共享，有各自不同的数据标准。随着信息化的全面发展，在具备一定软硬件基础后，高校管理信息化的要求不断提高，在对管理工作的支持范围不断扩大的同时，对数据共享和数据标准化的要求也在不断提高，高校各职能部门开始注重工作流程中数据的共享和流程的结合。这样，管理信息化逐渐进入全面支持管理工作及流程的阶段，并帮助高校对自身流程进行改善。

学校管理上的信息化应用，反映一个学校信息化工作的基本面貌，是否实现办公自动化、电子公文流转等是一个学校信息化效率的重要体现。所以这一方面的考核对引导推进应用系统的建设与推广具有重大意义。指标体系中，管理信息化主要从管理系统建设与应用水平、信息共享水平两方面来衡量。

1. 行政管理系统建设与应用情况

为保持和提升学校的核心竞争力，目前各高校都在管理信息化方面进行不断探索，并都已通过学生管理、研究生管理、人事管理和财务管理等诸多方面的信息化应用来提高管理工作效率，以加强对教学和科研工作的支持。管理系统的建设情况主要考察是否利用了系统来实现各部门的各项业务。在系统建设基础上，继续考察管理系统的应用水平，即学校各个关键业务部门利用信息化设备、网络完成各项业务的水平等。这里，主要考察的是各关键业务部门的信息化程度，即学校各关键业务部门利用相应信息系统的水平和范围，如人事处在人事管理、人事调配及业务审核等方面对人事信息系统的应用情况。对这些业务部门的管理信息系统建设和应用情况的考察主要是评价各个部门业务流程的信息化程度，考察各部门的核心业务是否都已信息化。

（1）人事管理信息化。人事管理系统的实施为学校的人事制度改革和一系列考核、激励举措的推行提供了有效的工具和坚实的平台，解决了以往人事处内部各部门信息不通、各自为政的弊端，做到了信息共享，极大地提高了效率。人事管理部门主要涉及的核心业务有人才引进信息的发布和管理、人事行政管理（调配、培养、职称、晋升）、人事档案管理（教职工基本信息、工资信息以及退休人员信息）、劳资管理（工资和奖惩等事宜）、出国出境信息发布和管理、人事信息的主题查询等。

（2）财务管理信息化。财务管理的信息化是利用计算机财务管理软件来开展财务方面的工作。财务管理部门主要涉及的核心业务有各项资金的计划、资金的管理（资金发放、查询）、资金的核算、财务信息发布、学生和教职工收支情况网上查询、校内电子转账等。

（3）学生管理信息化。学生管理系统主要面向全校的在校本、专科生，涉及学生学习生活的各个方面。学生管理部门主要涉及的核心业务有学生的思想教育，学生评估体系和奖学金的评定及管理，国家助学贷款的审核、保险、补助，各类基金的管理和使用，学费、住宿费等的缓交与减免事宜，学生日常生活管理，学生勤工助学管理，学生处分管理。

（4）教务管理信息化。教务管理部门主要涉及的核心业务有培养计划管理、课程管理、排课与选课管理、成绩管理、预警提醒、教学质量评估、招生管理、毕业管理（毕业生信息管理、毕业信息 发布与管理等）、学籍管理、研究实践管理、教材管理、注册考务、综合办公（学生交流、毕业论文工作、竞赛等）。

（5）研究生管理信息化。研究生管理部门主要涉及的核心业务有研究生招生工作、研究生培养工作（培养计划、课程设置、学籍管理、科研等）、研究生学位工作（学位申请、论文评审等）、研究生助学与助教以及困难补助工作、非学历工作（课程进修、同等学力相关事宜等）。

（6）资产管理信息化。资产管理的信息化是指利用计算机对设备、房产等学校资产进行系统管理。资产管理部门主要涉及的核心业务有固定资产仪器设备的资产信息管理、固定资产申报、审批管理、房地产的信息管理、学校投资校办企业的股份（资金）管理、校名等无形资产管理。比如房产资源的管理，有的学校开发 GIS 系统，对学校地域上的所有房产进行管理，可以细到每栋楼的每个房间。设备资源的管理包含大型精密仪器和所有仪器设备基本信息的管理。大型精密仪器是学校开展科研的有力保障，设备管理系统对大型精密仪器的信息发布和维护、预约和使用登记、维修登记等都可以进行有效管理。

（7）科研管理信息化。科研管理部门主要涉及的核心业务有各类科研项目的管理（项目信息管理和网上申报、立项和项目进度管理等）、科技成果的管理（项目成果信息管理、项目成果网上提交、检验审核、汇总统计等）、知识产权管理（成果专利信息管理与成果专利的网上申报、审核等）、国际交流合作项目管理、科研奖励的管理（获奖的网上申报、审核、汇总统计）。

（8）办事流程信息化。办事流程信息化主要是实现全校范围的办公自动化系统的建设水平，比如一站式服务大厅，让师生的办事手续和办事流程大大得到简化，做到让全校师生少跑腿、多办事的效果。

2. 学校信息数据共享情况

开放的数据共享政策使美国成为全世界的数据和信息中心，信息共享使信息的价值朝着最大化方向前进。在高校中，信息的共享也是高校信息化建设工作推进过程中不断加强的内容。指标体系中，信息共享水平主要从业务部门内部的信息共享水平、业务部门之间的信息共享水平以及对外信息共享情况来考察。

（1）业务部门内部的信息共享水平。部门内部业务之间的信息共享水平，主要考察业务部门内部的信息共享和业务流转的信息化程度，是完全自动化、部分需要人工干预，还是完全以人工方式进行的。

（2）业务部门之间的信息共享水平。业务部门之间的信息共享水平也代表了一个学校信息化发展的水平。在对部分高校进行调研的过程中，发现高校各部门之间的信息共享水平还是较低的，信息孤岛现象比较严重。

出现这种现象的原因在于，很多院校刚开始引入管理信息化时，缺少统一的管理和规划，各部门在选择或开发信息系统时没有整体的思考。这种政出多门的状况，使得即使在同一个学校中也会出现各部门、院系使用不同教学、管理系统的情况。从技术角度来说，其直接后果就是，各部门、院系在资源共享、教学、管理、软硬件升级以及技术维护等方面无法进行统一的组织和安排。因此，随着信息化建设的持续推进，高校必须解决的就是系统与资源整合问题。在指标体系中，将业务部门之间的信息共享水平纳入管理信息化中信息共享水平的考察范围。

（3）对外信息共享情况。对外信息发布和共享是及时反映学校各部门工作情况的有效途径，也是宣传各部门各项工作的重要途径，是学校整体工作情况的对外展示窗口。对外信息发布主要考察学校的各业务部门对于一些信息是否采用完全公开或者部分公开的方式。

5.2.5　校园一卡通信息化建设情况

高校使用互联网新技术将学生的饭卡、现金、学生证、图书证等资源整合在一张卡上，相关工作人员将教师和学生的各种相关信息存储在一卡通的芯片中，实现"一卡在手，走遍校园"。也就是教师和学生只需要拿一张卡便可以在学校内完成消费，例如在食堂吃饭、去澡堂洗浴、到图书馆借书还书、日常的考勤、期末考试等，极大地方便了教师和学生在校园内的生活。

在"互联网+"时代背景下，随着移动互联网的快速发展和智能手机的普及，传统的校园一卡通建设正在向"物联网+"和"智慧校园"的智能应用推进。当前，各大高校以"智慧校园"为核心的高校信息化建设正在如火如荼地进行，以服务校园为驱动，以科技新应用为抓手，创建"互联网+"时代特色的智慧一卡通系统是各个高校的一项重要任务，实现学校师生在全校范围内综合消费、身份识别、信息查询、业务办理等需求，真正实现"一卡在手，畅享智慧校园"。提高信息与资源共享程度，有效利用资源，提升管理水平，为智慧校园建设提供基础。指标体系中，主要考察一卡通系统的总体建设原则和一卡通系统与第三方系统的对接情况。

1. 一卡通系统的建设原则

高校的校园一卡通系统建设应当是由学校统一规划、分期建设、突出重点来一步步地建设。做好一卡通顶层设计，统一规划，制订好标准和规范，建立有效的沟通和协调机制，分阶段建设。前期建设遵循"全面规划、保护现有相关系统、有序更新、平稳过渡"的思路，同时兼顾应用创新，建设出亮点。要坚持贯彻先进与成熟同在、高效与安全齐举、自主与开放并行的基本原则。

（1）一卡通总体建设规划方面。校园卡具有校内身份认证功能，通过读卡器、POS机等终端设备能够识别持卡人的身份及其有效期，使一卡通系统能够通过持卡人的身份信息进行相应的权限识别与应用功能的提供。校园卡持有人可在校园内任何具有消费功能的终端设备上刷卡消费（或缴费），一卡通系统可根据持卡人的身份信息进行相应的消费折扣处理和电子现金的扣转，建立多种支付方式，给广大的师生带来方便的同时提高用户体验，食堂消费在支持校园卡刷卡消费外，还可同时支持扫码支付。

（2）一卡通标准化设计。制定信息标准是一卡通平台建设的基础性工作，是保证数据一致性的前提，是构建稳定、合理数据结构的关键，也是校园一卡通主管部门与各级行政管理部门之间通过数据交换实现信息共享的依据。为满足学校已有或未来建设系统的兼容要求，保证一卡通系统能够方便整合第三方软硬件产品，在系统设计过程中需要参考国内外高校的相关标准资料，技术上严格遵守国际、国内标准。应用规划上，以《教育信息化标准》《教育管理信息化互操作规范EMIF》《中国教育集成电路IC卡规范》和《中国金融集成电路（IC）卡规范》等为指南，在符合其规范的前提下，保证系统的灵活性和实用性，为系统未来的应用推广和功能扩展奠定良好的基础。

（3）一卡通安全性设计情况。校园一卡通系统建设的安全性包括硬件、软件、网络、数据的安全性，所选用卡片、终端设备等符合相关产品标准规定的安全性要求；通过一卡通管理平台，对系统中的所有对象进行控制和保护，实现身份认证、访问控制、权限设置、通信等一系列保密措施，以确保系统数据的安全。安全性是最重要的指标，涉及银行、学校、商户、持卡人多个不同的层面，涉及圈存、消费、结算、查询等大量的交易处理，对系统的安全可靠性要求非常高。

（4）一卡通开放性设计情况。校园一卡通系统建设不仅能够满足现有的校园卡应用需求，而且也应该考虑到高校的长远发展，在保证安全性原则的前提下，首先，要满足硬件设备要求，选用开放性、通用性较好的设备，开放接口；其次，软件系统的架构与功能符合学校管理及智慧校园集成的需要，同时具备良好的开放性，开放接口，允许扩展到第三方的新应用；系统在学校运行过程中所生成信息的数据结构和数据开放；系统中使用的卡的结构，提供给学校，便于后期其他应用接入；所有密钥学校自主掌握，密钥提供密钥生成与管理软件，学校从根密钥生成开始参与管理。

高校一卡通系统设计应当采用模块化的设计，符合有关国家标准和国际标准，具备良好的开放性。系统根据各种情况设计，应当支持多种集成方案，系统提供完整的第三方接口及开发，高校可以自行根据自己的需要和信息化建设的步骤完成各个第三方系统的集成，一卡通相关系统应基于标准接口开发，即随时可以将新的应用集成到整个一卡通系统中，因此，我们的平台设计要有较好的扩展性和开放性，可以做到与集成商无关。

稳定性和可靠性设计方面。对一卡通系统在技术上应该优先考虑系统的可靠性与稳定性，以保证系统具有良好的运行状态。系统平台的可靠性与成熟性要从软、硬件平台、网络构建、通信介质等多方面进行考虑。通过采用关键节点的设备和模块冗余、线路冗余，建立后备系统和灾难恢复机制等一系列措施来保证硬件系统平台的可靠性与稳定性，应用软件的可靠性与稳定性要用软件工程的方法和软件 ISO9001 标准来保证。

2. 高校校园一卡通系统与第三方系统的对接情况

要实现"一卡在手，走遍校园"的根本宗旨，校园一卡通系统必须和学校的其他业务系统进行对接。一卡通相关系统应基于相关标准接口开发，从而实现和其他应用系统的无缝对接。满足学校师生在全校范围内综合消费、身份识别、信息查询、业务办理等需求，真正实现"一卡在手，畅享智慧校园"。提高信息与资源共享程度，有效利用资源，提升管理水平，为智慧校园建设提供基础。实现校园消费"一卡通"；实现售饭、商户、洗澡、打水、洗衣、用电等收费业务的刷卡结算；实现与学生公寓、办公楼等校内的身份识别的系统"一卡通"；实现学校所有用证、用卡的信息管理系统与"校园一卡通"系统对接，校内所有重要场所的出入门禁和身份识别管理。

一卡通系统与数字化校园的对接。实现校园一卡通系统平台与各类管理信息系统之间的数据交换，实现统一身份认证并在校园网各类业务系统间漫游，使本校数字化校园的各类应用系统形成有机的整体。数字化校园需要对接的接口有数据交换平台接口（一卡通数据标准集成、实时同步档案信息等）、统一身份认证系统接口、统一门户系统接口（一卡通网上挂失、余额查询、消费记录查询等功能集成）。

（2）一卡通系统与学生管理系统的对接。学生管理系统生成的各类补助发放信息同步给校园一卡通系统，可通过校园卡或银行卡发放奖学金或补助金。奖助学金发放到同校园卡绑定的银行卡账号中，发放成功后，根据银行反馈记录可发送短信通知学生。各类补助也可根据学校规定发放的校园卡中，学生可通过移动终端自助领取补助。

（3）一卡通系统与图书馆系统的对接。针对学校图书馆管理系统，要实现图书馆管理系统与"校园一卡通系统"之间的紧耦合接口，用校园卡代替图书借阅卡，实现图书馆的统一管理和身份认证；实现使用校园卡进行图书借阅，黑名单识别、进馆人员信息查询统计等功能，并提供借阅超期或图书损毁扣款功能。

（4）一卡通系统与校医院医疗系统的对接。校医院和一卡通对接后能够利用校园卡实现校医院系统的身份认证及身份识别，能够完成校医院挂号、收费工作，同时还可以查询体检信息以及各种看病信息。同时，也需要保障在网络故障、脱机情况下能够继续使用。

（5）校园一卡通与机房管理系统对接。完成一卡通系统与机房计费管理系统接口对接，对接后，实现学生持卡出入，刷卡上机，使用校园卡缴纳上机所产生的费用。

（6）校园一卡通与网络计费系统对接。完成一卡通系统与学校网络计费系统的对接，原网络计费系统与校园一卡通系统对接后，网络认证与计费系统保持原来所有的功能，并安全、稳定地运行。

（7）校园一卡通与学校自助终端系统的对接。将一卡通系统与自助终端系统对接，不改变现有业务流程，完成一卡通的接入，实现刷校园卡登录和扣费功能。

（8）校园一卡通与学校公寓管理系统的对接。一卡通系统与学生公寓管理系统对接，实现校内学生信息的信息化管理，有效识别进出人员。

（9）校园一卡通与学校其他信息化系统对接。高校一卡通系统使用互联网技术可以建立智能的门禁系统，这种门禁系统可以实现无人值守阅览室，学生也可以在网上预约实验室，车辆管理实现智能化，减少了劳动力的重复。教师和学生可以在 PC 机或者智能机上实现预约服务，然后使用一卡通进入实验室，为高校大量地减少了人力资源，节省了财力，提高了服务质量，使校园服务更加网络化和智能化。

5.2.6　信息化建设的保障体系

高校在开展信息化工作的过程中，无论是信息化基础设施的建设、随后的信息化基础应用，还是更高层次的教学、科研、管理信息化的应用，都离不开信息化保障体系的支持，信息化保障体系在信息化工作中起着贯穿始终的作用。高校信息化的实施是一个漫长的、循序渐进的过程，需要有一个完善的体系进行保障，要从组织、制度、人员技能培训、资金支持及信息化标准和管理规范的制订上，来保证信息化工作的顺利开展。

在高校信息化建设的整个过程中，信息化保障体系、信息化标准和管理规范的建立起到了贯穿始终的作用，没有健全的保障体系和完备的信息化标准、管理规范做后盾，高校信息化建设将很难顺利地推进，从而很难健康地、可持续地发展。如何保证建设更加直接有效、不重复，信息化建设的后续保障必须得到保证，尤其表现在技术的支持、维护、建设资金的持续性和运行管理规范制度等方面，而高校目前在这些方面还有所欠缺。同时，我们也可以看到，一些起步较晚的高校正在如火如荼地进作信息化建设，领先一步的高校也在考虑如何进一步发展，从战略上保证建设的合理性、从组织实施层上保证建设的高效性是很必要的。

指标体系中，信息化保障工作主要从战略和组织来进行，力求保障工作的全面性。这样，一方面强调信息化建设的战略意义，从理论和行动指南的层面保证了信息化建设的进行；另一方面组织管理保障则从信息化建设具体实施的层面作了保证。如此双管齐下，以求严密地考察高校信息化的可持续发展水平。

在战略方面，主要考察高校信息化建设在高校自身建设中的重要性和战略优先性。比如，是否制订了中长期信息化发展规划，是否每年有信息化建设财政预算等。在战略方面的保障主要包括信息化制度保障、信息化资金保障和人员信息化技能保证。高校信息化建设不仅是一个技术问题，而且是关系高校发展方向的战略问题和全局问题，高校信息化建设要上升到战略高度来审视，这样才能推进信息化建设的步伐，从而实现高校信息化的战略目标。在组织机构与管理方面，主要指高校如何从组织和管理上保证信息化建设的实施。比如是否成立信息化领导小组、信息化部门的地位和作用等。

1. 信息化制度保障

信息化制度保障在整个保障体系中是关键。通过制定相关的信息化制度，保证信息化工作有章可循，防止出现无章则乱的局面。同时，将信息化上升到制度的层面，也可以加强各类人员对信息化工作的重视程度，变被动为主动，使信息化的接受和推广工作更好地开展。有关信息化的规章制度有很多，各学校都有自己详细的信息化制度。因此，对这一指标项的考察没有具体到很细的层面。从信息化的保障需要看，主要可以从信息化战略规划和发展策略的制定、信息化水平纳入学校内部考评制度的规定等方面进行。在指标体系的制定过程中，信息化的激励机制也应该包含在制度保障中。因此，指标体系主要从以下三方面来考察。

（1）信息化战略规划和策略。在开展信息化工作的规划阶段，信息化领导小组和信息化办公室要制订中长期的信息化战略规划和发展策略，从制度上保证信息化工作有条不紊地进行。规划和策略在实践中不断加以改进和完善。在中长期信息化战略规划和发展策略制定形式上，力求单列的信息化规划，尽量避免将其分散在总体规划中，非成文的信息化规划终究要被淘汰。指标体系对此问题的考察主要从学校以何种形式给出信息化发展规划进行考察。

（2）信息化水平纳入学校内部考评制度。高校信息化指标体系应该体现人员、部门的信息化意识，应该将信息化的评定纳入到学校的相关评定体系中，以促进人员和部门对信息化建设的支持和配合，从而促进高校信息化的协调发展。信息化水平纳入学校内部考评制度的情况指学校是否将信息化建设和应用水平考核纳入学校内部考评制度，是否存在明确的文件对此进行规定。指标体系对此问题的考察主要看在学校的部门考核、院系考核和人员考核方面是否有信息化水平的要求。

（3）对教职工信息化的激励机制。信息化水平纳入学校内部考评制度是必要，但仍然是不够的。因此，学校通过建立一些激励机制，根据信息化水平的高低，给予教职工相应的激励。从制度层面创造一股促进持续发展的强大动力，提高信息化在全校工作中的受重视程度。指标体系对此问题的考察主要从在学校的部门考核、院系考核和教职工考核方面是否有激励机制来进行。

2. 信息化建设专项资金保障

信息化建设的资金保障是整个保障体系的基础，资金的投入是信息化工作开展的必要前提，没有资金来源，建设工作将无法继续进展。资金投入的能力决定了信息化建设工作开展的规模、内容等。国外高校的信息化建设费用往往是学校财政中的一笔常规预算，像基本的电费、取暖费一样。但在我国，部分高校信息化建设的资金还没有常规预算。要保证高校信息化建设的质量和持续发展，高校应该在资金上加大支持，并尽快把对高校信息化建设的投资列入常规预算。信息化资金可以分为信息化建设资金和信息化运营维护资金两部分。高校普遍重视建设资金的投入，在信息化运营维护方面的资金投入却显不足。由于资金问题对于学校来讲可能不能完全公开，为了提高指标体系的可操作性，指标体系没有把资金细分为建设资金和运营维护资金，而是仅考察总的信息化资金投入。

（1）信息化建设资金财政预算。预算是指经法定程序批准的政府机关、团体和企业单位在一定期间的收支计划，如国家预算、学校预算、部门预算等。这里信息化建设资金财政预算是指高校在一定期间内在信息化建设和管理方面的收支计划。指标体系中，不仅仅要考察学校信息化建设的财政预算金额，而且要考察信息化财政预算的制订形式，考察高校是采用单列的信息化预算，还是分散在总预算中，或者是非成文的、自由式的信息化预算。

（2）信息化资金的投入情况。信息化资金投入主要包含建设资金和运营维护资金。其中，运营维护资金包含有日常办公、业务费用网络运营维护费用、网络信息流量费用、信息化设备更新费用、其他费用等。因为学校规模、实力等的不同，信息化资金投入的数量就会有很大差异。指标体系中对信息化资金投入的考察主要是根据资金投入占学校总投入的比例来进行的。

3. 高校师生的信息化技能保障

学校教师和学生的信息化技能保证在整个保障体系中是核心，也是教育信息化顺利发展的智力支持。高校开展信息化工作，各种信息系统的建设或引入目的就是要满足学校领导、管理人员、教师和学生的需求，帮助他们更好地完成工作和学习。信息系统是辅助他们工作和学习的工具，因此信息系统的用户有必要掌握基本信息化技能。如果学校的各类人员因为不懂信息技术而对系统敬而远之，那么这些系统只能作为学校资产堆放，造成资源的严重浪费，阻碍工作及学习效率的提高。如何在人员信息化技能方面做好保证。高校的老师和学生所学的专业不同，计算机应用水平也参差不齐，目前高校针对学生都开设大学生计算机基础教学课程，保证大学生掌握基本的计算机信息技术。而针对高校的教职工，在此方面所做的主要工作是对相关人员的培训和人员聘任时对应聘人员的信息化技能要求，指标体系也从这两方面来考察。

（1）对相关人员的定期培训。对人员进行信息化技能培训应该结合人员的职位和对信息化的需求来开展。比如对校领导、各机关部处长、院系党政领导及部门院系的秘书等进行学校的数字办公系统应用进行培训，对行政机关部门等行政人员进行 IT 应用基础培训，对师生员工分期分批进行信息化应用专项培训。定期对教职工进行计算机适用技能培训，培训的内容主要包括计算机的基本知识与操作、网络基础或特定应用系统和特点软件的使用。通过定期培训使教职工能够更好地运用各种系统和资源，提高教学、科研、管理的应用水平和效率。而信息化建设和运维部门的工作人员也须通过培训、进修等来提高自身的专业技能。指标体系对此问题的考察主要从是否定期对人员进行信息化培训、最近三年正式参加学校组织的信息化培训的人次方面进行。

（2）对新聘用人员的信息化技能要求。考察学校在聘用人员时是否对聘用人员提出信息化技能要求，主要指要求具有较强的计算机使用能力、具有计算机能力测试等级证书等。有些学校在人员的招聘考试、职称评审也必须通过相关的计算机能力测试。指标体系对此问题的考察主要从是否对人员聘任的信息化技能要求方面进行。

4. 高校信息化组织体系保障

高校的信息化组织的保障是整个信息化保障体系的灵魂，在保证信息化建设顺利进行和信息化系统的稳定运行方面起着非常重要的作用。校领导的重视和参与、信息化建设部门的员工能力、技术支持和服务队伍的服务水平与效率等都影响着信息化工作的进程。因此，信息化组织保障主要考察高校如何从组织上来保证信息化建设的进行，如是否有专门的信息化部门和专业的技术队伍，具体体现在以下几方面。

（1）信息化领导小组组成情况。高校领导对信息化的重视程度应该在指标体系中有所反映，因为领导的重视往往在一定程度上保证了高校信息化建设的有效实施。信息化领导小组最高领导者的职位级别越高，表明推进信息化的决心越强、力度越大。领导小组的职责在于确定信息化校园的重大决策，同时制定学校信息化的战略目标以及长远规划，指导并监督信息化校园的建设工作。因此，指标体系对此问题的考察主要从信息化领导小组成员的行政级别等方面进行。

（2）信息化建设与运维部门的组成情况。仅从决策层上做好信息化的组织保障是远远不够的。仅有领导的决心，没有贯彻实施并落实信息化任务的建设部门的强大支持，信息化工作只能是空中楼阁。信息化建设部门是指全职从事学校信息化建设工作的部门，不包括参与特定信息系统项目的各院系或其他管理部门。信息化建设部门的行政级别、规模、人员信息化技能水平等是决定能否完成信息化工作的关键。指标体系对此问题的考察主要从信息化建设部门地位、信息化建设部门规模、信息化建设部门人员中的学历、职称、专业技术水平等方面进行。

（3）技术支持和运维服务队伍的设置情况。建设部门的存在使得信息化建设工作成为可能。然而，各种信息系统建成之后的使用、维护等也不容忽视，而且建设的最终目的也是为了能够去让师生们在实际的工作和学习中使用。高校其他业务部门的管理人员对信息系统的维护等可能不熟悉，当他们遇到一些技术上的问题，或者系统出现故障时，技术支持和服务的队伍就显得很有必要了。技术支持和服务队伍的规模和组成人员的技术水平等是高效率地提供技术支持和服务的重要保证。指标体系对此问题的考察主要从学校在编的技术支持和运行维护队伍规模、运维人员中的学历、职称、专业技术水平等方面进行。

5. 信息化建设标准和管理规范

标准是对重复性事物和概念所作的统一规定，它以科学、技术和实践经验的综合成果为基础，经有关方面协商达成一致，由主管机构批准，以特定形式发布，作为共同遵守的准则和依据。信息化工作是一项既依赖于信息技术，又与信息应用直接关联的复杂系统工程。协调技术和应用之间的关系，保证信息的共享和互联互通，很关键的前提是信息化的相关技术标准。标准化与信息化紧密相连。标准化应走在信息化建设的前面，并且在建设的过程中还会不断有新的标准要制订，决不能滞后于信息化建设。否则，信息化工程的推进将十分困难，甚至造成无法弥补的灾难性后果。俗语说"没有规矩，不成方圆"，这句话表达了管理规范在一个行业中的重要地位。信息化管理工作也不例外。与其他高校相比，信息化实施较成功的高校，其规范性的管理制度编制或创新，以及规范性管理制度实施等方面要相对较强，而且是在不断的、稳定的创新、优化过程中，循环升级式地提高规范化管理制度的实施质量，保持和增强科学、高效的管理制度体系的运转效能。信息化规范的建立是一个循序渐进的过程，目前还没有形成完整、固定的结构体系，各高校也在努力地探索中。有些规范的建立需要一定的过程与基础积累，如信息化服务规范需要建立在信息化建设存在一定规模、各种建设与运维管理规范相对健全的基础上。

考察高校信息化标准和管理规范的制定情况，标准和规范都应该包含在指标体系中。随着互联网的高速发展，安全问题已普遍引起各高校的高度重视，但相关的技术标准和管理规范还很不健全。因此，指标体系从信息化技术标准、应用系统运行与管理规范、信息化安全管理措施三方面来具体考察。

（1）信息化技术标准。信息化是以计算机、通信和网络为核心的现代信息技术。要进行有效整合，以提高运行和资源利用的效率，进而提高高校信息化应用水平。要实现网络畅通、办公自动化、资源整合、信息共享等职能，信息化技术标准必须先行。高校信息化建设的技术标准主要从网络建设与应用建设两方面来考虑。

① 从网络方面，多采用国际网络运行技术标准。因特网的基本协议是 TCP/ IP 协议，另外还有 SNMP（简单网络管理协议）、无线通信协议等。WWW 服务器使用的主要协议是 HTTP 协议，即超文本传输协议。另外，还有目前广泛采用的 FTP 等是建立在 TCP/IP 协议之上的各种应用层协议，不同的协议对应着不同的应用。在物理层和数据链路层，都采用由 IEEE 802 在信息技术领域制定的标准。有线网采用 802.3 标准，无线网采用 802.11、802.15、802.16、802.20 等标准。

② 从信息应用方面，也要建立信息化标准，如信息编码标准、数据

交换标准、身份认证标准、数据访问标准等。这些标准由于 Internet 与 Intranet 的不同应用，可以根据不同的应用范围选用或制订不同的标准，如信息编码标准可采用国家标准，也可根据高校的具体应用制定本校的校级编码标准等。指标体系对此问题的考察主要从是否在信息化建设中应用国内技术标准、是否在信息化建设中应用教育部的行业标准、是否在信息化建设中应用已经自行制订的技术标准方面进行。

（2）应用系统运行与管理规范。应用系统的运行和管理涉及方方面面的工作，如系统验收与运行、技术支持、用户服务、系统管理与维护、信息安全及数据备份等。这些工作都须建立规范以便进行科学管理。因此，针对应用系统的运行和管理，有必要制订相应的规范和章程。指标体系对此问题的考察主要从是否已经制定并执行设备维护与更新管理相关规范、是否已经制订并执行应用系统运行与管理相关规范方面进行。

（3）信息化安全管理措施。网络信息的广泛应用促进信息化安全措施的建立。目前，高校普遍对安全问题有了一定的重视，但在安全方面的标准和规范的制定上还存在不足。各高校应该构建信息安全标准体系以更有效地管理和防护安全问题。信息安全标准体系主要由基础标准、技术标准和管理标准等分体系组成。基础标准体系由安全技术术语、体系结构、模型和框架等方面的标准组成；技术标准体系由密码技术、安全协议、标识与鉴别、访问控制、电子签名、完整性保护、抗抵赖、审计与监控、公钥基础设施、物理安全技术以及其他安全技术等标准组成；管理标准体系由系统安全管理、等级保护、工程、评估和运行等方面组成。上述标准和规范用于对信息系统保护产品的规划、设计、建设、验收、测评、运行与维护过程的指导。指标体系对此问题的考察主要从是否制订并执行明确的信息化安全相关规范方面进行。

信息化建设是一个庞大、复杂的工程，任重而道远。在这一过程中，信息化的保障体系一定要做好，以保证信息化校园建设与运行稳定有序地开展。否则，不仅可能会造成教育管理信息资源和各种人力、物力、财力的巨大浪费，还会严重影响高校信息化工作的健康发展。在保障体系中，信息化标准和管理规范的制定需要经历一个不断充实、不断完善的过程。各学校应该结合本校的实际建设情况，逐步建立自己的信息化标准和管理规范，并随着信息技术和自身信息需求的变化不断完善。

第6章
高校信息化系统建设主要内容

　　高校信息化是指随着现代信息技术的发展，高等院校根据自身发展的需要，采用先进的信息技术来构建信息化的数字校园，从而提高管理效率、强化教学质量、促进科研发展、提升服务水平。以高性能校园网为基础，实现教务管理、教学管理、人事管理、科研管理、财务管理、后勤管理等信息事务管理的全面信息化。实现信息化增值服务是信息经济条件下高等院校发展的大势所趋，也是我国高校向世界一流大学迈进的必由之路。

　　高校信息化建设是一项长期而艰巨的任务，必须统一规划、分步实施。首先，做一个长远而系统的整体规划是实施任何系统工程必需的步骤和一贯做法。其次，校园信息户建设是一项长期任务，需要分步、分层次逐步实施，逐步完善。同时，校园信息化建设是一项异常艰巨而复杂的任务，需要全校师生员工下大力气和不懈努力，才能使校园信息化的成果更加巩固。另外，校园信息化建设应该以点带面，逐渐突破，逐步全面铺开。从长远着想，用发展的眼光规划设计校园信息化的蓝图是进行校园信息化建设的首要任务。

　　高校的信息化系统建设主要包括信息化基础设施建设、基本网络服务系统建设、信息化基础应用平台建设、信息服务管理系统建设等几大部分。其中信息化基础设施主要包括校园网络以及工作在这些网络之上提供服务的服务系统等。基本网络服务包括最常用的因特网服务和实现上层网络应用所依赖的基础服务（如域名服务、认证系统等），它是衡量网络系统功能是否完善的一个重要标志。信息服务系统建设是校园信息化的核心部分，它是指利用信息技术把学校教育科研机构、教育科研基础设施、教学资源等进行数字化、网络化、信息化，使得校园内的教师、学生利用计算机网络进行各种教学、科研和管理等活动。高校的信息服务系统建设内容主要包括人事管理信息化、资产管理信息化、教务管理信息化、科研管理信息化、学生管理信息化，高校信息化的体系结构可以用图 6-1 表示。

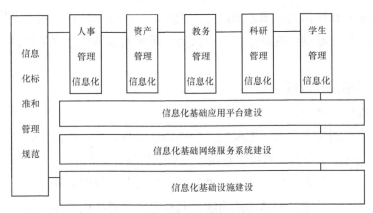

图 6-1　高校信息化的体系结构图

信息化基础设施的建设和基础应用平台的建设为高校的教学、科研、管理、校园社区服务等提供一个良好的信息化环境。在此环境下，高校通过教学管理信息化的建设，包括教务管理和教学资源的建设、教学过程的信息化支持环境的建设开展教学信息化工作；通过科研协作交流平台等的信息化建设开展科研信息化工作；通过各种管理系统的建设，实现管理信息化；通过信息化环境，为全校师生提供全面、便捷、高效的社区服务，实现高校校园社区服务信息化。

6.1　信息化基础设施建设

信息化基础设施建设的生命周期包括规划设计、建设实施、检测验收、运行维护等过程。控制好各个过程中的活动和质量，正确处理各个阶段、各个环节之间的关系，是信息化基础设施建设的正确道路。高校信息化基础设施的建设主要包括信息化基础设施建设规划和设计、网络与数据中心机房建设、校园网络基础建设。

6.1.1 信息化基础设施建设规划和设计

信息化基础设施的规划设计阶段主要完成建设需求与可行性分析、方案设计、产品选型、投资预算等工作。基于建设需求，结合信息化基础设施建设实践和对信息技术发展趋势的把握，定义组织信息化基础设施建设目标，规划出基础设施的架构，全面地、系统地指导信息化基础设施建设进程。

1. 分析规划阶段

高校信息化基础设施建设需求分析要基于信息化建设现状、单位的信息化战略规划综合考虑，主要包括功能需求分析、可用性需求分析、容量及可扩展性需求分析、可维护性需求分析、可行性分析。

（1）功能需求分析。功能需求分析是指根据学校的业务需求，规划分析信息化基础设施建设的功能需求，通常包括计算机机房或场地、安全防范系统、综合布线系统、计算机网络系统等子系统。每个系统的功能需求分析单独进行，但同时还要兼顾与其他系统间的关系。比如计算机机房的功能需求分析，不仅要考虑配电、照明、防雷、动力配电、接地等电气工程，空调、新风等空调通风工程，灭火、报警等消防工程，以及环境工程和弱电工程，还需要考虑与楼宇综合布线的衔接问题，处理不当，可能会影响机房内的机柜布局、线缆走向、通风效果。又如综合布线系统的设计，要充分考虑计算机网络系统的结构、布局，两者如果不一致，将给网络设备的安装、使用带来困难。

（2）可用性需求分析。信息化的基础设施，大部分都具有高可靠性、高安全性等可用性的需求。例如，计算机机房建设中，对配电系统的可用性就要求较高，在动力方面要能保证信息系统的不间断运行。又如，部分对安全性较高的场合，必须采取物理环境保护、电磁屏蔽等措施，以加强安全防护。根据业务的重要程度、对不间断运行的要求程度，从而确定信息化基础设施建设的可用性级别，据此规划设计各系统、设备的冗余能力。比如可靠性要求为 A 级和 B 级的机房，要求必须为两个独立电源供电，而C级机房则可以是1个电源、2个回路供电。又如网络系统，可用性要求较高时，可以是所有链路、设备皆采取冗余措施，要求不高时，则可以仅做核心设备冗余即可。

（3）容量及可扩展性需求分析。信息化基础设施一次建设完成后，再进行扩充、调整都较为麻烦。所以在分析、设计时，要充分考虑到业务的发展，为未来系统的扩充留足余量。如计算机机房中的场地面积、电力载荷、场地集中载荷、空调风量、UPS功率等，都要兼顾投资和未来扩充的需要。

（4）可维护性需求分析。由于信息化基础设施相关系统中设备繁多，具有一定复杂性，投入使用后的管理任务繁重。所以在需求分析时，必须考虑其可维护性需求。比如，计算机机房，应该配备机房环境监控系统，以实时监测整个机房的运行状况，实现语音报警、短信报警、远程监测，以简化机房管理人员的维护工作。

（5）可行性分析。对学校的具体需求分析结果、初步方案进行可行性分析，包括必要性，以及技术、财务、组织、环境等可行性，并对建设中的风险进行识别、分析，制定规避风险的对策，为项目建设全过程的风险管理提供依据。

2. 系统设计阶段

信息化基础设施建设在经过需求分析与可行性论证通过后，则开始进行系统设计，主要完成总体系统结构、各子系统具体功能、结构，以及各类设备、产品的选型，数量计算，分布和安装设计，绘制设计图纸，编写设计文档。最后进行投资预算，形成详细的预算清单。

以计算机机房系统的设计为例，首先进行总体结构设计，确定机房位置、整体结构、各子系统组成、设备区域布置等；然后完成各子系统的设计，包括建筑结构设计（如出入口、防火和疏散通道、室内装修）、空调通风系统设计（如负荷计算、气流组织）、电气系统设计（如供配电、照明、静电防护、接地）、电磁屏蔽设计（如屏蔽结构、屏蔽方式）、布线系统设计（如光纤、铜缆分布，配线方式）、消防系统设计（如探测方式、消防设施、安全报警措施）、给排水设计（如管道分布、防水措施）、监控与安防设计（如环境监控、设备监控、安全防范措施）等，形成对应的设计图纸、报告；再进行设备、材料选型，综合考虑资金、质量要求、产品品牌要求等，选择适用的设备或材料，计算材料、设备数量；最后完成投资预算，确定设备、材料费用，计算人工、管理、差旅、税费等其他费用，形成设备与预算清单或报告。

6.1.2　网络与数据中心机房建设

作为高校信息化系统建设的重要组成部分，也是基础与核心部分，机房建设工程的设计和建设必须按照高起点、高要求、高品质、高标准、高可靠性的原则进行，以满足整个计算机网络现在和未来的应用需求。机房的整体设计和实施应充分体现先进性、可靠性、实用性、安全性、节能环保、兼容性和可扩展性的理念，为各类信息资源提供一个稳定高效的物理及环境平台。

1. 机房建设设计原则

（1）先进性。机房的整体设计必须体现先进的设计理念，采用相关业界的主流产品和前沿技术，针对以往机房建设的存在问题，提出有效的技术改进方案，具有明显的先进性特征。

（2）可靠性。必须保证机房具备高度的可靠性，全年 365 天 24 小时连续运行，网络持续畅通，电力供应稳定、不间断，UPS 配电系统不存在单点故障。

（3）实用性。机房应充分考虑各种计算机和网络应用的需要，功能区域配置合理、完善，能充分满足网络应用的需要。

（4）安全性。必须充分考虑机房在物理层面和数据层面的安全性，确保设备安全、数据安全，人员安全、整体布局要考虑人流物流的不同路径，同时具备切实可行的入侵防范和灾难应变措施。

（5）节能环保。在数据中心的设计、施工及运行中应充分贯彻节能、环保的原则，建设绿色数据中心。

（6）兼容性和可扩展性。机房既要能兼容各种主流的计算机应用的要求，也要充分考虑计算机和网络技术发展和企业业务发展的需要，在空间布局、电力容量、设备扩展等方面均具备一定的在线扩展能力，做到合理投资。

2. 机房建设标准

根据我国在 2008 年发布的《电子信息系统机房设计规范》中的条文

规定，随着电子信息技术的发展，各行各业对机房的建设提出了不同的要求，根据调研、归纳和总结，并参考国外相关标准，本规范从机房的使用性质、管理要求及重要数据丢失或网络中断在经济或社会上造成的损失和影响程度，将电子信息系统机房划分为 A、B、C 三级。

（1）机房场地设施要求。A 级电子信息系统机房内的场地设施应按容错系统配置，在电子信息系统运行期间，场地设施不应因操作失误、设备故障、外电源中断、维护和检修而导致电子信息系统运行中断。

（2）机房位置选择要求。电子信息系统机房位置选择应符合下列要求：电力供给应稳定可靠，交通、通信应便捷，自然环境应清洁；应远离产生粉尘、油烟、有害气体以及生产或贮存具有腐蚀性、易燃、易爆物品的场所；应远离水灾和火灾隐患区域；应远离强振源和强噪声源；应避开强电磁场干扰。

（3）设备布置要求。电子信息系统机房的设备布置应满足机房管理、人员操作和安全、设备和物料运输设备散热、安装和维护的要求。产生尘埃及废物的设备应远离对尘埃敏感的设备，并宜布置在有隔断的单独区域内。当机柜内或机架上的设备为前进风、后出风方式冷却时，机柜或机架的布置宜采用面对面、背对背方式。

（4）机房室内装修要求。室内装修设计选用材料的燃烧性能除应符合本规范的规定外，尚应符合现行国家标准《建筑内部装修设计防火规范》（GB—50222）的有关规定。主机房室内装修，应选用气密性好、不起尘、易清洁、符合环保要求、在温度和湿度变化作用下变形小、具有表面静电耗散性能的材料，不得使用强吸湿性材料及未经表面改性处理的高分子绝缘材料作为面层。主机房内墙壁和顶棚的装修应满足使用功能要求，表面应平整、光滑、不起尘、避免眩光，并应减少凹凸面。主机房地面设计应满足使用功能要求，当铺设防静电活动地板时，活动地板的高度应根据电缆布线和空调送风要求确定，并应符合下列规定。第一，活动地板下的空间只作为电缆布线使用时，地板高度不宜小于 250 毫米；活动地板下的地面和四壁装饰，可采用水泥砂浆抹灰；地面材料应平整、耐磨。第二，活动地板下的空间既作为电缆布线，又作为空调静压箱时，地板高度不宜小于 400 毫米；活动地板下的地面和四壁装饰应采用不起尘、不易积灰、易于清洁的材料；楼板或地面应采取保温、防潮措施，地面垫层应配筋，维护结构宜采取防结露措施。A 级电子信息系统机房的主机房不宜设置外窗。

（5）气流组织要求。主机房空调系统的气流组织形式，应根据电子信息设备本身的冷却方式、设备布置方式、布置密度、设备散热量、室内风速、防尘、噪声等要求，并结合建筑条件综合确定。当电子信息设备对气流组织形式未提出要求时，主机房气流组织形式、风口及送回风温差可按表 6-1 选用。❶

表 6-1　气流组织形式、风口及送回风温差表

气流组织形式	下送上回	上送上回（或侧回）	侧送侧回
送风口	1. 带可调多叶阀的格栅风口； 2. 条形风口（带有条形风口的活动地板）； 3. 孔板	1. 散流器； 2. 带扩散板风口； 3. 孔板； 4. 百叶风口； 5. 格栅风口	1. 百叶风口； 2. 格栅风口
回风口	1. 格栅风口；2. 百叶风口；3. 网板风口；4. 其他风口		
送回风温差	4~6℃送风温度应高于室内空气露点温度	4~6℃	6~8℃

主机房内空调系统用循环机组宜设置初效过滤器或中效过滤器。新风系统或全空气系统应设置初效和中效空气过滤器，也可设置亚高效空气过滤器。末级过滤装置宜设置在正压端。

（6）电气要求。A 级电子信息系统机房的供电电源应按一级负荷中特别重要的负荷考虑，除应由两个电源供电（一个电源发生故障时，另一个电源不应同时受到损坏）外，还应配置柴油发电机作为备用电源。为保证电源质量，电子信息设备应由 UPS 供电。辅助区宜单独设置 UPS 系统，以避免辅助区的人员误操作而影响主机房电子信息设备的正常运行。采用具有自动和手动旁路装置的 UPS，其目的是避免在 UPS 设备发生故障或进行维修时中断电源。确定 UPS 容量时需要留有余量，其目的有两个：一是使 UPS 不超负荷工作，保证供电的可靠性；二是以后少量增加电子信息设备时，UPS 的容量仍然可以满足使用要求。按照公式 $E \geq 1.2P$ 计算出的 UPS 容量只能满足电子信息设备的基本需求，未包含冗余或容错系统中备

---

❶ 蒋晓威 . IDC 机房节能减排技术实际应用及效果评估 [J]. 科技创新与应用，2017，201（17）：80.

份 UPS 的容量。电子信息系统机房内的空调、水泵、冷冻机等动力设备及照明等其他用电设备应与电子信息设备用的 UPS 分开不同回路配电，以减少对电子信息设备的干扰。专用配电箱（柜）的主要作用是对使用 UPS 电源的电子信息设备进行配电、保护和监测。要求专用配电单元靠近用电设备安装的主要目的是使配电线路尽量短，从而降低中性线与 PE 线之间的电位差。

（7）静电防护要求。主机房和辅助区的地板或地面应有静电泄放措施和接地构造，防静电地板、地面的表面电阻或体积电阻值应为 $2.5 \times 10^4 \sim 1.0 \times 10^9$ 欧姆，且应具有防火、环保、耐污耐磨性能。主机房和辅助区中不使用防静电活动地板的房间，可铺设防静电地面，其静电耗散性能应长期稳定，且不应起尘。

（8）防雷与接地要求。电子信息系统机房的防雷和接地设计，应满足人身安全及电子信息系统正常运行的要求，并应符合现行国家标准《建筑物防雷设计规范》（GB—50057）和《建筑物电子信息系统防雷技术规范》（GB—50343）的有关规定。保护性接地和功能性接地应共用一组接地装置，其接地电阻应按其中最小值确定。对功能性接地有特殊要求需单独设置接地线的电子信息设备，接地线应与其他接地线绝缘；供电线路与接地线宜同路径敷设。电子信息系统机房内的电子信息设备应进行等电位联结，等电位联结方式应根据电子信息设备易受干扰的频率及电子信息系统机房的等级和规模确定，可采用 S 型、M 型或 SM 混合型。采用 M 型或 SM 混合型等电位联结方式时，主机房应设置等电位联结网格，网格四周应设置等电位联结带，并应通过等电位联结导体将等电位连结带就近与接地汇流排、各类金属管道、金属线槽、建筑物金属结构等进行连接。每台电子信息设备（机柜）应采用两根不同长度的等电位联结导体就近与等电位联结网格连接。等电位联结网格应采用截面积不小于 25 平方毫米的铜带或裸铜线，并应在防静电活动地板下构成边长为 0.6~3 米的矩形网格。

（9）机房综合布线。对于机房综合布线的要求有下面几点。第一，主机房、辅助区、支持区和行政管理区应根据功能要求划分成若干工作区，工作区内信息点的数量应根据机房等级和用户需求进行配置。第二，承担信息业务的传输介质应采用光缆或六类及以上等级的对绞电缆，传输介质各组成部分的等级应保持一致，并应采用冗余配置。第三，当主机房内的机柜或机架成行排列或按功能区域划分时，宜在主配线架和机柜或机架之间设置配线列头柜。第四，A级电子信息系统机房宜采用电子配线设备对布线系统进行实时智能管理。第五，机房布线系统与公用电信业务网络互联时，接口配线设备的端口数量和缆线的敷设路由应根据电子信息系统机房的等级，并在保证网络出口安全的前提下确定。第六，缆线采用线槽或桥架敷设时，线槽或桥架的高度不宜大于150毫米，线槽或桥架的安装位置应与建筑装饰、电气、空调、消防等协调一致。第七，电子信息系统机房的网络布线系统设计，除应符合本规范的规定外，尚应符合现行国家标准《综合布线系统工程设计规范》（GB—50311）的有关规定。

（10）机房消防要求。电子信息系统机房应根据机房的等级设置相应的灭火系统，并应按现行国家标准《建筑设计防火规范》（GB—50016）、《高层民用建筑设计防火规范》（GB—50045）和《气体灭火系统设计规范》（GB—50370）。A级电子信息系统机房的主机房应设置洁净气体灭火系统。B级电子信息系统机房的主机房，以及A级和B级机房中的变配电、不间断电源系统和电池室，宜设置洁净气体灭火系统，也校园网是教育信息化发展的必然要求，是信息时代学校教育全面变革的结果，是适应现代教育技术和信息技术发展的重要产物。具体来说，校园网是为学校教学、科研和管理提供先进的现代化教学环境的局域网络，承载着各类教学、管理系统的安全运行。不论国内还是国外，对于任何一所正规大学，校园网都不可或缺。我国各级各类高等院校都建立了自己的校园网，在教学资源建设、综合信息服务、教育管理信息系统等开发和利用方面，发挥越来越重要的作用。不同于商业网络，校园网是学校各类信息管理系统的基础平台，校园网的建设和管理关系到高校形象、校园文化、精神内涵的对外展示，关系到广大师生的学习、科研、娱乐、生活的方方面面，服务教学科研的属性，要求校园网必须具备某些特点和功能。

校园网的特点主要表现为高速、交互、专业、安全。一方面，校园网是开展正常教学、科研的基础，需要满足师生对大容量、高速率、高质量数据传输的要求；另一方面，由于校园网承载着大量技术成果、身份认证信息、高校教务教学管理信息等庞大的数据资源，需要有更高的安全可靠性要求，既要建立完善的网络安全管理制度和健全的校园网安全防护体系，还应从用户方面不断提升校园网安全意识。校园网的建设主要包括网络综合布线、有线网建设、无线网建设、教育网的接入等部分。可设置高压细水雾灭火系统。电子信息系统机房应设置火灾自动报警系统，并应符合现行国家标准《火灾自动报警系统设计规范》（GB—50116）的有关规定。

6.1.3 校园网络基础建设

1. 网络综合布线

综合布线是一个模块化的、灵活性极高的建筑物内或建筑群之间的信息传输信道，是智能建筑的"信息高速公路"。它既能使语音、数据、图像设备和交换设备与其他信息管理系统彼此相连，也能使这些设备与外部通信网相连接。它包括建筑物外部网络或电信线路的联机点与应用系统设备之间的所有线缆及相关的连接部件。综合布线由不同系列和规格的部件组成，其中包括：传输介质（含铜缆或光缆），电路管理硬件（交叉连接区域和连接面板），连接器，插座，适配器，传输电子设备（调制解调器，网络中心单元，收发器等），电气保护装置（电浪涌保护器以及支持的硬件（安装和管理系统的各类工具）。以及电气保护设备等。这些部件可用来构建各种子系统，它们都有各自的具体用途，不仅易于实施，而且能随着需求的变化而平稳升级。❶ 一个设计良好的综合布线对其服务的设备应具有一定的独立性，并能互连许多不同应用系统的设备，如模拟式或数字式机的公共系统设备，支持图像（电视会议、监视电视）等，即它的所有信息插座能由它所支持的不同种类的设备共享，这就是说同一标准信息插座，可方便地通过跳线定义后即可接插不同通信协议不同种类的信息设备。

（1）工作区布线。工作区内线槽要布的合理、美观，基本链路长度限在 90 米内，使用六类非屏蔽模块。需要在工作区内做一个小弱电箱子，箱内包含一个配线架和一个理线架。配线架使用标准 19 英寸机架式安装，采用塑料面板、钢质底板整体结构，保证产品的机械强度。

（2）配线子系统布线。配线子系统的设计涉及水平子系统的传输介质和部件集成，主要监理要点包括：确定线路走向；确定线缆、槽、管的数

---

❶ 王建萍. 综合布线系统及设计理论探析 [J]. 科协论坛（下半月），2011（4）；陈经纬. 楼宇通信综合布线系统的设计研究 [J]. 科技创新导报，2010（31）.

量和类型；确定线缆的类型和长度。水平布线，是将电缆线从管理间子系统的配线间接到每一楼层的教室的信息集中箱上。根据教学楼的结构特点，达到路由（线）最短、造价最低、施工方便、布线规范等特点。

（3）管理区子系统布线。管理区子系统提供了与其他子系统连接的手段，使整个布线系统与其连接的设备和器件构成一个有机的整体。调整管理子系统的交接则可安排或重新安排线路路由、因而传输线路能够延伸到建筑物内部各个工作区，是综合布线系统灵活性的集中体现。管理区子系统要设置在楼层配线房、弱电井内，是水平系统电缆端接的场所，也是主干系统电缆端接的场所；由机柜、集线器或交换机等组成。用户可以在管理子系统中更改、增加、交接、扩展线缆，用于改变线缆路由。

（4）垂直干线子系统。垂直干线子系统的任务是通过建筑物内部的竖井或管道放置传输电缆，把各个楼层管理接线间的信号传送到设备间，直到传送至最终接口，再通往外部网络。它必须满足当前的需求，又要适应今后的发展。垂直干线子系统包括供各条干线接线间之间的电缆走线用的竖向或横向通道（桥架）和各设备间与主设备间的电缆。

（5）设备间子系统。设备间是用来放置综合布线线缆和相关连接硬件及其应用系统的设备的场所。在设备间内，可把公共系统用的各种设备，如电信部门的中继线和公共系统设备，互连起来。设备间还包括建筑物的入口区的设备或电气保护装置及其连接到符合要求的建筑物接地点。

（6）汇聚交换机。可根据用户需要灵活选择不同数量的万兆光口，完全满足大型园区网汇聚或中小型网络核心部署需求，可支持高达 64K 的 MAC 地址容量；支持虚拟交换单元技术（Virtual Switch Unit，VSU）就是虚拟交换单元技术。通过聚合链路的连接，能够将多台物理设备进行互联，使其虚拟为一台逻辑设备，利用单一 IP 地址、单一远程登录进程、单一命令行接口、自动版本检查、自动配置等特性进行管理，对用户来说仅仅是在管理一台设备，但是却实现着多台设备带来的工作效率和使用体验。汇聚交换机需要具备 MAC 流、IP 流、应用流等多层流分类和流控制能力，实现精细的流带宽控制、转发优先级等多种流策略，支持网络根据不同的应用以及不同应用所需要的服务质量特性，提供服务；需要支持 SNMP、RMON、Syslog、USB 备份日志及配置等特性来进行网络的日常诊断及维护，同时管理员可采用命令行接口（CLI）、Web 网管、远程登录等多样化的管理和维护方式更方便设备的管理。

2. 有线网建设

随着网络建设的逐步普及，大学高校局域网络的建设是高校向高水平、研究性大学跨进的必然选择，高校校园网网络系统是一个非常庞大且复杂的系统，它不仅为高校的发展、综合信息管理和办公自动化等一系列应用提供基本操作平台，而且能够使教育、教学、科研三位一体，提高教育教学质量。而校园网网络建设中主要应用了网络技术中的重要分支局域网技术来建设与管理的，高校校园网的网络建设与网络技术发展几乎是同步进行的。高校不仅承担着教书育人的工作，更承担着部分国家级的科研任务，同时考虑未来几年网络平台的发展趋势，为了充分满足高校骨干网对高速、智能、安全，认证计费等的需求，可以利用万兆以太网的校园网组网技术。构建校园网骨干网，实现各个区域和本部之间的连接，以及实现端到端的以太网访问，提高了传输的效率，从而有效地保证智慧校园、数字多媒体教学、数字图书馆、数字办公等业务的开展。

（1）建设原则。第一，实用性和经济性原则，网络建设应始终贯彻面向应用，注重实效的方针，坚持实用、经济的原则，建设的万兆骨干网络平台，保护用户的投资。第二，先进性和成熟性原则，网络建设设计既要采用先进的概念、技术和方法，又要注意结构、设备、工具的相对成熟。不但能反映当今的先进水平，而且具有发展潜力，能保证在未来若干年内占主导地位，保证学校网络建设的领先地位，采用千兆为主、万兆为预留以太网技术来构建网络主干线路。第三，可靠性和稳定性原则，在考虑技术先进性和开放性的同时，从系统结构、技术措施、设备性能、系统管理、厂商技术支持及保修能力等方面着手，确保系统运行的可靠性和稳定性，达到最大的平均无故障时间。第四，安全性和保密性原则，在网络设计中，既考虑信息资源的充分共享，更要注意信息的保护和隔离，因此系统应分别针对不同的应用和不同的网络通信环境，采取不同的措施，包括端口隔离、路由过滤、防 DDOS 拒绝服务攻击、防 IP 扫描、系统安全机制、多种数据访问权限控制等 ❶，具体技术提升整个网络的安全性。第五，

---

❶ 张鑫 . 校园网的网络搭建和网络安全维护 [J]. 电子技术与软件工程，2019.

可扩展性和可管理性原则，为了适应网络结构变化的要求，必须充分考虑以最简便的方法、最低的投资，实现系统的扩展和维护。为了便于扩展，对于核心设备必须采用模块化高密度端口的设备，便于将来升级和扩展。

（2）IP 地址分配及 VLAN 划分。为了提高 IP 地址的使用效率，引入了子网的概念。将一个网络划分为子网：采用借位的方式，从主机位最高位开始借位变为新的子网位，所剩余的部分则仍为主机位。这使得 IP 地址的结构分为三级地址结构：网络位、子网位和主机位，这种层次结构便于 IP 地址分配和管理。❶ 它的使用关键在于选择合适的层次结构，既能适应各种现实的物理网络规模，又能充分地利用 IP 地址空间。VLAN 是为解决以太网的广播问题和安全性而提出的一种协议，它在以太网帧的基础上增加了 VLAN 头，用 VLAN 和 ID 把用户划分为更小的工作组，限制不同工作组间的用户二层互访。VLAN 除了能将网络划分为多个广播域，从而有效地控制广播风暴的发生，以及使网络的拓扑结构变得非常灵活的优点外，还可以用于控制网络中不同部门、不同站点之间的互相访问，虚拟局域网的好处是可以限制广播范围，是一种比较成熟校园以及企业组网规范。

3. 无线网建设

目前，随着互联网技术的飞速发展，网络信息交互成为教学和办公中不可或缺的一部分，师生在课堂上通过各种智能终端和移动设备访问校内外资源已经成为常态，高校必须完善校园网的无线网络基础设施，以研究探索在新型网络环境中如何有效地开展教学科研工作。无线网络的建设需要结合学校师生使用网络的习惯，将无线网络延伸至学校的每个角落，提升学生的无线上网体验。高校无线网络方案的设计需要考虑如下几个原则。

（1）稳定的无线覆盖。无线信号由于会受到天气、周边环境信号源的干扰，确保新建无线信号的稳定是无线网络建设的首要解决的问题。❷ 通过实际环境地勘，测试无线信号等方法，确定影响无线网络建设的各种因素，进行综合分析，确保新建无线网络在信号稳定、无盲区的覆盖。

（2）安全的无线覆盖。无线网络通过广播 SSID 的方式，为信号覆盖范围内的终端提供无线接入的信息点，由于无线信号的开放性，如何有效阻止未授权学生接入无线网络是确保无线网络稳定的前提。在无线网络覆盖安全方面，要采用强制接入认证、非法 AP 抑制等技术手段，确保接入无线网络用户身份的合法性和唯一性。

（3）无线网络的速率。随着信息化的迅速发展，移动终端的类型也越来越多，如笔记本、PAD、手机等对终端的性能要求越来越高，终端网卡类型由单流单频网卡、双流单频网卡到现在主流的双流双频网卡，如 IPAD Air、iPhone8、华为 P20 等都支持 5G，为更好的分流，将尽可能支持 5G 的终端自动连接到 5G 射频卡上，来减轻 4G 的压力。即在学校部署无线网络时，采用主流的支持 802.11ac wave2 标准的 AP。[1]

（4）无线信号覆盖。首先校园无线网络的设计方案要保证在所要求的覆盖地点无线信号无缝覆盖，房间内各个角落的无线信号强度有较高强度，保障应用及终端使用需求。在房间内的重点使用区域至少达到 <-60dBm 的信号强度，在房间内非重点使用区域至少达到 <-65dBm，并确保相邻房间同频干扰信号强度 <-70dBm，提高整网吞吐性能，构建真正可用的无线网络。

（5）无线认证方式。主要采用 Web Portal 的认证方式进行认证。可使用 2 个 SSID 分别提供两种认证方式：Web 认证、802.1X 认证，既满足一部分用户安全性的需求，又考虑到 802.1x 不兼容某些终端的问题。另外，为保证用户使用网络的便利性，建议为普通用户开启无感知认证服务，避免因每天多次输入用户名密码认证而带来的不便捷。[2]

（6）无线网络路由规划。无线网络与有线网络路由部署上采用 IPv4/IPv6 默认路由，默认路由是一种特殊的静态路由，指的是当路由表中与包的目的地址之间没有匹配的表项时路由器能够做出的选择。如果没有默认路由器，那么目的地址在路由表中没有匹配表项的包将被丢弃。默认路由在某些时候非常有效，当存在末梢网络时，默认路由会大大简化路由器的配置，减轻管理员的工作负担，提高网络性能。无线网络与有线网络

❶ 吴振帮 . 无线网络技术现状、优势以及在校园网络建设中的应用 [J]. 中国科教创新导刊，2012（25）：175-175.

❷ 杨运涛 . 无线局域网技术在校园网建设中的应用 [J]. 计算机安全，2014（9）：59-63.

分开部署，独立组网，保证无线网络的故障不会互相波及，各个区域采用独立 POE 交换机进行供电，并上联到已有网络设备上，千兆下联到教学和办公区等区域的放装 AP、面板 AP。

（7）全网无缝三层漫游。无线控制器支持先进的无线控制器集群技术，在多台设备之间可实时同步所有用户在线连接信息和漫游记录。当无线用户漫游时，通过集群内对用户的信息和授权信息的共享，使得用户可以跨越整个无线网络，并保持良好的移动性和安全性，保持 IP 地址与认证状态不变，从而实现快速漫游和语音的支持。为最小化广播风暴采取三层到接入设计，同时需要支持全网无缝漫游，所以无线网络必须支持 L3 漫游，所有无线数据流必须通过无线控制器进行集中转发。

4. 教育网接入

中国教育和科研计算机网（China Education and Research Network，CERNET）是由国家投资建设，教育部负责管理，清华大学等高等学校承担建设和管理运行的全国性学术计算机互联网络。

CERNET 是我国开展现代远程教育的重要平台。为了适应国家《面向 21 世纪教育振兴行动计划》中远程教育工程的要求，1999 年，CERNET 开始建设自己的高速主干网。利用国家现有光纤资源，在国家和地方共同投入下，到 2002 年年底，CERNET 已经建成 20000 公里的 DWDM/SDH 高速传输网，覆盖我国近 200 个城市，主干总容量可达 40Gbps；在此基础上，CERNET 高速主干网已经升级到 2.5Gbps，155M 的 CERNET 中高速地区网已经连接到我国 35 个重点城市；全国已经有 1000 多所高校接入 CERNET，其中有 100 多所高校的校园网以 100~1000Mbps 速率接入 CERNET。CERNET 还是中国开展下一代互联网研究的试验网络，它以现有的网络设施和技术力量为依托，建立了全国规模的 IPv6 试验床。1998 年，CERNET 正式参加下一代 IP 协议（IPv6）试验网 6BONE，同年 11 月成为其骨干网成员。CERNET 在全国第一个实现了与国际下一代高速网 INTERNET2 的互联，目前，国内仅有 CERNET 的用户可以顺利地直接访问 INTERNET2。

绝大部分高校校园网都是中国教育和科研计算机网 CERNET 的一部分，通过接入 CERNET 与全球知名学术网、学术组织（如美国 Internet2、欧洲 GÉANT、亚洲 APAN 等）以及数十个境外数据库（后附部分境外数据库名单）实现直连。❶ 通过校园网，师生可以获取到更多的学术科研资源，满足学术科研对访问境外数据库资源的不同需求。开通 CERNET 提供的国际学术网络漫游服务 eduroam 的高校师生，在国内外加入 eduroam 的任何国家的教育机构、大学里，都可以使用其校园网账号，实现自动登录、免费上网。除此之外，CERNET 已为具备条件的校园网全部开通了 IPv6 服务。通过校园 IPv6，不但可以访问国际 IPv6 学术资源，还可以访问全国高校的 IPv6 资源，包括高清 IPTV、校内视频直播点播、高清 MOOC 视频等。

6.2 信息化基础网络服务系统建设

6.2.1 智能 DHCP 服务系统建设

随着校园网网络规模的不断扩大和无线网的快速发展，使用 DHCP 进行 IP 地址分配管理成为唯一有效措施。由于 DHCP 是一种基础性服务，所以在整个网络的运行过程中 DHCP 服务都作为非常重要的且不可或缺的一环。假如 DHCP 服务不可用，将会对网络造成灾难性的影响，轻则整个局域网中的用户都会因为没有网络地址而无法连入网络，重则造成网络的其他基础服务也受到影响，导致大面积的网络瘫痪。同时为了配合认证、计费、无线网络策略等服务对 DHCP 服务器的 IP 地址管理、IP 下发策略、统计报表和日志查询也有了更高的要求，所以在高校的校园网络服务系统中，必需建设一套高可用的、功能完备的智能 DHCP 服务系统。

1. 系统技术架构

DHCP 服务系统应该以服务器配置和子网管理为基础功能，辅以 IP 地址管理、地址策略分配、Failover、负载均衡、计费联动、无感知认证、预警告警、状态监控、终端识别等多种特色功能。系统由一台 DHCP 管理节点（即管理分析服务器）和两台 DHCP 负荷分担节点组成。DHCP 管理节点通过 DHCP 节点管理协议的方法与 DHCP 负荷分担节点进行配置管理信

---

❶ 中国教育和科研计算机网简介、建设背景、作用（意义）[J]. 教育文摘，2012（3）.

息的交互及 DHCP 服务协议的运行监控维护。系统通过 Web 网页方式提供 DHCP 服务的服务状态，并与管理维护人员进行交互，通过标准开放的 API 可对接各种外部系统（如计费认证网关）联动协同工作，从而可提高计费的精准度，避免出现计费冒用的情况。智能 DHCP 系统整体架构图如图 6-2 所示。

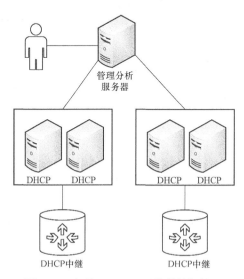

图 6-2　智能 DHCP 系统整体架构图

2. DHCP 管理分析节点架构

DHCP 管理分析节点是一类拥有强大网络数据处理能力的计算机或者服务器。它主要由用户界面、联动模块、管理模块、配置模块、查询模块、监控模块、日志模块、数据库及 DHCP 节点管理接口模块九部分组成。DHCP 管理节点负责与系统管理人员进行交互，设置 DHCP 子网及其动态配置项目，记录当前及历史数据，以及通过 DHCP 节点管理协议与 DHCP 负荷分担节点进行通信，获得他们的工作状态，并对他们进行设置。

（1）用户界面模块。用户界面负责与系统管理员人员进行交互。通过 Web 方式，系统管理员可以通过浏览器、手机、智能终端访问系统，并可以获得一致的显示效果。管理人员通过用户界面与管理模块、配置模块、查询模块、监控模块、日志模块、报表模块以及数据库进行交互，从这些模块中取得系统管理人员所需的信息，并将系统管理人员的指令传递给对应的模块。

（2）联动模块。联动模块负责调用外部计费网关的用户上线和下线操作接口。当用户向 DHCP 服务器发出 IP 地址申请请求时，DHCP 系统在响应其请求的同时会调用第三方外部计费网关的接口，向其发出一条用户上线的通知，计费系统开始对该用户进行计费。若用户未进行下线操作、未注销账号就离开网络，当 DHCP 系统监测到该用户的 IP 地址被重新分配给其他用户时，通过联动接口调用外部计费网关的用户下线操作接口，终止用户的计费。

（3）管理模块。管理模块负责接收管理人员的管理指令，将管理指令翻译为 DHCP 节点管理接口模块所需的参数，并将参数传递给 DHCP 节点管理接口模块。管理模块主要有以下的管理内容：设置 DHCP 服务器的时钟及 NTP 信息，用户身份信息、密码的加密方式及密钥，DHCP 负荷分担节点的加入和离开管理，DHCP 服务器的开启关闭管理。

（4）配置模块。配置模块负责将通过用户界面接收到的管理人员的配置指令转换为 DHCP 服务配置语言并通过 DHCP 节点管理协议传递给 DHCP 负荷分担节点。同时，还将有关配置参数信息记录入数据库方便管理人员的后续检查修改操作。

（5）查询模块。查询模块负责将通过用户界面接收到的管理人员的查询指令转换为系统内部信息查询指令，并执行查询，将查询结果通过用户界面返回给管理人员并展示。

（6）监控模块。监控模块负责将通过用户界面接收到的管理人员的监控指令转换为 DHCP 状态监控语言并通过 DHCP 节点管理协议传递给 DHCP 负荷分担节点，并取得当前 DHCP 服务运行状态数据，通过加工处理，经由用户界面向系统管理人员反映当前系统的真实运行状态。

（7）日志模块。日志模块负责通过 DHCP 节点管理接口从 DHCP 负荷分担节点采集 DHCP 服务的运行状态、DHCP 日志、DHCP 负荷分担工作状态信息并加工记录到数据库。此外，日志模块还负责将通过用户界面接收到的管理人员的日志查询指令翻译为系统内部日志查询指令，并将查询指令翻译为 DHCP 节点管理接口协议指令，传递给 DHCP 负荷分担节点，DHCP 负荷分担节点将有关数据通过 DHCP 节点管理接口传递回管理节点；管理节点加工分析这些数据，并将日志信息通过用户界面展示给系统管理人员。

（8）数据库模块。数据库负责存储所有管理模块、配置模块、查询模块、监控模块、日志模块、报表模块需要记录和存储的数据，其主要的数据来源为配置管理模块和日志模块，其主要的输出目的也为配置模块和日志模块。此外，数据库中还保存了 DHCP 负荷分担节点列表，一些系统管理人员的用户数据，以及用户界面相关的信息。

（9）DHCP 节点管理接口模块。DHCP 节点管理接口模块负责将各种配置、管理、查询消息转换为 DHCP 节点管理接口的 CFG、MGMT、QUERY 消息。通过网络与各个 DHCP 负荷分担节点进行通信。

3. 智能 DHCP 服务系统主要功能

智能 DHCP 服务系统功能除了包括基本的网络地址分配功能之外，还需要支持 IPv6 地址分配、无线 AP 自动注册、黑白名单设置、终端识别、地址分配智能特性设置、有线准入、固定 IP 配置、告警、状态监控、计费联动、开发接口等功能。

（1）地址分配策略。提供灵活的地址分配策略制定功能，可以按照设备类别或 Vendor 字符串分类，从不同地址池分配 IP 地址及选项；支持 DHCP 静态 IP 地址分配和导入名单。

（2）IPv6 地址分配支持。支持 IPv6 动态地址分配、DHCPv6 地址池配置、DHCPv6 保留地址分配、DHCPv6 子网下发特殊选项。

（3）无线 AP 自动注册。支持通过 DHCP 协议为瘦 AP（FitAP）下发无线控制器 IP 地址，使瘦 AP 能够自动寻找无线控制器并注册，内置支持厂家包括：Aruba、思科、华为、华三、锐捷、神州数码等无线 AP 等。用户也可以通过自定义功能扩展支持其他更多厂家的无线 AP。支持不同类型和厂家的无线 AP 在同一子网 /VLAN 内混合组网，智能分别下发各自的 AC 地址。

（4）黑白名单。支持可以根据 MAC 地址或设备类别实现全局黑白名单制定，能够实现自动禁止宽带路由器等设备访问网络的功能。此外，黑白名单还支持外部系统同步，可以由外部系统向 DHCP 系统实时同步黑白名单数据。

（5）终端识别。可以精确识别终端类型、OS、型号等，支持识别用户终端操作系统类型（Windows XP、Windows 7、Mac OSX、iOS、Android 等），支持识别用户终端设备类型、厂家、型号。

（6）地址分配智能特性设置。支持对终端在子网间漫游的历史进行追踪。支持对终端的 DHCP 地址请求分配历史交互信息完整展示。对拟分配的 IP 地址进行智能监测，以确定地址是否被占用，避免 IP 地址冲突。支持通过设定地址池消耗比例阈值，自动调整租约时长加快 IP 地址的回收速度，应对用户上网高峰，提高用户体验。支持设定租约缓存比例，在比例时长内智能快速应答客户端租约请求，避免频繁更新租约加重服务器负荷。支持设置客户端租约唯一不重复、相同客户端始终取的相同的 IP 地址分配。

（7）有线准入。DHCP 服务器启用地址分配策略，给已在网络上注册的终端分配业务地址，而未进行注册的终端将获取临时地址。未注册的终端通过终端注册服务器可进行注册，管理员审核通过，完成注册。

（8）固定 IP 配置。支持为网络中有固定 IP 地址需求的设备（如打印机、自助终端设备）分配固定 IP 地址。

（9）告警提示。提供事件及时告警机制，对节点状态、性能。服务器状态、性能进行监控，支持设置 CPU、内存、IP 地址使用率、服务地址分配速率告警。提供地址池使用率、IP 冲突等的告警，让故障得以快速解决。

（10）计费联动。支持与外部计费系统联动，用户可在计费系统注册自己的各种终端，计费系统从 DHCP 系统获得终端的识别信息。可以提高计费的精准度，避免因用户未注销就离开网络而产生计费误差。支持离线联动，DHCP 系统识别到用户释放 IP 时，立即通知计费系统停止计费并结束网络访问授权。支持无感知认证，DHCP 系统在识别到用户上线时，立即通知计费系统开启计费并放行用户。

（11）开发接口。提供黑、白名单同步接口 API，允许第三方系统通过 API 进行集成；提供计费联动接口 API（包括 IPv6），允许第三方系统通过 API 进行集成；提供固定 IP 分配接口 API，允许第三方系统通过 API 进行集成。

6.2.2 智能域名服务系统建设

目前，大部分高校所使用的域名服务系统（DNS）软件和版本老旧，不能很好地满足用户的需求，为用户提供完善的服务。DNS 系统性能不足，可靠性差，用户不能正常使用网络或者上网体验差，对外发布的资源访问体验差，缺少运行状态监控，异常情况出现时管理员不知情，只能事后被动发现，且由于 DNS 本身特性，引发的故障更难被发现。系统配置复杂，容易出错，一旦出错，影响范围很大，后果比较严重。而且，随着当前高校网络规模的不断扩大和校园无线网的快速发展和普及使用，我们需要建设一套智能的域名管理系统，通过 DNS 进行智能发布权威域，对外实现 CDN 效果；智能递归（转发、劫持），对内进行流量调度。同时，DNS 服务中会产生大量的日志数据，这些数据也可以作为数据源，为科研人员提供挖掘和分析价值。此外，还需要实现 DNS 服务的高可靠和负载均衡，对服务进行健康检测和智能解析。域名服务系统还需要实现域名在线申请、审批、续约、回收等功能需求。

1. 系统技术架构

智能 DNS 服务系统核心功能需要包括权威发布和多线路解析，以服务器配置为基础功能，辅以负载均衡、预警告警、状态监控、异常分析、解析和请求排行等多种特色功能。系统由管理分析服务器和工作集群组成，管理分析服务器进行数据处理分析以及备份工作，对工作节点服务器进行同一配置下发，保证工作节点的配置一致，工作节点负责 DNS 解析工作，将日志数据，运行状态数据上传至管理分析服务器，具体的系统应用架构图如图 6-3 所示。

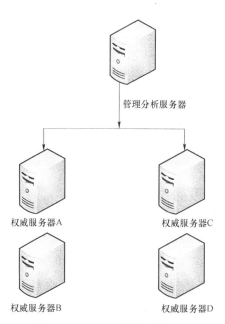

管理分析服务器

权威服务器A   权威服务器C

权威服务器B   权威服务器D

图 6-3　DNS 系统应用架构图

2. 管理分析系统

域名系统的管理分析系统部署在管理分析节点服务器上，管理分析服务器是一类拥有强大网络数据处理能力的服务器。它主要由用户界面、告警模块、系统模块、配置模块、查询模块、监控模块、日志模块、数据库及工作节点管理接口模块几个部分组成。管理节点负责与系统管理人员进行交互，设置配置项目，记录当前及历史数据，以及通过节点管理协议与工作节点进行通信，获得他们的工作状态，并对他们进行设置。

（1）用户界面模块。用户界面负责与系统管理员人员进行交互。通过 Web 方式，系统管理员可以通过浏览器、手机、智能终端访问系统，并可以获得一致的显示效果。管理人员通过用户界面与管理模块、配置模块、查询模块、监控模块、日志模块、报表模块以及数据库进行交互，从这些模块中取得系统管理人员所需的信息，并将系统管理人员的指令传递给对应的模块。

（2）管理模块。管理模块负责接收管理人员的管理指令，将管理指令翻译为节点管理接口模块所需的参数，并将参数传递给节点管理接口模块。管理模块主要有以下的管理内容：设置服务器的时钟及 NTP 信息，用户身份信息、密码的加密方式及密钥，负荷分担节点的加入和离开管理，服务器的开启关闭管理。

（3）配置模块。配置模块负责将通过用户界面接收到的管理人员的配置指令转换为服务配置语言并通过节点管理协议传递给负荷分担节点。同时，还将有关配置参数信息记录入数据库方便管理人员的后续检查修改操作。

（4）查询模块。查询模块负责将通过用户界面接收到的管理人员的查询指令转换为系统内部信息查询指令，并执行查询，将查询结果通过用户界面返回给管理人员并展示。

（5）监控模块。监控模块负责将通过用户界面接收到的管理人员的监控指令转换为状态监控语言并通过节点管理协议传递给负荷分担节点，并取得当前服务运行状态数据，通过加工处理，经由用户界面向系统管理人员反映当前系统的真实运行状态。

（6）日志模块。日志模块负责通过节点管理接口从负荷分担节点采集服务的运行状态、日志、负荷分担工作状态信息并加工记录到数据库。此外，日志模块还负责将通过用户界面接收到的管理人员的日志查询指令翻译为系统内部日志查询指令，并将查询指令翻译为节点管理接口协议指令，传递给负荷分担节点，负荷分担节点将有关数据通过节点管理接口传递回管理节点；管理节点加工分析这些数据，并将日志信息通过用户界面展示给系统管理人员。

（7）数据库模块。数据库负责存储所有管理模块、配置模块、查询模块、监控模块、日志模块、报表模块需要记录和存储的数据，其主要的数据来源为配置管理模块和日志模块，其主要的输出目的也为配置模块和日志模块。此外，数据库中还保存了负荷分担节点列表，一些系统管理人员的用户数据，以及用户界面相关的信息。

（8）节点管理接口模块。节点管理接口模块负责将各种配置、管理、查询消息转换为节点管理接口的 CFG、MGMT、QUERY 消息。通过网络与各个负荷分担节点进行通信。

3. 域名服务系统主要功能

智能 DNS 服务系统功能应该除了包括基本的域名配置功能之外，还需要支持智能识别攻击流量、网络流量调度分配、健康检测与负载均衡、大数据统计分析、监控告警、域名生命周期管理等功能。

（1）域名配置操作。系统药支持批量导入记录，迁移高效便捷，追溯方便。支持权威、转发、v4 反向解析、v6 反向解析。

支持在解析结果中有 A 和 AAAA 记录时，按照需求对解析结果进行过滤。此外，系统还要可以支持解析缓存的管理，可以手动更新或删除缓存。

（2）智能识别攻击流量。网络管理人员可以根据实际网络情况设置某一客户端或某一网段的查询速率，防止 DNS 攻击，系统也能智能识别攻击流量并进行阻断，实现双重安全保障。

（3）网络流量调度分配。支持多个 ISP 接入，通过将客户端划分到不同链路进行 DNS 解析，充分利用出口链路带宽，提升用户的网络访问体验。支持用户自定义各类解析策略，并可以设置解析策略的生效时间。

（4）健康检测与负载均衡。系统能够对 DNS 服务器状态进行检测，若检测到服务器故障，会将查询请求发送到正常的 DNS 服务器，以免影响用户的网络访问体验。系统能够对 DNS 服务器负载情况进行监控，当检测到服务器的负载超过设置的上限时，自动将查询请求发送到负载正常的 DNS 服务器，避免影响用户的网络访问体验。

（5）大数据统计分析。系统可以对全网的用户访问进行详细记录，每秒钟可处理几十万个请求，每天可进行上亿条日志分析记录。所有数据用统计图表进行展示，提供域名、用户查询排行和日志搜索功能，支持多条件检索。

（6）监控告警。系统可以提供实时监控 DNS 业务运行状态并告警，告警内容包括 DNS 服务终止、DNS 无法解析、DNS 权威域解析异常、DNS 每秒查询数异常、查询成功率过低等。系统支持对自身运行状态指标数据进行监控告警，包括 CPU 使用率、内存使用率、磁盘使用率、网络连接异常、网络流量异常等。系统预置各项告警指标的合理阈值和告警等级，管理员可根据实际情况自定义合理的阈值和告警等级。

（7）域名生命周期管理。系统实现从域名的申请、使用到巡检、回收进行全方位的管理，提供访问记录和周报以及到期提醒，提高用户体验。全面记录，可溯可查，管理更加便捷。用户可以设置域名的到期时间，到期自动停用，用户还可以手动进行域名的启用或停止。系统还支持实现同一个域名在内外网解析的分离。

6.3 信息化基础应用平台建设

高校信息化基础应用平台建设是高校信息化建设的基础，信息化建设的核心是应用系统的建设，而应用系统的建设离不开基础应用平台的支撑。信息化基础应用平台建设主要包括统一身份认证平台建设、共享接口平台建设、数字签章系统建设、数字校园平台建设。

6.3.1 统一身份认证平台建设

所谓身份认证，就是判断一个用户是否为合法用户的处理过程。最常用的简单身份认证方式是系统通过核对用户输入的用户名和口令，看其是否与系统中存储的该用户的用户名和口令一致，来判断用户身份是否正确。复杂一些的身份认证方式采用一些较复杂的加密算法与协议，需要用户出示更多的信息（如私钥）来证明自己的身份，如身份认证系统。身份认证一般与授权控制是相互联系的，授权控制是指一旦用户的身份通过认证以后，确定哪些资源该用户可以访问、可以进行何种方式的访问操作等问题。在一个数字化的工作体系中，应该有一个统一的身份认证系统供各应用系统使用，但授权控制可以由各应用系统自己管理。

1. 建设思路与原则

高校的统一身份认证平台建设是学校站在全校角度进行规划建设的基础应用平台，是信息化建设在全校高度上进入良性循环建设的必不可少的任务。

（1）加强软件的应用统一化。基于业务部门信息管理系统的建设成果，通过引入"大平台、小应用"的设计理念，面向不同类型用户的全生命周期，按照职能领域的划分，依据不同类型用户的行为特点和信息需求，将业务系统的功能点重新包装整合成为不同的软件应用小程序，从而为所有用户提供基于角色的、灵活的、个性化的校园应用服务，让用户"随心所欲"地在门户平台上构建自己个人的"智慧校园"。

（2）加强数据应用统一化。基于已有的数据中心在门户平台上建立安全高效、充分共享的校务信息统一数据中心，从而面向不同类型用户，提供包括协同办公、教学管理、人才培养、个人发展等方面的综合数据支持和高效信息服务。

（3）实用性原则。围绕用户体验，对于需要集成统一身份认证系统的业务系统，集成内容确定和集成方案设计时，以实用为原则，对于影响用户体验的集成内容，需要保证集成的效果。

（4）集成优先级原则。第一，所有与人的基本信息有关的系统，只要具备条件优先集成。第二，对于师生用户及学校领导最为关心的信息系统，优先集成。第三，对于实际使用起来的系统，点击率和使用率高的系统，优先集成。第四，对于业务部门比较积极，并愿意协调厂商资源进行配合的，对应业务系统优先集成。第五，对于数据结构和功能框架已经基本稳定的系统，优先集成。

2. 系统功能要求

统一身份认证平台的使用主体是信息化管理部门的技术管理人员，系统需要提供可视化的系统基础信息查看、认证管理、身份库管理、接入应用管理、OAUTH 服务支持等功能。

（1）系统基础信息查看。统一身份认证平台可以统计总用户量，也可以对几个认证服务程序分别统计，还可以查看每个认证节点情况。可以查看各个服务器的负载情况，添加颜色渐变提示，例如负载低时为绿色，之后负载逐渐提高颜色变为黄色，当要超载变为红色提示，颜色的改变需要管理员手动刷新页面。可以查看基础系统参数，包括系统名称、版权所有、移动版权所有、密码找回地址、认证成功后跳转地址、登录描述、默认登录主题、强制使用的主题及强制使用时间。可以查看所有认证的概况，包括 IP 登录失败限制、IP 锁定登录失败数、IP 锁定登录的时间、用户登录失败限制、用户锁定登录失败数、用户锁定登录的时间、最大在线会话量、验证码错误数。

（2）认证管理。在认证管理模块，可以提供认证主页面动态宣传画面的配置和管理，系统管理员可以在该页面对认证主页面页的基础信息进行相关配置，系统管理员可以在此模块对系统认证主页面的动态宣传画面的相关参数进行配置和管理，包括登录页系统名称、支持单位、版权所有、移动版权所有、登录描述的显示内容，密码找回的地址，及当前系统登录页的默认主题，强制使用主题及强制使用时间段。系统管理员可以在登录方式配置模块对第三方系统登录进行配置，支持多种对接形式，包括微信、QQ、手机 App 及其他对接形式。

（3）身份库管理。系统管理员登录系统后可以在身份库管理页面设置用户登录时使用的认证方式，系统身份库需要至少支持数据库、LDAP、AD、协议认证等存储形式。可以对用户登录方式进行设置，选择系统的认证源，在其中一个认证源出错是可以自动切换。

（4）接入应用管理。系统管理员在此模块可以对第三方应用进行添加、修改和删除的操作，可以批量管理申请的应用列表通过申请或者撤销已通过的申请。可以对第三方对接进行管理，包括查看对接申请，修改申请，审批申请信息，模拟第三方对接调用结果。配置审核通过后可下载文档、包、库、配置文件和示例文件。系统管理员可以查看到已经添加的应用状态及添加、维护应用操作，同时可以审批申请的应用。审核通过的应用信息不可再进行更改。同时，系统管理员也可以为已通过审核的且已开启权限的应用添加应用管理员，并为其设置访问权限。

（5）OAUTH 服务支持。OAUTH 协议为用户资源的授权提供了一个安全的、开放而又简易的标准。与以往的授权方式不同之处是 OAUTH 的授权不会使第三方触及用户的账号信息（如用户名与密码），即第三方无需使用用户的用户名与密码就可以申请获得该用户资源的授权，因此 OAUTH 是安全的。系统管理员通过 OAUTH 服务管理模块，可以进行为第三方提供认证的服务申请和申请审核；可以看到需要平台为第三方提供认证功能的需求申请，可以新建，编辑，删除；可以申请新的 OAUTH 服务，包括应用名称，Client ID，Client Secret，回调地址，是否启用，开启权限过滤，登录主题和应用描述；可以批量对已有服务进行通过及撤销通过的操作。

6.3.2　共享接口平台

信息化的校园是推动高校实现战略目标的重要支撑，信息化校园建设以消除信息孤岛、创建信息规范、提供优质的信息化服务为主要目标。面对学校各部门各个业务系统数据不能共享、应用系统无法集成、数据不统一等问题，主数据中心是学校各部门所有数据的基础承载平台，而针对主数据共享的接口平台可以为各个业务系统提供数据接口。

1. 接口平台的建设原则

高校的接口平台应该使用当前主流的接口设计技术框架，结合学校自身的实际情况和发展需求，建设规范化的、高可用性的、高性能的、可扩展的接口平台。

（1）实用性原则。这是所有应用系统最基本的原则，直接衡量系统建设的成功和失败。针对接口平台，衡量系统的实用性的情况就表现在，通过接口平台的建设，为学校其他业务系统提供接口服务的便捷管理，系统的使用频率和所起到的作用。

（2）可扩展性原则。可扩展性主要体现为系统易于扩展，例如可以采用分布式设计、系统结构模块化设计，系统架构可以根据网络环境和用户的访问量而适时调整，从某种程度上说，这也是系统的适应性。

（3）可靠性原则。系统应该是可靠的，在出现异常的时候应该有人性化的异常信息方便用户理解原因，或采取适当的应对方案，在设计业务量比较大的时候可采用先进的嵌入式技术来保证业务的流畅运行。

（4）可维护性和可管理性原则。接口平台系统应该有一个完善的管理机制，而可维护性和可管理性是重要的两个指标。

（5）安全性原则。现在的计算机病毒几乎都来自于网络，接口平台应用应尽量采用五层安全体系，即网络层安全、系统安全、用户安全、用户程序的安全和数据安全。系统必须具备高可靠性，对使用信息进行严格的权限管理，技术上，应采用严格的安全与保密措施，保证系统的可靠性、保密性和数据一致性等原则。

2. 接口平台的功能

高校的接口平台主要是为了给学校的其他业务系统提供服务，使得其他的业务系统可以通过调用信息化管理部门提供的数据获取接口、功能接口来实现业务系统的相关功能模块。

（1）接口使用申请和审核。学校其他业务系统管理部门可以利用此模块申请使用接口，提交使用接口获取数据或者实现相关功能的申请，信息化管理部门对用户提交的申请进行审核，审核通过后分配相关的账号和权限。

（2）应用系统接入管理。系统管理员在此模块可以对要使用数据中心接口的其他应用系统进行添加、修改和删除的操作，可以对其他业务系统的接入进行管理，包括系统业务系统的名称、所在服务器地址等信息。

（3）接口管理。系统管理员在此模块可以对系统中实现的接口信息添加、修改和删除和更新的操作，从而满足不断发展的信息化系统建设需求。

（4）接口定义管理。帮助管理员通过标准的定义工具来定义和维护接口。通过接口定义管理有效提高了接口层的灵活性。

（5）缓存区管理。发送缓冲区在用户数据业务量较大的情况下，对用户提交数据进行缓冲，暂存用户数据消息，按用户消息优先级顺序提交给接口层。接收缓冲区获取有关接口处理结果，对不同业务数据按照频率及可缓冲情况进行数据缓冲，以加快查询类接口处理速度。

（6）接口安全管理。为了保证系统的安全运行，各种接口方式都应该保证其接入的安全性。接口的安全是系统安全的一个重要组成部分。保证接口的自身安全，通过接口实现技术上的安全控制，做到对安全事件的"可知、可控、可预测"，是实现系统安全的一个重要基础。

（7）接口的日志管理。统一接口平台对其他业务系统调用的信息进行统一的记录，系统管理员可以全面了解到接口的调用和使用情况。通过统一平台的技术架构和相关功能，可以完成各个系统调用数据的统一记录，方便管理员进行日常业务跟踪，数据使用情况查询，统计报表等。

6.3.3 数字签章系统

数字签章系统是由数字证书认证系统（如公安 PKI/CA 系统）、电子印章管理系统、电子签名认证系统和客户端电子签章软件构成的。数字证书认证系统可以直接采用公安已经建成的 PKI /CA 系统。为了有效地提高学校日常工作的效率，让校内的师生在盖章、签字环节能实现信息化、数字化和在线化，学校需要建设数字签章管理系统，从而为校内的其他有需求的业务系统提供数字签章服务。

1. 数字签章的业务流程

数字签章的业务流程是接入数字签章的业务系统发送请求给签章服务端，并将要签章的文件和要加盖的签章模版发送给签章服务器，服务端把相应的证书和签章加盖到文件上，在把签章后的文件返回给业务系统。同时，在数据库中也保存本次签章的所有日志信息。

2. 数字签章系统的功能

高校的数字签章管理系统需要实现如下几大功能模块，主要包括电子印章申请、印章申请审批、印章印模管理维护、印章授权管理。

（1）电子印章申请。使用单位通过授权人员可以登录电子印章制作系统填写电子印章申请单，填写申请单时应该区分申请的是电子公章还是个人名章或者个人签名，对于不同的电子印章形式，需要填写的内容会有所区别。

（2）印章申请审批。印章管理部门在收到申请后，根据业务需求决定是否同意使用电子印章，如果同意申请，则进入下一个制章环节。如果不同意申请，则退回申请。

（3）印章印模管理维护。在申请人提交申请的同时，会上传一个经过图片处理软件处理的实物印章印模或者个人签名图片，申请通过后，该图片自动导入印章印模库，并且要导入时间作为印模生效的起始时间，而印模有效期自动设为无限期。印章管理人员可以对各个印章印模进行停用、销毁和查询等管理，对于已经停用或者销毁的印模，在制作电子印章时不可以再使用。对于印章名称相同，但是印鉴不同的印章，应该保持多个印鉴印模，但是同时有效的只可以有一个。系统应该采用固定对称密钥对印章印模图片进行加密，只有在本系统内才可以解密获得明文印章图片信息。

（4）印章授权管理。电子印章制作完成后，还需要对电子印章的使用进行授权，以满足网络版电子签章时对签名者的身份进行认证。个人签名章在制章时自动授权给本人，单位章或者部门章则需要根据实际情况进行授权，如果单位章由单独的 U 盾管理，而不是由个人 USBKEY 管理，那么可以自动授权给部门印章使用者角色的人，如果由个人 USBKEY 管理单位或部门章，则自动授权给该 USBKEY 的所有人。授权分为两方面：一方面是电子印章的管理使用权限；另一方面是要赋予某一个电子印章可以具备哪些功能，比如在 MS Office 中进行签章、在 Web 网页中签章、登录时的身份认证等功能，一个印章卡可以同时具备以上功能中某一个或者某几项功能。

6.3.4 数字校园平台

高校的数字化校园平台也称 OA 管理平台，是一个综合性的管理平台，是一个融合工作流程管理、业务资源管理、公文管理、信息门户、行政办公、移动应用等多种平台功能，通过先进的信息化技术构建网络化办公环境，从而加强信息共享、提高工作效率。使学校的各个学院、机关等部门各项业务工作处理实现完全的网络化和无纸化，实现充分利用信息资源、提高工作效率和质量、规范办公管理。

1. 建设思路

数字化校园平台系统应能够方便协同工作，保障办公管理向规范化、信息化、和谐化发展，注重知识管理的实际应用，融合协同作业、实时通信、信息发布、资源管理、行政办公、业务流程、信息集成于一体，为管理决策层提供各种决策参考数据，为学校的工作人员提供良好的办公手段和沟通协作平台，提高办公效率。❶ 通过数字化校园平台系统的建设，构建开放性好、兼容性强的协同管理应用支撑平台，并在此统一平台之上部署办公自动化信息门户、电子化流程管理平台、公文管理平台、知识管理平台、业务整合平台、移动应用平台。

总体上，需要充分考虑未来发展需要，统一规划、分步实施、逐步扩展，保证系统完整性，做到统一标准、统一交换、统一管理、统一认证、互联互通和资源共享。要求平台不仅能支撑目前的应用软件系统，还要能支持以后各种可能的应用软件系统的接入。

2. 系统功能要求

为了提高高校的信息化水平，满足日益扩大的学校日常办公需求，应该采用最新技术开发的系统底层支撑平台，在此基础之上搭建 OA 办公系统。系统的业务功能需要包括我的工作空间、公文管理、会议室管理、党委常委会管理、校长办公会管理、领导日程管理维护、规章制度管理等功能。

（1）我的工作空间。我的工作空间是 OA 办公系统的重要模块，提供系统内所有需要处理的待办件的集合，用户可以在同一个地方集中处理自己的待办事项。当接收到一个新任务或尚未办理完成时，都会自动显示在列表中，当任务办理完毕后自动消失。可查询已经处理过的事项的历史记录等。

（2）公文管理。公文管理是 OA 办公系统的重要模块，提供包括发文管理、收文管理、签报管理在内的三个模块，满足办公室、各院系公文收发办理的需求。学校发文实现了学校内部各接入部门的公文起草、审核、审批、签发、成文编号、打印及归档管理全过程的管理，可随时对流程进行跟踪，可通过日志记录查阅到公文及校内请示的审批过程。用户处理完公文待办件后，系统自动实名制更新用户所在部门、姓名、意见、办理日期等信息，根据用户角色可对审批意见进行升序、降序等排序。用户可以实时监控发文的办理节点信息、办理状态及完成百分比，掌握和控制公文办理进度。支持传阅功能，部门负责人和办公室可将最终版发文传阅给系

---

❶ 任友理. 基于大数据时代高校数字化校园建设研究 [J]. 电脑迷，2018（11）：152.

统中的其他人员，并可对传阅人员进行监控，查看阅读情况。收文管理实现了学校各接入部门的用户对接收到的公文进行登记、审核、分发、拟办、批办、承办、催办、办结归档等全过程的管理。文件可通过系统传阅给相关人员查看，系统记录传阅部门、传阅人、接收部门、接收人、传阅标题、接收时间、查看时间等信息。签报管理完成学校内部各接入部门的日常工作中各种请示报告的拟稿、审核、会签、审批、转发、办理等全过程的管理。签报后的文件可转至 OA 办公系统其他模块，作为支撑材料。

（3）会议室管理。会议室管理提供会议室信息维护、会议室订阅情况公示、会议室使用申请及审批、会议通知、上会反馈及会议室使用情况统计等方面的功能，并对会议室冲突进行检测，满足会议室管理的需求。

（4）党委常委会管理。党委常委会管理涵盖议题提交、审核，议题汇总、审核，会议纪要整理、审核，会议纪要批复等全过程管理，包括议题征集、议题汇总、会议纪要等。党委常委会管理将严格按照党委常委会的议事规则，对议题征集和会议纪要进行的规范要求。议题征集包括议题内容，预计上会时长、汇报人、列席人、议题材料等信息，在征集议题的同时提交与会材料，校领导在审批议题会有更清晰的认识，其他校领导也可在会前对相应的议题有初步的了解并做相应的准备。会前通过议题汇总整理上会议题，领导审批通过后发布上会通知，确认列席人员。会后整理会议纪要，由主任、书记审批后生成最终版会议纪要。

（5）校长办公会管理。校长办公会管理涵盖议题提交、审核，议题汇总、审核，会议纪要整理、审核，会议纪要批复等全过程管理，包括议题征集、议题汇总、会议纪要等。校长办公会将严格按照校长办公会的议事规则，对议题征集和会议纪要进行的规范要求。议题征集包括议题内容，预计上会时长、汇报人、列席人、议题材料等信息，在征集议题的同时提交与会材料，校领导在审批议题会有更清晰的认识，其他校领导也可在会前对相应的议题有初步的了解并做相应的准备。会前通过议题汇总整理上会议题，领导审批通过后发布上会通知，确认列席人员。会后整理会议纪要，由主任、校长审批后生成最终版会议纪要。

（6）领导日程管理维护。领导日程可维护校领导每周工作安排，方便校领导查看最新一周全校领导的工作安排情况。日程数据由学校党政办公室老师统一维护，支持批量维护，维护老师可将同一会议或活动同时维护多位校领导，校领导本人也可随时维护自己的日程。

（7）规章制度管理。规章制度模块可统一维护学校各单位发布的规章制度，支持多种管理方式，可设置规章制度管理员，管理全校的规章制度，包括对规章制度的增、删、改等功能。规章制度可由学校规章制度管理员统一维护，也可为各单位单独设置单位规章制度管理员，维护本单位下规章制度文件。规章制度管理可通过文件夹的形式管理，对文件夹设置管理权限，包括：维护和查看两种权限。校级规章制度管理员可为学校各单位设置文件夹，由本单位规章制度管理员维护。文件夹下可新建知识卡片，规章制度以知识卡片的形式新增或调整。规章制度文件应该支持Word、Excel、PDF、JPG、Gif 等多种类型的附件上传，系统可对附件大小进行控制，文档可借阅。另外，系统支持对规章制度的灵活查询，并支持全文检索功能。

6.4 人事管理信息化

高校是知识高度密集型的组织，人才是高校事业发展的核心竞争力。人才历来是稀缺的资源，随着国内教育改革和社会发展的步伐，高校之间的人才竞争、高校与社会之间的人才竞争，都在日益加剧。如何打造良好的人才环境，如何引进、培养、任用和激励优秀人才，都是当前高校领导人和管理人员必须认真思考的问题。然而，国内高校的人力资源管理现状却不容乐观。人才引进渠道不畅，用人制度和收入分配体系僵化，人才考评与激励方式落后。[1]大部分高校还没有从传统人事管理转变到现代的人力资源管理。目前，虽然也有很多高校非常重视人才环境的建设，高校的人事改革也一直在酝酿和尝试，但真正有所突破的高校却不多。原因是多方面的，行政体制的约束、传统观念的束缚、管理弊端的惯性等。

---

[1] 韩彦铎. 高校人事管理与信息化建设 [J]. 人力资源管理理，2011（4）：123-125.

在高校人事改革的过程中，人事管理信息化的作用一直是被忽视或低估的，一个管理系统普遍被认为仅仅只是管理人员为了工作方便，记录数据，减少工作量而已。其实，信息化是将先进的管理理念渗透到日常管理工作中的必要途径，人事管理信息化是提升高校人力资源管理与服务能力的有效途径。高校人力资源管理，既具有普遍的政策性要求又具有具体学校的个性化特点，而且高校人力资源管理的政策、制度等事实上处于不断变革的过程。传统的高校人事系统建设模式，僵化、不具备扩张性和前瞻性，导致系统不能根据高校人事管理的变革而变化，导致学校改造升级代价巨大甚至系统根本不具备可扩展行，没有升级的可能。

6.4.1　人事管理系统的建设目标

高校人事管理系统的建设，重点在于规划以及需求的理解与分析，一方面，系统的建设能够满足教职工服务目标、业务功能处理目标、部门管理目标和学校战略目标等多层次目标。以整体规划、分步实施、持续优化的项目实施策略，与用户做到相互理解。另一方面，需要组成结构与能力合理的项目组成员，保证项目实施的技术力量。

1. 基本的业务架构

高校人力资源管理系统是面向全校的人力资源管理与服务平台。系统的建设过程同时也是建立人事信息标准、梳理和优化人事管理业务的过程。系统将人事处的日常管理业务流程化和规范化❶，并以服务为导向，逐步向教职工、二级单位、相关职能部门和校领导提供服务。

高校人力资源管理系统是以组织机构、人事管理、师资培养、薪酬福利、岗位聘任和绩效考核等核心业务系统为基础，其基本的业务架构如图 6-4 所示。

---

❶　高金勇，基于 Web 的高校人事信息管理系统的设计与构建 [J]. 珪谷，2014（21）：17-19；斩龙，解建军. 基于 J2EE 的高校人事管理信息系统 [J]. 电脑开发与应用，2014（12）:43.

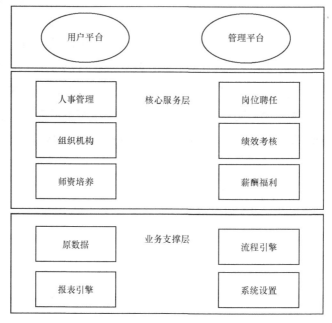

图 6-4 人事系统业务架构图

2. 系统的建设目标

（1）可共享的全校教职工信息库。建立教职工信息标准和规范，构建全校教职工信息库，包括在职人员（包括事业编制和非事业编制人员）、离退休人员和离校人员。通过教职工信息库，可了解到教职工的当前状况，又可追溯信息的历史过程。教职工信息可向全校共享，并可灵活授权给各级部门，既保证数据的开放性，又保障数据的安全性。

（2）完善的人事管理系统架构。高校人事管理系统以组织机构、人员管理、师资培养、薪酬福利、人力资源规划、人才招聘、岗位聘任和绩效考核等八大核心业务系统为基础，整合财务、科研、教学等业务系统的数据和流程，面向全校教职工、校领导、二级单位和相关职能部门服务的架构体系。

（3）实现流程化的业务管理。人事管理部门的日常管理工作包括人事调配、工资发放、年度考核、岗位聘任等，均可灵活设置业务流程，并开放给教职工、二级单位和职能部门协同完成，实现流程化办公。

（4）面向教职工的自助服务。教职工可登录系统，查看个人资料，了解学校人事政策，在线填报和打印各类申请表格，并可通过系统跟踪自己提交的业务申请的办理进度。

（5）面向学院的二级管理服务。人事管理系统应当为各学院提供二级管理功能。各学院进入系统，可查看学院的教职工信息，可在线审核教职工提交的业务申请。学院还可通过系统和人事处协同办公，在线完成人事调配、年度考核、绩效工资发放等工作。

（6）面向领导的决策支持服务。系统可为校领导和人事处领导提供决策支持服务。领导进入系统，可查询全校教职工信息，查看各类统计分析报表，实时了解学校人力资源的状况和发展趋势。

（7）数据集成和业务整合。人力资源管理系统作为学校整体信息化的一部分，可以和学校数字化校园的门户平台和公共数据中心进行集成整合，实现统一身份认证和数据交换。

6.4.2 人事管理系统的集成要求

为了保证人事管理系统与数字校园中其他信息管理平台系统的整合与兼容，避免出现数字信息孤岛，在人事系统的建设过程中将按照学校的实际要求完成各项系统集成任务。人事管理系统的集成任务主要包括但不限于统一身份认证、公共数据交换与同步、门户集成。一般必须要求实现单点登录、统一身份认证功能，提供实现人员、机构的数据集成和同步所需的系统接口和数据库视图，提供数字化校园建设中所需要的各类接口和数据库视图。

1. 系统接口设计原则

人事管理系统的接口需要符合以下设计的原则。

（1）开放和封闭原则。软件实体（类、模块、函数等）是可以扩展的，但是不可修改。对于扩展是开放的，对于更改是封闭的。关键是抽象将一个功能的通用部分和实现细节部分清晰地分离开来。❶

（2）依赖倒置原则。抽象不应该依赖于细节，细节依赖于抽象。程序中所有的依赖关系都终止于抽象类和接口。针对接口而非实现编程，任何

---

❶ 梁晨. 有关高校人事管理系统的开发分析 [J]. 电子世界，2014（12）：418.

变量都不持有一个指向具体类的指针或引用。任何类都不应该从具体类派生，任何方法都不应该覆写他的任何基类中的已经实现了的方法。❶

（3）接口隔离原则。不强迫客户依赖于它们不用的方法。接口属于客户，不属于它所在的类层次结构。多个面向特定用户的接口胜于一个通用接口。

（4）共同封闭原则。包（类库、DLL）中的所有类对于同一类性质的变化应该是共同封闭的。一个变化若对一个包产生影响，则将对该包的所有类产生影响，而对于其他的包不造成任何影响。

（5）共同重用原则：一个包（类库、DLL）中的所有类应该是共同重用的。如果重用了包（类库、DLL）中的一个类，那么就要重用包（类库、DLL）中的所有类。相互之间没有紧密联系的类不应该在同一个包（类库、DLL）中。

（6）无环依赖原则。在包的依赖关系图中不允许存在环。

（7）稳定依赖原则。朝着稳定的方向进行依赖。应该把封装系统高层设计的软件（比如抽象类）放进稳定的包中，不稳定的包中应该只包含那些很可能会改变的软件。

（8）稳定抽象原则。包的抽象程度应该和其稳定程度一致；一个稳定的包应该也是抽象的，一个不稳定的包应该是抽象的。

2. 统一身份认证

以用户服务和认证服务为基础的统一用户管理、授权管理和身份认证体系，统一存储组织信息、用户信息，进行分级授权和集中身份认证，规范应用系统的用户认证方式，提高应用系统的安全性和用户使用的方便性，实现全部应用的单点登录，即用户经统一应用门户登录后，从一个功能进入到另一个功能时，系统平台依据用户的角色与权限，完成对用户的一次性身份认证，提供该用户相应的活动"场所"、信息资源和基于其权限的功能模块和工具。

3. 数据的交互和同步

数据交互与同步是指人事管理系统与数字化校园平台的公共数据平台实现数据同步，一方面，人事管理系统需要从公共数字平台中读取机构和

---

❶ 王彤. 高校人事管理系统的开发及研究 [J]. 湖北成人教育学院学报，2012（3）：29-30.

人员基本信息；另一方面，人事管理系统需向公共数字平台开发教职工基本信息、岗位信息、职称信息和职务信息等业务数据视图，以便于公共数据平台从系统中读取人事业务数据。

（1）以开放数据视图方式实现的数据定时同步。首先，数字化校园系统及人事管理系统按数据需求对应数据信息字典。其次，人事管理系统提供相应的数据库连接方式，在业务数据库中为共享数据平台建立数据库的只读用户，并建立相应只读性质的数据库表、视图（此表、视图对共享数据平台来说是只读的，在权限控制上有一定的保证）。当人事管理系统需要向共享数据平台中提供共享数据时，人事管理系统将共享数据信息写入到数据库表、视图中。再次，共享数据平台访问人事管理系统数据库表、视图获取人事数据，经校验无误后导入共享数据平台的正式业务数据库中。由共享数据平台提供服务接口，供人事管理系统定时抽取自身系统需要的业务数据。最后，人事共享数据进入共享数据平台后，其业务数据的管理仍在业务系统中，保持其原有的数据管理方式不变，其他部门通过共享数据平台提供的数据服务获取人事管理系统共享的数。而进入到共享数据平台中的人事数据，作为其他业务系统共享使用人事数据的基础，同时对外提供基于人事数据信息的查询服务，查询权限由人事处管理员通过共享数据平台进行分配。

（2）以 Web Services 方式实现的数据定时同步。首先，人事管理系统按数据要求准备相应数据信息字典，并按照数字化校园接口技术说明中的规范提供接口，一般可通过 Web Services 实现。其次，共享数据平台通过人事管理系统提供的服务接口获得人事共享数据信息。然后，由共享数据平台提供服务接口，供人事管理系统定时抽取自身系统需要的业务数据。进入到共享数据平台中的人事数据，其业务数据的管理仍在业务系统中，保持其原有的数据管理方式不变，其他部门通过共享数据平台提供的数据服务获取人事数据；进入到共享数据平台中的人事数据，作为其他业务系统共享使用人事信息的基础，同时对外提供基于人事信息的查询服务，查询权限由人事处管理员通过共享数据平台进行分配。

（3）以数据导出、导入方式实现的数据定时同步。这种方式是将人事数据将采用手工的形式进行数据导入。首先，按照数据结构要求，人事处对需要提供给共享数据平台的共享数据信息进行整理，提交给数字化校园管理人员，相关信息格式及内容需要整理。然后，利用数字化校园共享数据平台 ETL 工具或数据库工具将数据导入到共享数据平台中。进入共享数据平台中的人事数据，其业务数据的管理仍在业务系统中，保持其原有的数据管理方式不变，其他部门通过共享数据平台提供的数据服务获取人事共享数据；进入共享数据平台中的人事数据，作为其他业务系统共享使用人事信息的基础，同时对外提供基于人事信息的查询服务，查询权限由人事处管理员通过共享数据平台进行分配。

4. 系统对 LDAP 的支持

LDAP 是指 Lightweight Directory Access Protocol。它是基于 X.500 标准的，但是简单多了并且可以根据需要定制。与 X.500 不同，LDAP 支持 TCP/IP，这对访问因特网是必需的。LDAP 的核心规范在 RFC 中都有定义，所有与 LDAP 相关的 RFC 都可以在 LDAPman RFC 网页中找到。现在 LDAP 技术不仅发展得很快而且也是激动人心的。在企业范围内实现 LDAP 可以让运行在几乎所有计算机平台上的所有的应用程序从 LDAP 目录中获取信息。LDAP 目录中可以存储各种类型的数据：电子邮件地址、邮件路由信息、人力资源数据、公用密匙、联系人列表等。通过把 LDAP 目录作为系统集成中的一个重要环节，可以简化员工在企业内部查询信息的步骤，甚至连主要的数据源都可以放在任何其他地方。

6.4.3 人事管理系统的安全方案

人事管理系统是面向全校教职工和各级单位开放，并提供人力资源业务办理和信息化服务的综合管理平台，也是学校整体智慧校园平台的重要组成部分。保障系统运行及数据的安全，是系统成功应用的关键前提和必须条件。系统安全保障方案包括物理安全、网络安全、服务器安全、应用系统安全、系统数据安全等。

1. 安全设计原则

（1）综合性、整体性原则。应用系统工程的观点、方法，分析网络的安全及具体措施。安全措施主要包括行政法律手段、各种管理制度（人员审查、工作流程、维护保障制度等）以及专业措施（识别技术、存取控制、密码、低辐射、容错、防病毒、采用高安全产品等）。一项较好的安全措施往往是多种方法适当综合的应用结果。❶一个计算机网络，包括个人、设备、软件、数据等。这些环节在网络中的地位和影响作用，也只有从系统综合整体的角度去看待、分析，才能取得有效、可行的措施。计算机网络安全应遵循整体安全性原则，根据规定的安全策略制定出合理的网络安全体系结构。

（2）需求、风险、代价平衡的原则。对任一网络，绝对安全难以达到，也不一定是必要的。对一个网络进行实际的研究（包括任务、性能、结构、可靠性、可维护性等），并对网络面临的威胁及可能承担的风险进行定性与定量相结合的分析，然后制定规范和措施，确定本系统的安全策略。

（3）一致性原则。一致性原则主要是指网络安全问题应与整个网络的工作周期（或生命周期）同时存在，制定的安全体系结构必须与网络的安全需求相一致。安全的网络系统设计（包括初步或详细设计）及实施计划、网络验证、验收、运行等，都要有安全的内容光焕发及措施，实际上，在网络建设的开始就考虑网络安全对策，比在网络建设好后再考虑安全措施，不但容易，且花费也小得多。

（4）易操作性原则。安全措施需要人为去完成，如果措施过于复杂，对人的要求过高，本身就降低了安全性。其次，措施的采用不能影响系统的正常运行。

（5）多重保护原则。任何安全措施都不是绝对安全的，都可能被攻破。但是建立一个多重保护系统，各层保护相互补充，当一层保护被攻破时，其他层保护仍可保护信息的安全。

（6）可评价性原则。如何预先评价一个安全设计并验证其网络的安全性，这需要通过国家有关网络信息安全测评认证机构的评估来实现。

2. 物理安全

保证人力资源管理系统各种设备的物理安全是保障整个网络系统安全的前提。物理安全是保护计算机网络设备、设施以及其他媒体免遭地震、水灾、火灾等环境事故以及人为操作失误或错误及各种计算机犯罪行为导致的破坏过程。它主要包括以下三个方面。

❶ 谢秋丽.基于智慧校园的人事管理系统设计[J].电脑与电信，2014，4.

（1）环境安全。环境安全是指对系统所在环境的安全保护，如区域保护和灾难保护。

（2）设备安全。设备安全主要包括设备的防盗、防毁、防电磁信息辐射泄漏、防止线路截获、抗电磁干扰及电源保护等；设备冗余备份；通过严格管理及提高管理人员的整体安全意识来实现。

（3）媒体安全。媒体安全包括媒体数据的安全及媒体本身的安全。

3. 网络安全

人事管理系统既要满足校内用户访问的需要，在人才招聘、同行专家评审等业务中还需开通外网访问。所以在网络安全设计时要充分考虑来自校外和校内的各类攻击风险。网络安全保障方案包括网络架构设计、防火墙、病毒防范、入侵检测、漏洞扫描、VPN 加密等几个方面。

（1）网络防火墙。防火墙是实现网络信息安全的最基本设施，采用包过滤或代理技术使数据有选择的通过，有效监控内部网和外部网之间的任何活动，防止恶意或非法访问，保证内部网络的安全。从网络安全角度上讲，它们属于不同的网络安全域。根据提供信息查询等服务的要求，为了控制对关键服务器的授权访问，应把服务器集中起来划分为一个专门的服务器子网（VLAN），设置防火墙策略来保护对它们的访问。

（2）入侵检测是指对网络进行监测，提供对网络攻击的实时保护，是防火墙的合理补充。入侵检测主要包括网络入侵检测、系统完整性检测。其中，网络入侵检测系统，主要用于检测黑客或者爬虫程序通过网络进行的入侵行为。NIDS 的运行方式有两种，一种是在目标主机上运行以监测其本身的通信信息，另一种是在一台单独的机器上运行以监测所有网络设备的通信信息，比如 hub、路由器。系统完整性检测，主要用于监视系统文件或者 Windows 注册表等重要信息是否被修改，以堵上攻击者日后来访的后门。系统完整性检测更多的是以工具软件的形式出现，比如著名的 "Tripwire"，它可以检测到重要系统组件的变换情况，但并不产生实时的报警信息。

（3）校外 VPN 加密访问。基于公共网的 VPN 通过隧道技术、数据加密技术以及 QoS 机制，使学校的远程用户可以在安全的前提下迅速接入校园网，以实现对内部网的相关操作。远程用户使用 VPN 技术连接入校内网络，就像学校内部网用户使用一样，安全性大大提高，同时使得学校能够降低成本、提高效率、增强安全性。

4. 服务器安全

人事管理系统所需的服务器安全主要包括服务器病毒检测、服务器漏洞扫描、服务器防火墙设置以及服务器账号安全等。

（1）服务器病毒检测。安装并及时升级杀毒软件，避免病毒入侵。在内网和外网中分别设置网络防病毒软件控制中心，安装网络版的防病毒控制台，在服务器系统和网络内的主机均安装防病毒软件的客户端。管理员负责每天检查有没有新的病毒库更新，并对防病毒服务器上的防病毒软件进行及时更新。然后再由防病毒服务器将最新的病毒库文件下发到各联网的机器上，实现全网统一、及时的防病毒软件更新，防止因为少数内部用户的疏忽，感染病毒，导致病毒在全网的传播。

（2）服务器漏洞扫描。通过专业的系统漏洞扫描工具，定期对服务器进行漏洞扫描，对扫描结果中暴露的服务器安全漏洞及时处理，打好相关补丁程序。

（3）服务器防火墙设置。启用服务器防火墙，关闭与应用无关的端口。

（4）服务器账号安全。对服务器账号及密码进行严格管理，密码规则要尽量复杂并定期更换（要求三个月更换一次）。

5. 应用系统安全

应用系统安全是指人事管理系统本身的安全保障措施，主要包括身份认证、用户权限控制、日志监控等几个方面。

（1）身份认证。系统身份认证是指通过账号及密码进入系统的过程。身份认证有两种方式，一种是通过学校统一的身份认证平台，用户访问系统时，自动跳转到学校统一的身份认证页面，认证通过后再跳转到系统登录后的首页面。如果走统一身份认证平台，人力资源管理系统只要和身份认证平台做好集成对接即可，安全保障方面则由统一身份认证平台负责；另一种方式就是人力资源管理系统本身的身份认证功能，需对账号和密码信息进行加密处理，密码信息一般采用 MD5 加密算法。

（2）用户权限控制。用户登录系统后，对系统的任何操作和信息查看等功能，都必须进行严格的权限控制。权限控制可以精确到数据库表的行级和字段级，并提供方便快捷的权限设置、分配和管理功能。

（3）日志监控。日志监控是系统对用户行为的记录和管理，一般包括登录日志和操作日志两种。登录日志记录了用户登录和退出系统的时间、用户名、IP 地址等信息，操作日志详细记录了用户在系统中所进行的各类操作行为，以及操作所引起的数据变化记录。日志监控信息可以实时查看和统计，对一些关键操作可设置日志回滚功能。

6. 系统数据安全

人事管理系统中有全校的教职工信息，是教职工信息的唯一权威来源，且系统中有教职工的家庭成员、健康情况、奖惩情况、薪酬情况、联系方式等敏感信息。所以如何保障人力资源管理系统的数据安全是至关重要的。数据安全需从数据存储、双机容错、数据备份等几个方面加强管理。

（1）数据存储。为保障数据存储安全，需提供有容错能力的磁盘阵列（RAID）。RAID 就是一种由多块廉价磁盘构成的冗余阵列，在操作系统下是作为一个独立的大型存储设备出现。RAID 可以充分发挥出多块硬盘的优势，可以提升硬盘速度，增大容量，提供容错功能够确保数据安全性，易于管理的优点，在任何一块硬盘出现问题的情况下都可以继续工作，不会受到损坏硬盘的影响。

（2）双机容错。双机容错目的在于保证数据永不丢失和系统永不停机（Non-stop）。双机容错系统通过软硬件的紧密配合，将两台独立服务器在网络中表现为单一的系统，提供给客户一套具有单点故障容错能力，且性价比优越的用户应用系统运行平台。

（3）数据库备份。比如基于 Oracle 数据库本身的多级备份功能，可为人事管理系统制定一套合理有效的备份恢复策略，具体是每个月做一个数据库的全备份（包括所有的数据和只读表空间），每周做一次零级备份（不包含只读表空间），每周做两次一级备份，每两天做一次二级备份。按照以上备份这种策略，不仅仅可以保障数据的安全，同时也会大大地缩短对数据的恢复时间。

6.5　资产管理信息化

高校资产管理是高校管理工作中的重要环节，随着国家对高校建设的投入和高校自身的发展需要，高校固定资产规模急剧增长。高校资产管理面临着资产量大、资产类别多、牵涉面广、资产财务核算困难等客观问题，特别是部分大型仪器设备、进口设备、实验室仪器设备的使用监管要求高，但实际使用效率低、绩效考核难等问题不断显现，传统的资产管理模式已经不能满足当前的需求。将信息技术引入高校资产管理工作中是当前做好资产管理，解决相关问题的有效措施，特别是在大数据技术日新月异发展的今天，资产管理信息化是必然的选择。

6.5.1 资产管理系统建设目标

1. 资产管理现状

当前，随着高校教学、科研工作的快速发展，每年采购仪器设备的数量和金额快速增长，资产构成也越来越复杂，管理难度不断加大，目前高校采购管理、实验室管理、大型仪器设备共享、房产管理等工作仍依托纸质文档、电子表格、邮件、电话等方式进行传统作业。信息安全难以保障，数据统计难度大。与此同时，采购管理、资产管理、实验室管理、大型仪器设备共享、房产管理之间相互独立，形成了众多的"信息孤岛"，各种有用的数据信息都分散在不同的业务系统或纸质文档中，公共数据不统一、更新不及时，不便于数据综合、不便于集中分析、不便于领导决策。资产管理人员无法精确和及时跟踪设备资产移动和送修的整个历史信息，无法全面进行设备的故障记录和分析；无法对设备维护工作进行细致的成本记录和分析；闲置设备无法在不同的部门之间进行合理调剂；待处置资产缺乏公示和再利用机制；处置业务无法实现与主管部门无缝对接。

2. 系统建设目标

高校资产管理系统的建设，需要整合设备采购、房产管理、设备资产和实验室等管理业务为一体，通过建立数据标准，打破信息壁垒，实现业务数据互联互通。实现智能化资产管理平台，建立和完善资产管理绩效评价体系，将数据价值转化为决策价值，实现资产管理模式由数据管理模型到精准治理的全面升级。

（1）采购系统。通过采购系统的建设，实现采购申报、采购过程透明化，合同管理、归档电子化。

（2）资产系统。通过资产系统的建设，实现不仅满足验收入账、内部使用、资产盘点、处置等内控业务管理，同时满足教育部、财政部业务及报表数据无缝对接，满足主管部门、财政的监管要求；同时结合自助打印终端，真正实现"数据多跑路，老师少跑腿"的服务理念。

（3）房产系统。通过房产系统的建设，实现公房、住房及周转房、经营性用房的信息维护、使用、修缮等管理，将资产管理、房屋管理等内容融为一体，打破数据壁垒，实现房屋能耗的智慧化管理。

（4）实验室管理系统。通过实验室管理系统的建立，对实验室智能教学管理、开放预约管理、安全管理、实验室安全培训与考试及实验室耗材管理进行统一规划和整合集成，更好地为广大师生的教学、科研及社会提供服务。

（5）仪器设备共享系统。通过大型仪器设备开放共享系统的建立，同时结合门禁及视频监控等，实现大型仪器设备资源的实时化、共享化，从而提高设备利用率。

6.5.2 资产管理系统的功能设计与应用价值

1. 系统的功能设计

高校资产管理系统的建设，需要实现资产的验收入账、固定资产三级管理、固定资产内部使用管理、资产盘点管理、外部使用管理、资产处置管理、资产和财务系统数据对接、教育部与财政部资产统计报表等功能。

（1）验收入账。资产采购系统中完成合同验收，验收通过后系统自动将验收单推送到资产系统，院级资产管理员可以根据验收单进行报增，提交相关部门审核进行资产入账；资产入账完成后，自动推送到财务部门进行财务入账。

（2）固定资产三级管理。固定资产实现"学校""学院""使用人"的三级管理。各学院、部门、使用人负责资产数据录入，提交资产管理业务申请，数据调整等基础性工作，校级资产管理部门负责审核、审批各学院、使用人通过网络提交的各类业务申请，汇总资产数据，充分发挥校级资产管理部门对各学院资产的监管职能。

（3）固定资产内部使用管理。高校固定资产内部使用管理包括固定资产折旧、无形资产摊销、固定资产信息调整、资产维修维护、资产领用、固定资产转账、资产交回、资产调拨调剂等功能，解决高校内部资产管理需要。

（4）资产盘点管理。由于高校资产量大，资产业务量高，资产管理部门应定期组织资产清查盘点工作，系统应支持条码强制动盘点和手工盘点等方式，支持分部门、分人员盘点。能够根据盘点结果自动生成相应的盘点分析报告。

（5）外部使用管理。资产使用管理包括资产出租、出借、资产对外投资等业务，各部门提交资产使用申请单后，经学校资产管理部门审批，完成校内资产使用申报程序。校级资产管理部门汇总各部门学院的校内资产使用申请单通过系统上报主管部门和财政部门审批，实现高校内部资产管理信息系统与主管部门、财政部门资产管理系统无缝对接。

（6）资产处置管理。资产处置管理业务包括资产报废报损、资产出售、转让等业务，各部门提交资产处置申请单后，经学校资产管理部门审批，完成校内资产处置程序。校级资产管理部门汇总各部门学院的校内处置申请单通过系统上报主管部门和财政部门审批，实现高校内部资产管理信息系统与主管部门、财政部门资产管理系统无缝对接。

（7）资产和财务系统数据对接。固定资产入账后，相关信息通过数据接口推送到财务系统，财务部门依据固定资产入账信息进行财务入账和报销。实现资产管理系统与财务系统数据无缝对接，解决资产管理账与报账不符问题。

（8）教育部与财政部资产统计报表。教育部报表和财政部资产统计报表是高校资产管理年度例行工作。为了能够满足不同主管部门的监管统计要求，高校资产管理系统需要实现两套报表数据一个系统出，生成一套基础数据，从而大大提高资产管理人员的工作效率。

2. 系统的应用价值

随着政府会计制度的实施和高校资产管理系统的建设，首先，不仅仅是满足了学校日常资产管理的需求，从法律制度上也确保实现与《政府会计制度》的全方位对接。其次，资产管理系统也提供数据治理的一种途径，提升了数据的质量。最后，完善的资产管理系统可以实现全面的、全生命周期的资产管理。

（1）满足制度要求。建设完善的资产系统功能，实现与《政府会计制度》的全方位对接。《政府会计制度》将从 2019 年 1 月 1 日起正式实施，按照政府会计制度要求，各单位开始正式计提折旧工作。为确保资产折旧相关工作顺利进行，需结合资产使用年限标准，在系统中完成资产历史数据的折旧初始化工作。

（2）数据治理。资产数据存在多种数据不实的问题，严重影响国有资产报告数据的准确性，因此资产系统应提供数据治理功能，开展资产数据的治理工作迫在眉睫，通过数据治理功能对历史数据体检，分析出错误原因并给出解决措施，全面解决因业务操作不规范、业务标准不统一、数据录入差错、历史数据问题等原因造成的数据质量不高的问题。

（3）全生命周期的资产管理。根据高校自身的特点，建设适合高校资产日常管理、网络化的资产管理系统平台，可以满足高校不同应用层次资产业务管理需求，规范资产管理工作流程，系统将固定资产、低值耐耗品、低值易耗品、无形资产等实物和非实物资产都纳入管理的范畴中来，提供全面的业务处理功能，实现资产的全生命周期管理。

6.6 教务管理信息化

高校教务管理是学校日常管理的主要工作，是影响学校正常运作的重要内容，教务管理信息化建设是提高教务管理的必经之路。教务管理的工作效率直接影响高校教学管理水平的高低，在学校管理中起着非常重要的作用。高校教务管理系统是集中管理教师信息、学生信息和课程信息的桥梁作用，维持日常教学工作正常运转的核心。随着各大高校办学规模的扩大、办学层次提升以及办学方式的多样化，教务管理系统固化的管理模式变得越来越难以适应教学的改革，导致管理人员在日常的使用中容易产生一些问题，非常不利于教学工作的正常进行。因此，更多元化的、系统化的、标准化的、整体化的教务管理系统，不仅可以快速便捷地处理好学校日常的教学管理工作，更重要的是可以提供优质的管理服务，从而可以大大提高学校教学管理的效率，满足师生的日常学习和教学活动需求。❶

---

❶ 李洋. 大数据时代高校教务管理变革研究 [J]. 课程教育研究，2019（9）.

6.6.1 教务管理系统的建设原则和设计思想

1. 高校教务管理信息系统的建设原则

（1）系统化与整体化原则。建立教务管理信息系统，必须在注重整体效应的前提下进行细致的系统规划设计，围绕高校建设的总目标和教务管理的分目标制定有效的措施与策略，理清教务管理各要素的从属与并列关系，分清轻重与缓急，做到分层管理，减少重复与无效劳动，使工作井然有序，使教务管理工作人员分工明晰、任务具体、目标明确，并尽可能做到量化目标，使管理行为最大限度地达到预期效果。❶

（2）标准化、规范化与制度化原则。标准化是教务管理信息系统建设的依据，规范化是教务管理信息系统建设的前提，制度化是教务管理信息系统有效运行的保证。规范化，就是要求教务管理工作要有一定的标准规格，各方面的工作都要合乎规范。这是办好学校、搞好教务管理工作的可靠基础。规范化还要求教务工作规格化、标准化，教务管理工作要建立一套合乎科学的统一规格和标准用以衡量质量。制度是教务管理信息系统有效运行的保证，高校的教务管理是一项庞大的系统工程，工作事务杂，环节多、工作量大，没有科学的手段和严格的规章制度是无法保障教学秩序的。通过完善管理信息化制度，可以规范管理，保证教学效果，提高管理效率，有效地提高教务管理工作的规范化和现代化水平，使教务管理工作走上良性循环的轨道。教务管理制度要体现教务管理信息系统的要求，要制订规范、严密、适应信息化需要的教务管理规章制度，各项制度必须符合学校发展的实际，操作性强。规章制度必须标准、规范、涉及范围全面、系统性，并不断适时修订、完善，保证制度的合理性和教务信息化管理系统的严谨性。

（3）网络化与资源共享原则。网络化使教务管理信息资源可以网上共享，时空限制少，使得人际合作更容易实现。教务管理信息系统应用网络化的管理手段，避免了管理人员的大量重复劳动，可以实现教务部门与学校各部门之间的数据交换与资源共享。目前，全国高校基本上建立起了校园网，为教务管理网络化奠定了基础。充分发挥网络媒体的灵活性、及时性和动态交互性的特点，可以使教务管理工作更加贴近师生

---

❶ 祝荣华.高校教务管理信息化建设策略[J].科技经济导刊, 2019（13）.

的工作和学习，使教务管理信息系统成为教务管理者与教师、学生之间信息交流的平台，实现多渠道、全方位、高效率的双向交流，有利于调动全体师生员工的积极性和创造力，为高校教育的改革和发展营造良好的氛围。

（4）智能化与可扩展性原则。智能化使得教务管理信息系统的操作人性化、人机通信自然化、繁杂任务代理化。而良好的可扩展性，使用户可以方便地在原有系统中增加新开发的功能组件或者平稳地升级到更高版本。具备可扩展性的教务管理信息系统应做到能接纳高校已有的教务管理系统，在今后进行系统软硬件扩展时能很好地保护已有的投资；特别是在应用需求变化时，系统应能容易地加以调整，易于扩充升级，使之既能满足当前管理工作的需求，又为今后的扩充留有空间。因此，高校教务管理信息系统应是智能化的系统，适应未来技术发展的趋势，具有较好的可扩展性和兼容性。

2. 高校教务管理信息系统建设的设计思想

随着高校信息化建设和智慧校园的大力发展，高校教务管理系统必须要实现"大教务"的设计理念，除了包括传统的教务管理模块外，必须扩展教学运行、教学研究、教学建设等其他方面。教务管理系统要实现本研一体化，合理、有效利用学校教学资源，实现本科生和研究生的课程互选、互认、资源共享。❶同时，也要加快建设和推广移动教务，利用移动互联网、移动 App 等移动设备方便快捷的优势，挖掘教务教学活动在移动端的应用。从设计角度考虑，要采用最先进的架构设计，通过信息化视角下教务管理系统的复杂性分析，研究由此产生的非功能性需求以及相关解决方案。从研究角度考虑，要实现业务流程再造，研究教务管理业务流程再造理论、目标、原则、方法、实施、评价等问题，实现教学管理实践与信息技术的有效整合。

（1）采用个性化定制实施模式。鉴于教育管理系统普遍生命周期短的特征，加之教育教学政策不断发展变化，信息技术发展日新月异，所以我们摒弃了传统的软件产品的概念，按照"项目合作、联合定制、实践完善"的项目定制构建方式开展工作。同时，考虑到项目所包含的业务软件

---

❶ 陈琴.高校教务管理信息化中面临的问题与对策[J].智库时代，2019（24）.

系统多、涉及的部门广，同时有时间要求、软件性能和功能要求，为保证和推动项目按期保质保量完成，建议项目组联合办公。在系统的需求分析、数据初始化与数据迁移、软件定制、磨合试运行、深化应用等阶段均实行双方人员联合办公制。充分交流讨论，及时了解和解决项目实施过程中出现的各种问题。在系统应用过程中，无论是教育管理政策的调整，还是学校管理制度的改革，都会对系统产生新的需求，要求系统具有灵活扩展的特性。❶ 教务管理信息系统在整体设计上充分考虑到这一点，系统灵活性大大提高，能够适用于多种教学管理模式。

（2）基于服务的理念设计。为学生、教师、院系管理员、教务处管理员、各级领导提供方便、快捷的教务信息服务，同时服务提供的优先顺序为：学生、教师、院系（领导）、教务处，体现以学生为本的教务信息服务理念。

（3）松耦合的组件式系统。系统设计理念要面向大多数院校，构建通用组件，在此基础上定制不同院校个性化的教务管理系统，便于功能的扩充，有良好的扩展性。以适应不同类型、不同规模、教学改革进展程度不同、教务管理模式和实施方法不同的院校，并能满足高校教育改革创新和发展的需要。

（4）系统采用多层架构模式设计。数据库服务器只允许应用服务器访问，客户端只能通过应用服务器进行数据的操作和查询，大大增强了系统的安全性；系统支持校园网、互联网等网络环境，所有数据都能通过网络进行传递，充分实现教学资源的数字化、信息化和网络共享。❷

（5）网络化及权限设置。系统采用全 B/S 模式，从而彻底解决客户端难以更新维护的弊病，构建分布式网络管理系统，并设置灵活的管理权限，以适应随着学校规模扩大、教务工作量日益增大，教务工作形成校、院、系二级管理甚至三级管理模式的需要，同时由于教务管理工作与学生工作的需要，某些辅导教师甚至学生辅导员也需要应用教务管理系统中的统计甚至管理功能，教务管理系统可以在权限设置上更加灵活，管理范围

---

❶ 谢辉，马楠.应用信息化技术改善高等学校教学教务管理工作[J].计算机教育，2016，（6）：120–121.

❷ 宣华，王映雪.清华大学综合教务系统在教务管理中的应用[J].计算机工程与应用，2012，38（12）：44–45.

的粒度更加细化。

（6）系统功能全面涵盖。充分考虑高校内各信息系统的连接，在设计中充分考虑结构、容量、通信能力、产品升级、处理能力、数据库、软件开发等方面，使其具备良好的可扩展性和灵活性。系统要涵盖高校教务业务中的常用功能，符合当前教学习惯和教学流程。系统需要融合学年制、学年学分制、学分制三种管理制度合并的管理，实现学校老生、新生在同一教务管理系统下的管理。系统要体现学分制理念，实现按个性化培养的学分制理念，可以实现大类培养方案、专业指导性计划、学生个性化学习计划、个性化选课、个性化学籍监控与毕业审核、个性化收费等。系统要实现灵活的选课管理，学校可以灵活定义选课的范围，选课的轮次、时间；可以实现全天候的选课，新生进校后可以在老师和高年级同学的指导下，制订个性化学习计划，根据大类、专业培养方案选择个性化学习课程。

（7）系统的安全机制。用户登录的地址限制避免账号被盗取登录系统。对用户身份和权限进行管理，仅能在限定管理范围内访问授权资源，并进行日志记录，便于事后调查。对注入漏洞攻击及跨站脚本攻击进行防范。跟踪用户操作异常和系统异常，并详细记录到日志中，便于分析。对数据库和各种系统文件数据定期自动备份到指定的存储位置，即使系统遭到破坏（包括硬件的毁坏）时也可从备份中快速恢复系统，保证在系统灾难后可从备份系统快速重建。

6.6.2　教务管理系统的架构设计和技术方案

1. 系统总体架构设计

教务管理信息系统应该在遵循学校信息标准和管理体系、信息安全和保障体系的基础上，将平台规划成展示层、应用层和数据层[1]，而且要充分应用学校现有的软件资源、硬件资源和网络资源等基础设施。教务管理信息系统总体架构图如图6-5所示。

---

[1]　孙仕云. 基于B/S三层架构的高校网络教学管理系统设计[J]. 电子技术与软件工程，2017，4（5）：55-573.

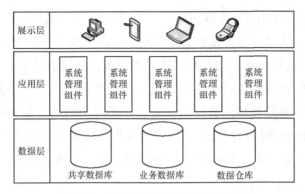

图6-5　教务管理信息系统总体架构

（1）数据层。数据层即教学数据中心，由教学业务数据、决策数据和对外交换数据三部分组成，其中核心的教学业务数据由教学基础数据库和根据教学业务组织的业务数据库组成。决策数据是根据学校教学决策的需要，由教学业务数据及部分外部相关数据经过加工而成的面向决策分析的主题数据仓库。对外数据交换包括共享数据库和对外数据交换接口。

（2）应用层。应用层即组件层，由完成平台各项业务的组件组成，包括系统管理类组件、基础信息类组件、历史数据类组件、核心业务类组件、扩展业务类组件等类型的组件。组件采用面向对象的组件技术开发，组件的划分和设计采用低耦合、细粒度的策略。组件技术的应用有利于系统的维护、管理和升级，使系统具有很好的扩展性和容错性。

（3）展示层。教学管理信息系统的门户是教学管理平台的展示层，也是各类用户的访问界面，包括 Web 端和移动客户端，以及一些特殊的接入设备。通过门户集成各类组件向用户提供各类功能服务。

2. 系统技术设计路线

（1）纵观全球大型软件系统软件系统技术发展路线，历经二十多年，逐步从 VB、NET 向 J2EE java 全面迁移，迄今为止，所有的集团客户和高端政府机关在大型软件系统技术的选择上，绝大多数都选择 JAVA 品台，而且面向集团化的大型软件系统定位的企业，如九思软件、东软集团，也统统在此路线上完成系统的架构和功能设计。[1] 在国外，JAVA 技术已成为解决大型应用的事实标准，符合 J2EE 规范的应用服务器则是构建面向

---

❶　郭成.成人教育教务管理平台设计模式探索[J].中国成人教育，2007（16）.

对象的多层企业应用的中间核心平台。因其具有易移植性，广开放性、强安全性和支持快速开发等特性，成为面向对象开发组织应用的首选平台。基于 J2EE 应用服务器支持 EJB 组件开发技术，包括消息队列、负载均衡机制和交易管理等。支持中大型网站和中大型组织应用等需要大规模跨平台、网络计算的领域。软件构造有几个不可逆转的发展方向：XML 数据结构、面向对象的构件技术、网络化应用。其中 Java 因为与平台无关、安全、稳定、易开发、好维护、很强的网络使用性等，而成为主流环境。J2EE 是企业级应用的标准。

（2）面向服务的软件架构（SOA）的应用。根据平台公用性和基础性的特点，系统软件架构将尽可能采用面向服务的软件架构 SOA（Service-Oriented Architecture）。系统设计与开发过程中尽可能将系统提供对外服务的应用程序功能封装和发布为 Web 服务（Web Service），通过服务注册和服务目录，向服务消费者（各种组件或部门的应用系统）提供 Web 服务，使系统的功能可以采用松耦合的方式实现集成，并使平台提供功能服务具有可扩展性。平台基于 SOA 设计思想进行架构设计，遵循 SOA 架构的技术标准进行业务应用组件化和服务化，实现松散型、低耦合的集成。SOA 的实施需要建立在两个标准之上，即服务定义标准和流程的标准。在 SOA 体系中，服务定义标准是采用 WSDL，流程标准是采用 BPEL。服务数据对象 SDO 确立服务间各种数据源调用接口 API，同时定义数据服务的方法，如 Web Service，数据的格式如 XML、JSON 等。

（3）基于 J2EE 平台开发。主体代码采用 Java 编程语言和服务器端 Java 技术（如 EJBs、Servlet、JSP、JNDI、JDBC 和 RMI 等 13 种）开发。J2EE 平台是目前为企业级应用所提供的分布式、高可靠性、先进性的解决方案。Java 作为基于 Web 的软件业的公共标准，其独立于操作系统，独立于服务器的"跨平台性"，使其"一次编写，到处运行"，是最适合运行于互联网上软件的编辑语言。Java 相对于嵌入 HTML 并受限于用户端显示的编程能力有限的脚本语言，其完整的编程能力可开发具有强大"业务逻辑"的应用程序。

（4）层级开发框架。系统应该依照"高内聚，低耦合"的设计思想，我们将系统开发框架规划为四个层级，从上至下依次为 Web 层、业务层、服务层、数据层。

（5）Web层。Web层主要完成客户端HTTP请求响应、页面集成和页面渲染等内容，是应用软件进行人机交互的接口。

（6）业务层。采用富客户端技术，提供用户操作快速响应客户端数据缓存能力。包括具体业务逻辑的处理，以USECASE为中心进行业务逻辑的开发。通过Spring Framework的IOC容器解耦业务代码之间的依赖。通过AOP（面向切面编程）技术将日志记录，性能统计，安全控制，事务处理，异常处理等代码从业务逻辑代码中划分出来，可以将它们独立到非指导业务逻辑的方法中，进而改变这些行为的时候不影响业务逻辑的代码。

（7）服务层。采用的是一个轻量级、高性能的ESB（企业服务总线）。由一个快速且异步的中介引擎进行驱动，对XML、Web Services and REST提供了特别支持。除XML和SOAP之外，还支持几个其他的内容交换格式，比如文本、二进制、Hessian和JSON。一系列广泛的传输适配器可用于进行扩展，能够使其在更多的应用和传输层协议上进行通信。支持HTTP，Mail（POP3、IMAP、SMTP），JMS，TCP，UDP等协议。

（8）数据层。包括数据访问层，以及数据仓库和数据标准库。采用MyBatis或者JPA技术。其功能主要是负责数据库的访问。数据层支持故障转移集群和访问性能集群，支持可视化的数据库管理、数据维护计划管理和数据库性能分析优化管。

（9）面向对象的组件技术。面向对象的组件技术是一种完全独立于硬件和操作系统的开发环境，着重于开发构成应用程序"业务对象"的可重复使用的组件，利用这些组件顺利地建立分布式应用程序。应用平台模块间相对独立，接口清晰，内部的业务流程升级和改造与其他模块无关，所有模块基于组件如EJB、Web Services开发，可插拔，并为将来学校二次开发提供开发API。

（10）云技术设计。结合学校数字化校园的特点，基于云计算的数字化校园总体规划包括基础架构即服务（Iass）、平台即服务（Pass）、软件即服务（Sass）三个组成部分。基础架构即服务（Iass），包括计算机、存储、网络等，采用虚拟化技术实现服务器、存储、网络、操作系统的虚拟化。平台即服务（Pass），包括数据库、中间件、数据中心平台、信息门户平台、统一身份认证平台等，支持虚拟化部署，提供各类支撑共享服务。软件即服务（Sass），包括办公、教务、学工等应用系统，支持虚拟化部署，提供各类业务信息服务。

（11）移动服务设计。移动服务通过服务调度与管理形成松耦合关系，避免业务系统为适应移动信息传播进行过多的改造；同时当业务系统变更时，也能够快速而准确地进行适应。移动服务平台由以下三个部分构成。

①移动服务平台（SOA 核心能力层）。底层服务运行与管理平台。通过服务注册、调度与管理，完成业务系统与移动数据存储库、移动应用组件之间的信息资源交互。

②移动应用组件群（核心应用层）。针对专项业务进行移动数据处理与功能提供。包括对获取数据信息的筛选、拆分、合并等基本处理，以及指定业务流程的直接响应。

③个人移动门户（展现层）。以个人事务处理为功能规划与信息组织的脉络，对分散在不同业务系统的数据信息和移动功能进行重组，提供更有针对性的个人信息服务。支持 WAP 和手机客户端两种访问与展现方式。

（12）系统负载均衡设计。系统应该同时使用负载均衡和 Session 高可用的方案，用户前端，采用硬件负载均衡器；后端，部署多台 Application Server，并启用 Application Server 的集群 Session 功能。

（13）性能指标设计。系统应该同时支持 6000 人以上的并发访问，30000 人同时在线访问，系统至少支持峰值 3000 笔 / 分钟的实时查询或处理业务。单笔业务录入与修改的响应时间不大于 1 秒；单笔业务以外的其他业务响应时间不大于 3 秒；百万级数据量下单记录本地查询的响应时间不大于 3 秒；简单统计报表查询的响应时间不大于 10 秒。

6.6.3　教务管理系统的功能设计

教务管理信息系统适合采用组建式架构，保证基础库（学籍、课程、教师、培养方案）构建，各组件之间松散耦合，具备良好的重用性、扩展性和移植性。公共基础组件和业务处理组件，通过定制与配置有机组合，搭建适应不同的高校教务管理模式的信息化管理平台。❶教务管理信息系统的基本功能通常主要由学籍管理、师资管理、培养方案管理、课程

---

❶　王敏，王妍妍，李峰 . 基于柔性的网络化教务管理系统模型构建 . 计算机工程与设计 [J].2007（18）；周方 . 教务管理信息系统的管理与建设 [J]. 高教论坛，2006.

管理、教学场地管理、开课管理排课管理、选课管理、考务管理、成绩管理、毕业审核、辅修、教材管理、教学评价管理等共同组成。

1. 学籍管理

维护学生的学籍信息并进行学生的异动、奖惩等管理。维护学生与培养方案的对应关系。并根据学籍数据生成高基报表等报表及其他数据上报的文件。

（1）学生基本信息管理。实现招生数据经招生办核实报到情况后由学校主数据中心直接同步至学生基本信息表。学生基本信息入库后，系统管理员可设置控制条件（如修改时间段、限制字段等），学生在系统管理员设置的条件下进行网上核对，并可提交修改，经教务管理员审批后，批量更新。除基本的增删改功能外，系统应该提供完备的多条件、多口径查询和统计功能，并提供相关数据的导出表和相关报表的打印功能。

（2）学生注册管理。教务系统管理员可以设置注册条件，如同步学校财务系统的缴费信息，缴费信息变更实时更新，未缴费不允许注册，由学院管理员办理报到注册，统计学期报到情况，提供批量处理注册功能。系统实现未注册学生不能获得相关服务（如禁止选课、禁止查询成绩等）。提供注册情况查询统计和相关报表的输出打印。

（3）学生的学籍异动管理。学籍异动包括退学、取消学籍、休学、复学、转学等，根据学校学籍异动的相关管理办法要求，系统实现由教务管理人员设置异动条件，学生网上提交异动申请，经学院、学工、教务三级审批。对最终审核确认异动的学生，提供批量处理功能，并同时更新学籍状态在校状态，学生课表等相关数据。提供各类相关表格打印，提供多条件查询统计，生成上报数据。

（4）转专业管理。学校各个教学单位按学期申报转专业计划，主要包括允许转专业的相关专业，以及拟接受人数、接受条件、考试科目及时间、面向对象等。教务处对各单位网上申报的计划进行审核。学生在师资管理部分，通过对教师的基本信息维护、教学情况、资格聘任、教师课表等师资资源的管理。学生在选课过程中可查阅相应信息。

2. 师资管理

（1）教师信息管理。实现教师基本信息的管理，系统提供个别维护和批量维护功能，也可以由人事管理系统同步至教师信息表，教师信息变更由数据中心自动触发变更请求，本系统中相关信息实时更新。

（2）个人信息修改。系统管理员设置时间段和控制条件，教师用户可网上提交照片，填写个人简介，修改个人资料等。

（3）查询统计。院系管理人员可以按科室、职称等组合条件查询统计教职工的信息，并以图表方式进行显示和输出。可以通过表名、字段、字段值、运算符、增加、删除条件、要查询字段来查询相关数据，查询结果可以输出到 Excel 或直接打印报表。提供教师信息的相关统计数据，例如，教师职称统计表，统计各类职称的人数及所占的比例；教师学历统计表，按学年度、部门统计教师总数、各类学历的人数及所占的比例。网上提交转专业申请，转出学院审核，教务处审核，转入学院审核，教务处审核，生成经批准的转专业学生名单。审核人员可以便捷地查询学生的成绩信息。教务处对通过审核的学生进行批量或单个学生转专业处理，系统将通过审核的学生的学籍异动信息自动汇总到学籍异动模块中。教务处可对成功转专业后学生的选课信息、成绩信息进行相应的调整，如选课结果的调整、单个学生课程替代等。

3. 培养方案管理

培养方案规定了学生在校期间修读的课程及其学分要求，是毕业审核的依据。系统可满足多元化培养模式的培养方案的制订、维护、调整管理，支持辅修、大类培养的培养方案的制订和维护；支持春季班培养方案的制订；既能支持学年学分制下的人才培养方案，又能支持学分制下的人才培养方案（个性化培养方案）。

（1）培养方案维护。实现对培养方案的管理（包括主辅修培养方案、大类培养方案），并提供培养方案的复制、粘贴、继承功能；能实现教学计划的 Word 输出；能按照版本对培养方案进行管理，同一个版本的培养方案可适用于不同年度的学生。支持全校性的公选课教学计划统一按学期进行管理。

（2）培养方案课程管理。按教学计划设置各学期所开设的课程，课程直接从课程库选择，支持网上提交、审核功能。系统可按照总学分、各类学分比例等相关限制条件自动审核，形成错误报告反馈给各教学单位。支持自定义设置培养方案课程的课程体系、课程模块、课程组。要求在培养方案设置中，既能按照"公共课、公共基础课、专业课"等方式划分课程，又能满足以"通识教育、专业平台"等方式划分课程。

（3）培养方案的查询和打印。学生入学后教学管理系统可自根据学生的学院和专业自动为每个学生匹配一个主修培养方案，学生可以自助网上查询，并提供按学院、按专业输出打印和批量输出打印功能。

4. 课程管理

课程管理主要包括课程的基本信息维护、课程的网上申报及审批、课程的统计分析等功能。

（1）课程的基本信息维护。实现对学校所有课程信息的增加、修改、删除、停用、启用等基本的维护。

（2）课程的网上申报及审批。实现通过网上进行课程申报、课程停开等申请和审批处理。用户可以申请增加、修改、删除、停用课程库信息；申请修改课程时，对于已制订培养计划、教学计划、教学任务的课程则不允许申请修改课程号、课程名称，并提示用户；课程更改申请审核可通过审批流程完成审核工作，用户可以选择多条记录进行批量审核。审核通过后，系统自动更改课程库中相应的课程信息。

（3）课程的统计分析。提供课程的历年开课、选课情况分析、培养方案引用分析、课程授课教师职称变化分析以及学校各级职称授课情况分析等高端决策分析功能，全面支持学校进行课程体系和课程内涵的建设。

5. 教学场地管理

教学场地管理主要包括教师基本信息管理和教室借用管理。

（1）教师基本信息管理。按照普通教室、多媒体教室、制图室、机房、实验室、会议室、学生练习室等类别对全校教学用房进行分类管理，并维护所在校区，以及教学楼之间的距离量化权重指标等信息，可实现对教室资源分权限查看。

（2）教室借用管理。提供教室的网上使用申请，可以通过网络对教学资源进行管理，方便及时查询空闲教学资源，实现教学资源网上的申请、相关部门的审核审批、多媒体教室的活动安排等功能。

6. 开课、排课管理

教务管理系统在开课方面应该支持根据专业人才培养方案，自动生成当前学期的开课计划的功能。在排课方面应该支持分级教学，体育课按项目开课管理。系统应根据教学任务和预设的各种条件进行自动排课，教务处可根据实际需要对系统自动排课的结果进行必要的修改，修改界面友好，操作简单；系统既支持学年学分制下的排课要求，也支持完全学分制下对排课的要求，还能处理按学科大类招生对排课的要求；课表查询、打印权限可以分用户角色控制，可以在教务处指定的日期内导出或打印课表，避免在课表没有完全排完的时候导出和打印。

（1）开课计划管理。根据教学执行计划中课程的归属单位和开课学期，生成各院系的教学任务书。教学任务书中教学班生成后，再为其指定主讲教师，以及上课时间、上课地点的要求。

（2）选修课开课管理。教师及行政人员可以网上申请开设公选课，并可设定面向对象和禁选对象等选课条件。

（3）辅修、重修管理。教务处、院系管理人员可根据辅修学生名单，安排单独开班的辅修课任务，也可以根据重修报名名单，安排单独开班的重修课任务。

（4）智能排课。教务管理系统应该采用智能编排或辅助编排方式，简便快捷、科学合理地完成学期课表编排与实验安排。系统在排课过程中提供冲突校验机制，自动检测校验时间冲突、教室冲突、学生冲突、教师冲突。支持分校区排课、支持按教学楼排课，支持按专业、班级、学生判断考试冲突。在排课前进行班级的课程冲突检测，班级任务的周学时分配表的检测，实践周检测（排课时可以错开实践周排课）通过不同的可设置排课算法（可选择行的设置）进行排列组合，根据教室的设置，将同一个班级的课程尽量排在一个楼层或是同一栋楼。可以选择分专业、分年级、分班级、分课程类别及单门课程（如无机实验、有机实验等）智能排课，分步预排，智能混排以及每一次结果的后期优化处理，并可逐条恢复（每一条都有具体的日志），优化时可以提供相关的信息，比如单双周安排不合理，前后周对接不合理等提示。并且可以在每一个步骤中都可以进行智能排课、手工修改的方法进行调整。

（5）手工调课管理。教务管理系统应提供人性化的排课调整界面，支持多种调课模式。支持在选课期间排课和调课。管理人员以人机交互模式完成排课的任务，调整课程的时间、教室的安排，实时进行冲突检测，可以输出课程课表、推荐课表、教师课表，以及通过分析和监控教室的使用情况，提高教室利用率。

（6）调课、补课管理。任课教师可以在网上提交调停补课申请，由教务处审批，如审批中有个别重修的学生冲突的话可以强行进行审批。某个班级任务里有实习的任务后，自动排课或手工排课、安排考试时都可以错开实习周安排。该专业任课的教师可以查到学生在什么时候安排实习，学生也可以在客户端查到任课教师串课的信息。

（7）课表查询和打印。教务管理系统应提供历年学期的各种课表查询和打印功能，包括课程课表、教师课表、教室课表、班级课表、学生课表、全校课表的查询和打印功能。

7. 选课管理

教务管理系统在选课功能上要采用当期最先进技术满足学校数万名学生选课的要求，保障选课期间系统的稳定。选课管理是整个系统的并发量最大的环节，考虑到选课的高并发性，在硬件服务器配置不变的情况下，我们在系统设计需要采用如下的技术、策略。

（1）采用多轮次选课策略。选课系统采用多轮次的选课策略，避免学生"抢课"现象的发生，即前面轮次选课时各教学班不限容量，学生选课不是按时间的先后来确定是否选上课，而是采用类似先报名，然后根据学校的筛选规则进行随机筛选，如本专业优先、高年级优先、优秀生优先等各类筛选规则。这样就放缓学生选课的急切心情，避免学生抢着去选课，甚至缺课去选课现象的发生。

（2）利用数据库缓存技术。在选课系统设计上充分利用数据库缓存（Cache）技术，把在选课时不变的数据调入数据库缓存，如学生基本信息、教学任务、课表等，这样在学生选课和课表冲突运算时就可以大大降低数据库的磁盘 I/O 读写操作，提高数据库读取效率，提高数据库的使用效率。

（3）利用应用缓存技术。在选课系统设计上充分利用应用缓存（Cache）技术，把在选课时的常量调入应用缓存，如当前学年学期、选课学年学期、选课学分的上限、选课学分的下线、是否判断欠费、是否判断教学质量评价等数据从数据库取出来后调入应用缓存，大大降低选课应用程序访问数据库服务器的频率，大大减低访问数据库的 I/O。

（4）采用动态生成静态页面技术。在选课系统设计上充分利用动态生成静态页面技术，把类似课程介绍、教师介绍等信息在选课前生成静态页面 HTML，部署在各 Web 应用服务器上，若有教师信息、课程信息在选课期间发生改变，系统能动态更新静态页面，这样学生选课时需要大量访问的教师信息、课程信息等内容是就不需要访问数据库，大大减低访问数据库的 I/O。

（5）采用排队策略。在学校固定的软硬件环境和系统充分调优的情况下，系统的并发访问有一定的限量，当大量的学生访问时会造成拥堵的"瓶颈"，服务器来不及响应学生选课的需求，而大量学生还是不断刷新页面，实际上服务器会因此做大量的无用功，产生大家都在挤"独木桥"，谁也过不去的现象。因此，在系统正式选课前，需要做压力测试，通过压力测试预估系统正常运行的用户最大同时访问量，如果学校同时选课人数远大于系统正常运行的最大访问量，则可以启用随机排队系统，提高前边进入的学生选课时效率，可以很快选好课就退出，然后后面的学生再进去选课，大大提高服务器的有效负荷。

8. 考务管理

教务管理系统的考务管理主要包括考试管理、重修管理、等级考试报名管理。

（1）考试管理。实现对学校集中考试和分散考试的统一管理，根据考生、课程、教室、监考等做出考试安排，系统自动排考。并提供排考效果分析功能，对检测冲突的考试手工调整。网上发布有关考试安排信息，学生可查询、打印。

（2）重修管理。重修管理可统计学生重修数据，管理和查看学生重修信息，对开班重修和跟班重修实现网上报名。系统提供重修课程批量替换功能，对同课程性质、同学时学分、相类似课程名的课程实现替换。

（3）等级考试报名管理。主要针对英语四六级，计算机等级等活动，系统可设置多种类型的报名批次，相应地设置报名限制条件，并用开关进行控制，打开后学生就可以从网上进行报名。大学英语四六级、专业英语四八级、专业英语四八级口试等大型考试的报名资格设置、报名时间设置与限制、考试须知等。在系统中自定义各类等级考试的考级类别、考级等级。针对不同级别、不同考试类型的考级报名工作，提供设置报名条件（例如，大学英语四级大于 425 分才允许报名大学英语六级）、设置报名时间范围、学生网上报名的功能。设置报名的类别，并可设定同一类别的报名项目可以报名的项目数。如类别有大学英语四级、大学英语六级，并设定报名项目数为1，则学生只能报其中的一个。设置报名项目名称、类别、条件、报名费等，可以设置报名项目的成绩要求、面向对象、限制对象等。

9. 成绩管理

成绩管理满足管理学生的所有需要认定的成绩，包括正常考试成绩、补考成绩、英语四六级成绩，也能管理学生通过创新训练、获奖、发表论文、专利等认定成绩。

（1）成绩录入。设置教学班的成绩录入状态（锁定、录入、保存、提交）、生成成绩录入密码并发送到教师邮箱、监控教师成绩录入情况、网上成绩查询控制等，可批量设置任课老师（或院系秘书或成绩管理员）为各课程的成绩录入人，并可单个调整或指定其他的录入人。

（2）成绩导入和导出。可以批量进行成绩的导入和导出，并且在导入的同时进行数据的校验。

（3）线上成绩录入。正考成绩、补考成绩、重修成绩均可由教师录入，院系管理人员也可协助教师进行成绩的录入。成绩的组成比例可以由教师修改，成绩录入时对于未录入成绩的学生进行一次提示，若继续则默认为缺考，不能只录入平时成绩而不录入考试成绩。成绩录入完毕后，教师成绩录入后保存或者提交，提交后不可修改。最后可以导出或打印Excel格式的成绩登记表。为了提高效率，减轻网络的负担，系统提供Excel模板，教师下载模板并录入成绩后可以直接上传完成成绩录入。

（4）成绩修改。成绩提交后，教师、学院无权修改，需要到教务处相关管理人员处修改，系统自动记录修改前的成绩、修改人、修改时间、所使用计算机的IP地址等信息。教务处管理人员可以按照课程、单个学生（包括应征入伍的学生）或是教学班修改相关成绩，系统自动记录修改前的成绩、修改人、修改时间、计算机的IP等信息。教务处管理员可查看提交过后产生的成绩修改记录。

（5）补考成绩管理。系统应该根据补考学年、补考学期、年级、院系、专业、课程名称、分数范围、课程性质、不包括旷课、不包括旷考等组合条件生成补考学生名单；学生可进行补考申请，管理人员审核通过后生效。系统可以设置是否需要补考考场安排，统计各课程补考人数、打印补考准考证。系统可以实现补考录入设置，包括补考录入时间设置、分配补考成绩录入教师、成绩录入密码生成等。

（6）重修、重考成绩管理。系统可以根据重修学年、学期、年级、院系、专业、班级、分数范围、课程性质等组合条件统计重修、重考名单，并设定统计的信息是否可以进行重修、重考报名。可以安排重修课程的教师，并添加自学重修的学生名单。

（7）等级考试成绩管理。系统可以对学生的等级考试成绩通过单个录入或批量导入的方式导入系统，并分析学生等级考试成绩（包括通过人数、通过率等）。同时，可以进行数据的导出。

（8）成绩的查询和打印。系统可以提供按条件查询学生成绩，查询结果可导出到 Excel，也可以打印点名册、成绩登记表、成绩报告单、等级考试成绩、不及格名单、补考成绩登记表、补考成绩表、重修成绩登记表、重修成绩表、班级成绩汇总表、个人成绩总表等。

（9）毕业审核管理。系统满足学分制下个性化培养的特点，提供多样的审核指标，并支持自定义审核指标。教务相关用户通过组合各类审核指标形成毕业审核标准，可以实现分学生层次、分学生类别分学院等多维度审核。提供各类相关数据的统计分析和打印输出。

10. 教材管理

教务管理系统应该按照学校教材管理办法，实现教材资源信息管理，教材计划与订购等相关功能，提供多维度的统计分析报表。

（1）教材基础数据维护。主要包括出版社、书店、教材书目、课程类别、教材类别等，信息系统提供基础数据的维护功能，并满足数据的导入、导出功能（如 Excel 报表、教材书目录表）。

（2）教材基本信息维护。主要用于教材基本信息的查询及刚开始使用时的教材信息的批量导入及修改。数据准备完成后，应使用教材入库功能而不要直接在教材基本信息中修改教材的数量等信息。

（3）教材预定管理。可以由任课教师、系主任、院系教学秘书进行教材上报（上报的教材可从教材基本信息库中选取），教务处审核。

（4）教材征订。可依据教材计划与现有库存，确定采购教材的种类与数量。参照现有库存，依据学生学籍（及选课结果）、新生招生计划、教师用书等，最终确定需要采购的教材种类与数量，并参照各教材的供书单位信息，自动按校区生成各供书单位教材采购单。

（5）教材入库管理。根据到库信息分批次入库，系统记录入库的详细信息同时对教材基本信息库进行相应的更新或增加，并生成相应的教材入库清单。系统支持ISBN信息机读识别功能，教材入库，通过扫描的ISBN标准书号计算机自动识别教材相关的信息。教材验收入库，可选择各供应商，也可手动录入；已到教材经验收确认后转入库存系统中，同时各项信息按系、年级、专业（或班级）在教材出库环节中显示出来；未到教材查询，教材采购人员和各系负责人的查询；到书率统计，可按供应商也可按系分类统计。

（6）教材出库管理。每个学期教材出库前，可依据各个校区所需教材种类与数量、参照现有库存，自动生成各个校区之间的教材调拨单。教材出库主要包括零售、教师领用（借用）、学生领用，并根据领用情况打印教师、班级、个人发放明细。

（7）教材回库、教材报废管理。对教材借用等情况产生的教材退还情况进行维护，从而使管理员可以实时查看到教材的当前在库情况。对报废的教材进行管理，报废处理的教材数量将在教材库存中减去。

（8）教材统计和打印管理。第一，能够实现对教材子系统中所有涉及的表进行各个方面的查询，包括多重查询和模糊查询，并能对查询得到的数据进行浏览及导出到Excel等操作，包括教材库存情况、近年来教材的选用情况、教材费用信息等。第二，可以根据年级、专业、班级查询并打印某一自然班全部选修课程教材及各门教材选修人数清单；按某一学生学号能查询并打印该学生某一学期所购教材清单及结算清单。第三，根据年级、专业、班级、学号查询、打印学生全部课程教材并统计每门教材订购人数，学生可以直接上网查询个人使用教材明细和使用教材的费用等情况。第四，可以打印集体（年级、学院、专业、班级）、个人、教师的教材发放明细，也可以根据起止日期、年级、学院、专业（层次）、班级、个人打印教材发放汇总。第五，可以按照教材编号、教材名称、教材编者等对教材进行准确查询和模糊查询，按院系、专业等对教材使用情况进行统计。第六，提供教材子系统中所涉及的其他有需要的数据表的查询、导出和打印功能。

11. 教学评价管理

教学质量评价体系由学生评价、学院（部）评价、教师自评、督导及领导评价等四部分组成，各个部分根据评价的侧重点不同，分别需要制定灵活的评价指标，由各部分评价人员进行网上在线评定。

（1）教学质量评价。根据预定义的计算方法计算出每个老师课程、教学班的评估总分、各个评估指标平均分，并计算出相应的排名。提供多种类、多维度的查询和报表打印。系统可以手动设置评价课程类别、评价主体、评价主体权重，评价主体成员及评价范围、评价指标体系。

（2）采用问卷调查进行评价。系统问卷调查模块需要提供多样化的问卷调查功能。可以维护问卷的基础信息，通过设计和编辑问卷中的问题，通过分配问卷设置需要回答问卷的学生，具体包括增加、修改、删除、问卷设计、问卷预览、问卷功能约束、状态修改等功能。不同的问卷提供给不同的调查群体，包括学生和老师，在此可维护每个问卷需要采纳意见的学生及老师群体。系统可以实时查询学生和老师的问卷答卷详情，以及相关数据的统计情况。

6.7 科研管理信息化

科研管理信息化是综合运用信息化、网络化以及互联网技术，搭建科研管理资源平台，构建科研管理信息软环境，变革科研管理和创新活动方式的重要手段。高校科研信息管理系统的建设，应该能够支撑和推动学校科研管理创新，变革科研管理和服务模式，创新科研经费使用和管理方式，推动数字化科技评价和决策支撑环境建设，以更好地服务于科研管理决策，更好地服务于广大科技专家和科研人员创造性科研活动，以提升科研产出，促进科研成果转化。

6.7.1 科研管理信息化需求

2016年5月，习近平总书记在全国"科技三会"（科技创新大会、两院院士大会、中国科协第九次全国代表大会）上的讲话中提出："要以推动科技创新为核心，引领科技体制及其相关体制深刻变革。要加快建立科技咨询支撑行政决策的科技决策机制，加强科技决策咨询系统，建设高水平科技智库。要加快推进重大科技决策制度化，解决好实际存在的部门领导拍脑袋、科技专家看眼色行事等问题。要完善符合科技创新规律的资源配置方式，解决简单套用行政预算和财务管理方法管理科技资源等问题，优化基础研究、战略高技术研究、社会公益类研究的支持方式，力求科技创新活动效率最大化。要着力改革和创新科研经费使用和管理方式，让经费为人的创造性活动服务，而不能让人的创造性活动为经费服务。要改革科技评价制度，建立以科技创新质量、贡献、绩效为导向的分类评价体系，正确评价科技创新成果的科学价值、技术价值、经济价值、社会价值、文化价值。"

1. 科研资源共享的信息化需求

2016年，《国家信息化发展战略纲要》明确提出，"加快科研信息化。加强科研信息化管理，构建公开透明的国家科研资源管理和项目评价机制。建设覆盖全国、资源共享的科研信息化基础设施，提升科研信息服务水平。加快科研手段数字化进程，构建网络协同的科研模式，推动科研资源共享与跨地区合作，促进科技创新方式转变。"2016年国务院办公厅印发《促进科技成果转移转化行动方案》，明确提出开展科技成果信息汇交与发布的重点任务，要求建立国家科技成果信息系统，制定科技成果信息采集、加工与服务规范，推动中央和地方各类科技计划、科技奖励成果存量与增量数据资源互联互通，构建由财政资金支持产生的科技成果转化项目库与数据服务平台，加强科技成果信息汇交，加强科技成果数据资源开发利用，综合运用云计算、大数据等新一代信息技术，提供符合用户需求的精准科技成果信息，推动科技成果融合转化应用。

近年来，国家层面大力推动科技管理和科技成果转化信息平台建设，国家科技部、自然科学基金委、各省厅科技主管部门等都相继建立了科技计划、平台、专家等各类科技资源管理平台，各科技主管部门科技管理平台的应用，对高校等科研机构科研管理提出了信息传递、交换、共享等方面需求，构建科研管理信息化平台，既是科研机构支撑科技创新管理的内在需求，又是对接国家及省部级科技资源平台、促进科技资源信息共享的外在要求。

2. 增强科技创新能力的信息化需求

自 2015 年 9 月国家《深化科技体制改革实施方案》印发以来，我国科技管理体制改革的指向就更加明确——为科研人员"松绑"，为科研人员服务，以增强科技创新的活力和动力。相关的改革行动，不仅反映在国家和各地方政府相继出台的一系列"松绑＋激励"措施，还反映在信息化变革上，科研管理信息平台的革新也在不断前进，以先进的信息化手段来服务科研人员，为科研人员提供科研管理和服务一站式解决方案，让科研人员从繁杂的事务性工作中解放出来，推动科技资源共享，构建智慧科研环境，打造科研软实力，推动科技创新，已成为创新型科研环境建设的有力支撑手段。因此，从解放科研人员、激发科研人员科技创新活力的角度，需要科研管理信息化环境支撑。

6.7.2 科研管理系统的架构设计和技术方案

高校科研活动要实现信息与管理流程的信息化、数字化、网络化，需要考虑到三大问题。❶第一是海量的数据和复杂的业务流程；第二是科研人员、科研秘书和科研单位、研究所、实验室、技术开发研究中心等众多的用户；第三是不断变化的业务需求。要解决这些问题，真正实现流畅的信息与业务网络化管理，需要有好的技术方案为支撑，并且技术方案完全符合业务，能适应复杂与灵活多变的科研业务。

1. 系统总体架构设计

科研管理数据量大、用户多、业务变化快，这些特点都要求系统有一个好的技术框架和平台来支撑业务系统。一个优秀的技术框架可以大大减少开发周期、提高系统的稳定性、可扩展性和可维护性。系统可以采用了标准的 Java EE（J2EE）技术平台，利用 Apache Struts MVC、并整合 Hibernate O/R Mapping 开源框架建立适合于科研管理系统的技术框架。整个框架自下而上有多个层次，层次之间遵循上层依赖下层，下层为上层服务的原则。

其中表示层为用户提供交互操作界面，就是用户界面操作。业务层负责关键业务的处理和数据的传递，复杂的逻辑判断和涉及数据库的数据验

---

❶ 吕浩音，郭涛.基于校园网/互联网高校科研管理系统的分析开发与研究 [J].福建电脑，2016（02）；叶晓芳.高校科研管理系统的研究与开发 [J].科技信息，2014（02）.

证都需要在此做出处理，根据传入的值返回用户想得到的值，或者处理相关的逻辑。持久层就是实现对数据表的 Select（查询），Insert（插入），Update（更新），Delete（删除）等操作。如果要加入 ORM 的元素，那么就会包括对象和数据表之间的 mapping，以及对象实体的持久化。

2. 系统的技术要求

系统需要采用先进的 Java EE（J2EE）技术基础平台作为系统的开发和运行环境，并在此基础结合开源技术框架构建符合科研业务要求的技术框架，在此基础平台和技术框架上提供多种业务模块，为科研管理系统提出了一个十分符合学校科研网络化管理需要的技术方案。

（1）B/S 架构模式。系统应该采用 Web 应用下的 B/S 模式研发，系统在应用服务器上部署好后，用户不需要安装任何客户端软件，直接采用浏览器即可访问系统功能，更为方便使用系统。

（2）数据集中化。系统应该采用大中型关系型数据库（如 Oracle）对各项数据进行集中管理，这样既可以做到数据的及时更新汇总，也可方便数据的备份恢复等维护工作。

（3）高度模块化。系统应该是由多个业务子系统组成，子系统间可根据业务需求，通过业务数据配置和元数据配置建立联系，同时也具有很大的独立性（比如，可通过安全与权限进行独立划分）。

（4）高度参数化。科研管理系统中的奖励、科研积分和成果统计等模块都应该可以由用户自定义，这样方便学校随时根据业务变化来调整系统参数。

（5）跨平台性。科研管理系统应该采用 JAVA 开发技术和 N 层应用体系结构，数据库服务器系统、Web 服务器系统和应用服务器系统可以运行于包括 Windows NT/2000/2003/2008、Unix 和 Linux（Red Hat Linux）等多种操作系统平台上。

（6）高效缓存。为提高系统运行速度，加强多用户同时访问系统时的系统反应能力，系统应采用先进的缓存技术，有效提高系统的运行性能。

6.7.3 科研管理系统的功能设计

在高校日常工作中，教学与科研是并驾齐驱的核心工作，二者紧密联系，又相互促进和发展。高校科研管理系统应该是集成学校所有科研活动的、为所有科研相关工作人员提供线上服务的一个信息化平台。

1. 科研管理系统的用户角色划分

科研管理系统是一个开放式的多级管理的网络化管理系统，服务于全校范围内从事科研活动或者科研管理活动的所有老师。根据业务范畴的不同，其用户可以分为科研人员、科研秘书（院部科研负责人）、科研管理员（科研管理部门）、校（处）领导、系统管理员等多种用户，并可根据科研处管理需要进一步划分综合科、成果科、项目科等其他角色用户。各用户通过网络进行协同工作，其示意图如图 6-6 所示。

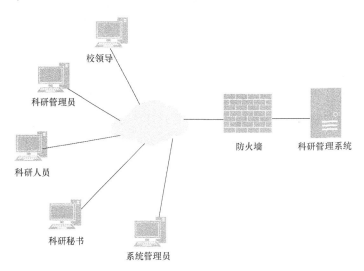

图 6-6　科研管理系统用户角色

（1）科研人员。科研人员可以在系统中管理自己的科研项目和科研成果，在线申报项目以及进行中检终结，通过系统接收消息，并可以反馈意见等。

（2）科研秘书。各院系单位设置一名科研秘书，负责本单位的各项科研管理业务。具体包括科研人员、科研项目、科研成果、学术活动等数据的审核管理工作，以及所属单位的科研考核工作和项目申报中检查和总结工作。科研秘书还可以向所属单位的科研人员发送消息。并接收反馈信息。

（3）科研管理员。科研管理员主要是科研处工作人员，负责全校各项科研管理业务。科研处通过系统可以建立学校的科研管理评价指标，管理全校的科研人员、科研项目、科研成果和学术活动等数据，在线组织科研考核、项目申报与评审、项目中检与终结、年度统计等多项工作。另外，科研处还可以通过系统发送通知、有关科研动态，负责系统的维护和管理。

（4）校领导。校领导指负责科研工作的学校主管领导，为学校领导查询提供各项数据，以及时了解到最新、最直观的科研动态分析，为相关决策提供依据。

（5）系统管理员。系统管理员是系统中的超级用户，由系统初始化时自动产生。系统管理员主要用于维护数据，进行各项参数设置，并可根据实际情况设定用户组或者某一用户的权限。系统管理员主要有数据备份与恢复、系统日志管理、数据导入导出、角色和权限设置、系统参数设置等功能。

2. 科研管理系统的功能模块

科研管理系统主要的功能模块需要包括项目管理、成果管理、经费管理、考核奖励、基础资源管理等模块。其中最为核心功能模块是以科研为核心的项目、经费、成果、考评模块，每一个模块下又有不同的子模块，由各个不同的功能模块共同构成了完整的一套科研管理系统。

（1）科研项目申请模块。项目申请模块是基础科研项目的基础模块，也是科研管理中的首要内容，根据申报的内容不同，分为校内项目申报与校外项目申报两大类，校内申报项目由校评审专家负责审核，审核成功后登记项目立项，然后依次录入项目科研人员投入时间等信息，进入到下一个环节。如果是校外项目申报，则直接跳过校内专家审核的环节，直接从项目申报到登记项目立项，然后依次进入下一个管理流程。科研项目的立项管理与科研项目审批同为科研项目模块的重要内容，在项目审批完成后，便进入立项操作阶段，立项操作阶段也是科研管理系统最为核心的阶段。与科研项目申报审批类似，科研项目管理模块也分为两大块：一块是校外项目申报与立项；另一块是校内项目申报与立项，当然，二者在项目信息立项后，便进入到相同的信息处理流程中，在录入科研人员投入时间后，得出项目进展报告，项目进展报告既可以是暂停项目乃至中止项目的依据，也可以是项目继续推进，最终完成项目，提交项目验收申请，验收项目申请的依据，具体是项目进展的效果而定。无论是中止项目，抑或是最终验收项目，都需要在最后阶段登记完成项目信息。

（2）科研成果鉴定模块。在高校科研管理中，科研人员包括教师乃至学生的科研成果鉴定是非常重要的内容，科研成果鉴定既是确保科研成果真实性，查看科研成果等级的重要工作，也是科研成果得以应用到其他管理项目中的必要手段，比如高校教师评职称，又如学生奖学金申请等。科研管理系统的设定中，科研成果（包括论文、专利、专著、著作权等）信息录入有三个不同的层级，第一层级为科研成果信息第一作者自己录入，需经科研秘书的部门审核以及成果管理员的学校审核，审核过关后录入刊物信息，而经科研秘书录入的论文则只需经过成果管理员的二次审核，经成果管理员则可以直接录入成果信息。

（3）科研经费管理模块。在科研管理中，经费管理是不可或缺的内容，有效地经费管理是保障每一笔科研经费都花到实处，提升科研经费使用效能，尽可能降低科研经费浪费、贪污等现象的必要保证。因而，在科研管理系统的研发中，科研经费模块与科研项目、科研成果、科研考评等量齐观。科研经费模块分经费查询与经费管理两大块，经费管理居核心位置。经费管理分为三步，分别是经费进账，经费提取、转拨经费、经费支出，项目年度经费结转。在经费进账中，要设置好不同类型项目的经费比例，主要是面向市场应用的横向项目以及以科学研究为目的的纵向项目。同样，在经费提取中，也要以横向项目、纵向项目为依据，设置相应的经费提取比例。

（4）科研考评模块。科研考评是科研管理中非常必要的内容，对优化高校科研管理有着相当积极的作用。科学合理的科研考评机制既可以准确地反馈出高校科研人员的工作成果与工作业绩，同时也能借助相应的奖励机制予以表彰，激发、维系其从事科研的信心。科研管理系统中的科研考评模块功能分为两个相关互联的子系统，科研工作量计算以及科研奖励计算，科研工作量计算以计算系数、计算公式、基准等设置为前提，在此基础上到处工作量的计算结果，科研奖励结果计算以设置计算方法为前提，然后依托于计算方法计算相应的科研奖励，导出科研奖励结果，在科研奖励计算中，科研工作量是重要的参考依据，科研工作量越大，奖励越高。

6.8 学生管理信息化

随着高等教育的不断改革和发展，高校招生规模的扩大带来了各级学生工作管理人员负责管理的学生数量的逐步增加，采用传统的手工方式处理日常业务，需要管理人员投入太多的时间和精力，也要求投入更多的人力和财力。学生培养机制的逐步灵活，适应了高校培养综合型人才的要求，但是灵活的培养机制，带来了学生的上课时间和课余时间的不统一，学生的管理部门根据培养机制不断变化，势必减少了与学生的沟通时间和对学生的了解，也不利于尽快地掌握学生的第一手资料。人性化的管理要求刚性管理和柔性管理相结合，在刚性管理中加入柔性管理的因素，在柔性管理中使用刚性管理的规定。❶但是，这样经常导致执行管理规定的过程中需要反复宣传和强调，并且容易出现失误，管理的规定难以落实。因此，结合学校学生工作管理的特点，利用当前先进成熟的计算机技术、数据库技术及网络技术为基础，建设和使用一套先进的、高效的、可用的、符合学校实际情况的学生管理信息系统的就显得尤其重要。❷

6.8.1 学生管理系统的技术方案

学生工作管理系统需要本着实用、先进、开放、可靠、可扩展的设计原则，采用当前比较先进的 J2EE 结构技术，将先进的办公自动化管理思想和教育管理思想溶于系统之中，采用数据驱动、分级管理、组件化部署、模块化组装的设计思路，将个人办公、日常管理、组织管理以及系统维护等模块有机的集成，实现高校学工管理的数据信息化、流程信息化、决策信息化，最终达到数据共享、管理自动化、管理智能化的目的。❸

1. 系统的技术要求

（1）B/S 架构模式。系统应该采用 Web 应用下的 B/S 模式研发，系统

---

❶ 刘德新，汪龙梅，金晓春.我国高校学生管理工作的信息化建设 [J].教育与职业，2016（16）：38–40.

❷ 陈秀才.新时期如何提升高校学生管理工作的有效性 [J].中小企业管理与科技（中旬刊），2016（3）：175.

❸ 赵津苹.基于智能终端的跨平台学生信息管理系统设计与实现 [D].沈阳：东北大学，2015.

在应用服务器上部署好后，用户不需要安装任何客户端软件，直接采用浏览器即可访问系统功能，更为方便地使用系统。

（2）数据集中化。系统应该采用大中型关系型数据库（如 Oracle）对各项数据进行集中管理，这样既可以做到数据的及时更新汇总，也可方便数据的备份恢复等维护工作。

（3）高度模块化。系统应该是由多个业务子系统组成，子系统间可根据业务需求，通过业务数据配置和元数据配置建立联系，同时也具有很大的独立性。❶

（4）高度参数化。科研管理系统中的奖励、科研积分和成果统计等模块都应该可以由用户自定义，这样方便学校随时根据业务变化来调整系统参数。

（5）跨平台性。科研管理系统应该采用 JAVA 开发技术和 N 层应用体系结构，数据库服务器系统、Web 服务器系统和应用服务器系统可以运行于包括 Windows NT/2000/2003/2008、Unix 和 Linux（Red Hat Linux）等多种操作系统平台上。

（6）高效缓存。为提高系统运行速度，加强多用户同时访问系统时的系统反应能力，系统应采用先进的缓存技术，有效提高系统的运行性能。

6.8.2 学生管理系统的功能设计

系统中需要实现综合管理、奖惩管理、资助管理、思政管理等子系统大类，优化业务流程，数据共享一致，围绕着学生从入校到离校的过程，对各类业务流程进行整合。其系统的功能结构图如图 6-7 所示。

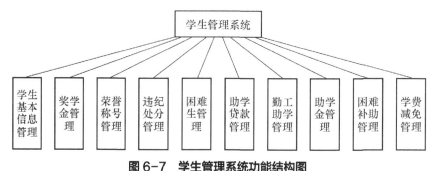

图 6-7　学生管理系统功能结构图

---

❶　朱建良 . 信息化背景下高校学生信息管理创新研究 [D]. 宁波：宁波大学，2013.

1. 学生基本信息管理

学生管理处系统管理员可以设置和修改学生的基本信息，其中主要包括基本信息修改设置、基本信息修改申请、基本信息修改审核、学生基本信息管理、班级管理、学籍异动管理、毕业生管理、学生基本信息统计报表等。

（1）基本信息修改设置。学生处相关管理老师可以设置学生基本信息修改的时间、学生范围、流程以及各类人员可维护的内容清单，审核过程中的学生申请可由学生处老师进行强制审核通过。

（2）基本信息修改申请。各级管理老师（学生处相关管理老师、院系学工负责人、辅导员等）可以对个人基本信息进行确认和变更，管理员可设置审核流程、各流程中可维护的字段信息，审核后系统自动更新基本信息。学校管理人员通过查看审核统计数据，进行批量审核。

（3）基本信息修改审核。各级管理老师（学生处相关管理老师、院系学工负责人、辅导员等）可以对个人基本信息进行确认和变更，管理员可设置审核流程、各流程中可维护的字段信息，审核后系统自动更新基本信息。学校管理人员通过查看审核统计数据，进行批量审核。

（4）学生基本信息管理。各级管理老师（学生处相关管理老师、院系学工负责人、辅导员等）可以维护和查询自己管辖范围内的学生信息，包括学生个人基本信息、奖惩信息、资助信息等。系统提供数据接口，可进行批量数据导入，或将查询和统计的结果数据导出成 Excel 表格。系统实现数据集成后，学生的部分信息可以通过数据集成平台从其他系统共享而来（如学籍信息将来自教务系统）；学工系统只对学工业务相关的学生信息内容进行维护。学生处相关管理老师可以通过批量处理的方式，将已经毕业的学生设置成为毕业生。毕业生在系统中的所有数据将会迁移到历史库。

（5）班级管理。系统提供班级信息的维护与管理，包含班级代码、班级名称、专业、年级、人数等信息等；班级的相关信息也可以通过数据集成的方式进行获取，并在该模块提供查询。系统提供数据接口，可将查询和统计的结果数据导出成 Excel 表格。

（6）学籍异动管理。系统提供学生学籍异动的维护与管理，包含异动学年、异动学期、异动类别、异动原因类别等；学籍异动的相关信息也可以通过数据集成的方式进行获取,并在该模块提供查询。系统提供数据接口,可将查询和统计的结果数据导出成 Excel 表格。

(7)毕业生管理。毕业生管理供学生处和院系的管理老师对已经毕业的学生信息进行查看,包括学生的学号、姓名、民族、出生日期、院系、班级名称、专业、联系方式、家庭信息等。系统支持按照院系、班级等关键字进行查询,并提供数据接口,可将查询和统计的结果数据导出成 Excel 表格。

(8)学生基本信息统计报表。系统可以提供可自定义的学生基本信息明细表和统计表。用户可自行选择需要的字段(如学号、姓名、现在年级、班级名称、院系名称等)进行报表的查询统计以及保存打印。

2. 奖学金系统

学生管理处系统管理员可以设置和修改奖学金相关的基本信息,其中主要包括奖学金设置、奖学金申请、奖学金审核、奖学金管理、奖学金统计和报表等功能。

(1)奖学金设置。学生管理处可自行维护奖学金的种类(如:综合奖学金、国家奖学金、文体优秀奖等)、等级、金额等信息,设置各个奖项的审核流程以及评定时间。

(2)奖学金申请。学生可见当前学校开通的所有奖学金种类,选中自己希望获得的奖学金,然后提交申请,对于不符合条件的学生,申请时系统直接提示学生"不符合申请"。申请提出后,学生可查看申请的处理进度。

(3)奖学金审核。根据各个奖项的审核流程设置,各级审核人员对学生的奖学金申请信息进行审核;系统支持批量审核。院校管理人员可以代替学生手工添加学生的奖学金申请信息。学校审核通过后可以导出成 Excel 表格,为财务进行费用发放提供参考。

(4)奖学金管理。奖学金管理功能提供给学校管理人员新增、维护、查询学生的奖学金获得信息,包括奖学金名称、评定等级、评定学年、学号、姓名、院系等信息。系统提供数据接口,可进行批量数据导入,或将查询和统计的结果数据导出成 Excel 表格。

(5)奖学金统计和报表。系统需要提供可自定义的奖学金获奖信息明细表和统计表。用户可自行选择需要的字段(如奖学金名称、评定学年、院系),进行报表的查询统计以及保存打印。

3. 荣誉称号管理

学生管理处系统管理员可以设置和修改学生荣誉称号相关的基本信息，其中主要包括荣誉称号设置、荣誉称号申请、荣誉称号审核和荣誉称号统计报表等功能。

（1）荣誉称号设置。学校管理人员维护查询学生的个人荣誉称号的获得信息以及集体荣誉称号的获得信息，例如，荣誉称号名称、评定等级、金额等。系统提供数据接口，可进行批量数据导入，或将查询和统计的结果数据导出成 Excel 表格。

（2）荣誉称号申请。学生可见当前可申请学校已开通的所有个人荣誉称号种类，选中自己希望获得的荣誉称号提交申请；对于不符合条件的学生，申请时系统将直接提示"不符合申请条件"。申请提出后学生可随时查看申请的处理进度。

（3）荣誉称号审核。根据各个奖项的审核流程设置，各级审核人员对学生的荣誉称号申请信息进行审核；系统支持批量审核。院系管理人员可以代替学生，手工添加学生的荣誉称号申请信息。学校审核通过后可以导出成 Excel 表格，为财务进行费用发放提供参考。

（4）荣誉称号统计报表。用户可自行选择需要的字段（如评定学年、荣誉称号、院系），进行报表的查询统计以及保存打印。

4. 违纪处分系统

学生管理处系统管理员可以设置和修改学生违纪处分相关的基本信息，其中主要包括违纪处分设置、违纪处分管理、违纪处分上报审核、违纪处分查看、违纪处分解除申请、违纪处分解除审核和违纪处分统计报表等功能。

（1）违纪处分设置。学生管理处管理员可以设置违纪的类型（如破坏公物、考试作弊、夜不归宿等）和处分的类型（如警告、严重警告、记过、留校察看、开除等），以及是否存在察看期以及处分管理单位。

（2）违纪处分管理。学生管理处相关管理老师审核院系上报的处分，记录最终处分处理信息，直接维护学生所受处分的信息。系统提供数据接口，可进行批量数据导入，或将查询和统计的结果数据导出成 Excel 表格。

（3）违纪处分上报审核。各院系可以上报自己院系学生的违纪情况（例如，学号、姓名、院系、违纪类型、违纪事件等），并给出处分建议。

（4）违纪处分查看。各个院系学工负责人、辅导员都可以看到自己所管理的学生的违纪处分情况，学生自己也可看到个人的违纪处分情况。违纪处分情况包含学号、姓名、院系、班级、违纪类型、违纪日期、处分学年、处分类型、处分日期等内容。

（5）违纪处分解除申请。学生在处分察看期结束后，可自行申报解除处分，在申报的过程中详细填写解除的原因，所依据的条例等。申请提出后，学生可查看申请的处理进度。

（6）违纪处分解除审核。各级管理老师根据设置的流程对学生的解除处分申请进行审核，若未通过可将申请退回。

（7）违纪处分统计报表。系统需要提供可自定义的违纪处分信息明细表和统计表。用户可自行选择需要的字段（如处分类型、处分学年、院系），进行报表的查询统计以及保存打印。

5. 困难生系统

学生管理处系统管理员可以设置和修改困难生相关的基本信息，其中主要包括困难生设置、困难生申请、困难生审核、困难生管理和困难生统计报表等功能。

（1）困难生设置。学生管理处系统管理员可以设置学校的困难生等级、家庭困难类型、高档消费品类型以及申请起止时间、审核流程等信息。

（2）困难生申请。学生在学校规定的申请时间内网上填写困难生认定表格上的相关信息，包括学号、困难类型、家庭收入等，提出困难认定申请，申请提出后可查看申请的处理状况。

（3）困难生审核。根据设定的流程，各级管理老师可以查看自己所管理的学生中目前等待处理和已经处理的统计情况；可以查看学生填写的申请表中的信息和该学生在学校的表现，可以修改学生的困难等级等信息；可以批量审核通过或驳回学生的困难生资格认定申请，也可手工新增学生为困难生。

（4）困难生管理。供学校管理人员维护查询学生的困难认定信息，例如，学号、姓名、班级、院系、困难类型等。系统提供数据接口，可进行批量数据导入，或将查询和统计的结果数据导出成 Excel 表格。

（5）困难生统计报表。系统提供可自定义的困难生信息明细表和统计表。用户可自行选择需要的字段（如评定学年、院系、姓名），进行报表的查询统计以及保存打印。

6. 助学贷款系统

学生管理处系统管理员可以设置和修改和助学贷款管理相关的基本信息，其中主要包括贷款设置、国家贷款管理、国家贷款申请、国家贷款审核、放款管理、还款管理、违约管理、贷款统计报表等功能。

（1）贷款设置。学生管理处相关管理老师可设置多家贷款的银行、分支机构的信息。设置学生申请贷款金额范围、申请时间、审核流程等信息。

（2）国家贷款管理。提供学校管理人员维护查询学生的贷款信息，例如，学号、姓名、贷款总金额、贷款时间等。系统提供数据接口，可进行批量数据导入，或将查询和统计的结果数据导出成 Excel 表格。

（3）国家贷款申请。学生网上可申请贷款，填写贷款申请表，学生需要填写的信息包括学号、姓名、银行、申请日期、申请学年、金额、借款起止时间等。学生申请可一次申请一年也可一次申请多年的贷款。申请提出后可查看申请的处理进度。

（4）国家贷款审核。各级管理老师可根据定义好的流程进行审核。审核过程中可查看学生的综合表现信息。终审通过后可形成一份需贷款的学生名单，并可将此名单送交到银行作为制作合同的基础数据。

（5）放款管理。学生管理处相关管理老师导入或者维护银行对学生的放款信息（如学号、班级、院系、放款日期、放宽金额等），作为学生实际贷款情况的唯一认定信息。系统提供数据接口，可进行批量数据导入，或将查询和统计的结果数据导出成 Excel 表格。

（6）还款管理。学生管理处相关管理老师导入或者维护学生的毕业还款情况（如签还款协议、签展期协议、结清），作为学生毕业离校的依据。系统提供数据接口，可进行批量数据导入，或将查询和统计的结果数据导出成 Excel 表格。

（7）违约管理。学生管理处相关管理老师导入或者维护学生的违约情况（如学号、姓名、院系、逾期天数等），便于查询和统计。系统提供数据接口，可进行批量数据导入，或将查询和统计的结果数据导出成 Excel 表格。

（8）贷款统计报表。系统提供可自定义的学生贷款信息明细表和统计表。用户可自行选择需要的字段（如院系代码、贷款学年），进行报表的查询统计以及保存打印。

7. 勤工助学管理

学生管理处系统管理员可以设置和修改勤工助学管理相关的基本信息，其中主要包括用人单位管理、岗位管理、岗位申请、岗位审核、勤工助学查询、报酬发放申请审核、黑名单管理、勤工助学情况统计报表、薪酬发放情况统计报表等功能。

（1）用人单位管理。学生管理处相关管理老师可设定勤工助学的单位信息、各单位负责人及其联系信息以及单位月工资上限等情况。

（2）岗位管理。学生管理处可设定各个勤工助学用工单位的岗位信息、各用工单位负责人发布本单位的用工信息（如用工单位、岗位名称、需求人数、学年等），经过学校审核后，形成全校的用工信息。岗位可以设置学生申请条件（如是否困难生、是否可多岗位任职），便于排除掉不符合条件的学生申请。

（3）岗位申请。学生可针对学校开放的岗位进行申请，学生申请时，受到岗位上设定的条件限制。对于不符合条件的学生，申请时系统直接提示"不符合申请"。

（4）岗位审核。学生申请后用工单位和学校进行审核，最终确定学生的上岗信息。用工单位和学生处也可自行终止或添加上岗的学生信息（受人数限定）。用工单位可在系统中给学生发送面试通知。

（5）勤工助学查询。辅导员和院系学工负责人查询自己管理范围内的学生的勤工助学上岗情况以及报酬发放情况。

（6）报酬发放申请审核。用工单位上报本单位在岗的勤工助学学生的报酬，学生处进行审核，或者学生处直接进行在岗学生的报酬计算。最终的学生报酬情况可通过报表导出，交由财务进行发放。

（7）黑名单管理。学生管理处可维护一些在勤工助学的岗位上表现不好的学生，具体信息包括学号、姓名、性别、院系、加入日期、加入原因等，通过这些信息的录入限制该部分学生进行下一次的岗位申请。

（8）勤工助学情况统计报表。系统提供可自定义的勤工助学上岗信息以及报酬发放明细表和统计表。用户可自行选择需要的字段（如院系、用工单位等），进行报表的查询统计以及保存打印。

（9）薪酬发放情况统计报表。系统提供薪酬发放信息的明细报表以及图表方式的统计报表。

8. 助学金系统

学生管理处系统管理员可以设置和修改助学金管理相关的基本信息，其中主要包括助学金设置、助学金申请、助学金审核、助学金管理和助学金统计报表等功能。

（1）助学金设置。学生管理处可自行维护助学金的种类（如国家助学金、省助学金、校助学金等）、等级、金额等信息，设置各个奖项的审核流程以及评定时间。

（2）助学金申请。学生可见当前可申请学校已开通的所有助学金种类，选中自己希望获得的助学金提交申请，对于不符合条件的学生，申请时直接提示学生"不符合申请"。申请提出后学生可随时查看申请的处理进度。

（3）助学金审核。根据各个奖项的审核流程设置，各级审核人员对学生的助学金申请信息进行审核。审核过程中，可以逐个审核，可以依据申请统计结果进行批量审核，可以手工添加新的获奖信息。学校审核通过后可以导出 Excel 格式清单文件，提供财务发放使用。

（4）助学金管理。供学校管理人员维护查询学生的助学金获得信息，包括学号、姓名、评定等级、金额等信息。

（5）助学金统计报表。系统提供可自定义的助学金获奖信息明细表和统计表。用户可自行选择需要的字段（如助学金名称、评定学年、院系），进行报表的查询统计以及保存打印。

9. 困难补助系统

学生管理处系统管理员可以设置和修改困难补助管理相关的基本信息，其中主要包括困难补助设置、困难补助申请、困难补助审核、困难补助管理和困难补助统计报表等功能。

（1）困难补助设置。学生管理处可自行维护困难补助的种类（如特困补助、临时困难补助等）、等级、金额等信息，设置各个奖项的审核流程以及评定时间。

（2）困难补助申请。学生可见当前可申请（学校开通）的所有困难补助种类，选中自己希望获得的困难补助提交申请，对于不符合条件的学生，申请时直接提示学生"不符合申请"。申请提出后学生可随时查看申请的处理进度。

（3）困难补助审核。根据各个奖项的审核流程设置，各级审核人员对学生的困难补助申请信息进行审核。审核过程中，可以逐个审核，可以依据申请统计结果进行批量审核，可以手工添加新的获奖信息。学校审核通过后可以导出 Excel 格式清单文件，提供财务发放使用。

（4）困难补助管理。提供学校管理人员维护、查询学生的困难补助获得信息，具体包括困难补助名称、评定学年、申请起止日期的信息。

（5）困难补助统计报表。系统提供可自定义的困难补助获奖信息明细表和统计表。用户可自行选择需要的字段（如困难补助名称、评定学年、院系），进行报表的查询统计以及保存打印。

10. 学费减免系统

学生管理处系统管理员可以设置和修改学费减免管理相关的基本信息，其中主要包括学费减免设置、学费减免申请、学费减免审核、学费减免管理、学费减免统计报表等功能。

（1）学费减免设置。学生管理处可自行维护学费减免的种类（如西部助学、参军等）、等级、金额等信息，设置各个奖项的审核流程以及评定时间。

（2）学费减免申请。学生可见当前可申请学校已开通的所有学费减免种类，选中自己希望获得的学费减免提交申请，对于不符合条件的学生，申请时直接提示学生"不符合申请"。申请提出后可查看申请的处理进度。

（3）学费减免审核。根据各个奖项的审核流程设置，各级审核人员对学生的学费减免申请信息进行审核。审核过程中，可以逐个审核，可以依据申请统计结果进行批量审核，可以手工添加新的获奖信息。学校审核通过后可以导出 Excel 格式清单文件，提供财务发放使用。

（4）学费减免管理。提供给学校管理人员维护查询学生的学费减免获得信息，包括学号、姓名、评定等级、金额等具体信息。

（5）学费减免统计报表。系统提供可自定义的学费减免获奖信息明细表和统计表。用户可自行选择需要的字段（如学费减免名称、评定学年、院系），进行报表的查询统计以及保存打印。

第7章
高校主数据中心

高校在信息化建设的过程中，在完成各类结果数据沉淀的同时，为各级各类型业务部门利用信息技术和手段开展业务办理，提供了有效的应用环境。在业务办理过程中，因为有了基于独立面向单体业务开发的各类业务应用系统，办理效率在大幅提升，从学校整体运营层面大大降低了因为人工方式带来的运营成本。尽管如此，在信息化建设的道路上仍然有很多的空间需要提升。数据是重要资源，成为新时代最具价值的宝藏，是新一轮国际竞争的重点领域，同时数据精细化管理也是一种重要的方法和思维方式的革命，我国已将其置于国家战略高度加以推动。大数据背景下的媒体融合正以一种全新的生产方式改变着传媒产业的内容生产、传播渠道和媒介生态环境；媒体融合将进入从大数据与人工智能结合寻求媒体新产业模式与融合创新的智能时代，大数据、人工智能是融媒体技术的制高点，也是融媒体快速发展的巨大推动力。❶

当前，高校基本上已经建成一站式服务大厅、资产、研究生、学工、教务、图书馆、人事、科研、后勤、财务、一卡通、OA 等系统，信息化建设初见成效，基于这些业务信息化的应用，促进了业务部门的信息化应用程度的提升，同时也积累了大量的涵盖多业务域的价值数据。但由于缺少系统的数据治理思路和方法，学校目前仍处于信息孤岛消除的初级阶段。

在高校信息系统建设过程中，传统的数据组织和利用方式的劣势随着信息化服务的推进渐渐显露出来：普遍存在"重功能轻数据"的情况，对

---

❶ 钱鹏程．基于主数据管理技术的企业信息集成方法研究 [D]．上海：上海交通大学，2009.

学校的数据缺乏校核机制、数据全生命周期管理，导致有问题的数据不断沉淀，问题数据无法准确溯源，也无法建立确实有效的维护策略，归责不清晰，导致数据质量越来越差，主要包括数据多样化，缺少统一的标准，集成困难；数据分散，形成信息孤岛，共享困难。❶ 通过建设主数据平台与数据治理服务，推进校内教育数据的汇聚、应用等管理办法和工作机制建设，推进各部门的业务系统数据汇聚，推进面向教育的数据服务平台建设，开发教育数据分析与应用系统，可以着力提升数据的共享水平和服务教学、科研与管理的能力。

7.1 主数据平台建设

高校通过主数据平台建设，实现全校各个业务系统的数据互联互通和共享交换，进行数据资产的全生命周期管理，实现数据资产供给、共享交换、数据质量等情况的实时监测和可视化呈现，明确数据产生源头和管理权责，展示各部门需要维护的数据标准和代码标准，以及学校、部门和个人等多个维度数据交换和数据质量情况。

7.1.1 主数据平台总体架构

目前，高校校内数据的复杂性和个性化程度非常高，数据层面的建设不可能一蹴而就，必须是一个循序渐进、逐步提升的过程。从信息标准的重新梳理开始，到校级统一主数据平台的建设，再到基于主数据的数据盘点和数据利用，基于数据应用的持续建设，发现数据问题，在数据源头优化数据质量，在这个过程中需要根据学校的实际业务发展与需要，不断调整校内信息标准与数据状况，才能让学校数据符合学校业务发展需要。❷ 因此，需要建设以学校的主数据为基础、数据质量为核心、可持续发展为

---

❶ 查永军.大数据与高校院系治理 [J]. 中国电化教育，2018，372（1）：59-63；锁志海.西安交通大学教育大数据分析驱动智慧教育 [J]. 中国教育网络，2017（10）：20-21.

❷ 王益.数据中心信息交换平台的研究与设计 [J]. 中国教育信息化，2010（21）：16-17；向禹.高校档案资源异构数据采集研究与实现 [J].农业图书情报学刊，2015（6）：18-21.

目标的校级主数据中心，在提供先进管理工具的同时，帮助学校建立数据生态圈，确保学校数据层面建设健康有序的发展与提升。

采取符合高校数据现状的解决之道，使用主数据管理平台和数据应用"定标准，建平台，再治理"的建设思路，在数据层面逐步形成闭环管理，彻底解决高校数据建设带来的弊端和问题，具体架构如图 7-1 所示。

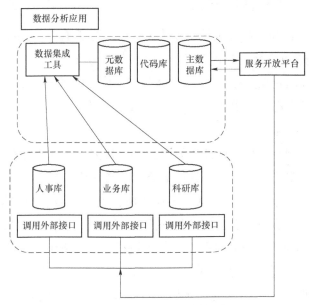

图 7-1 主数据平台总体架构图

如图 7-1 所示，首先利用主数据管理平台中的数据集成工具抽取、复制、整合业务数据进入校级主数据库，然后由主数据管理平台分发数据到相应的应用系统，实现各应用系统之间的数据共享及互操作，加强系统间的协作；其次，支撑基于集成数据的校级综合业务处理，反向推动源头业务系统规范使用及数据质量提升；再次，在数据质量有一定保障的前提下，校级主数据库可以把主数据推向数据仓库，支撑多维数据分析挖掘，辅助管理与决策；❶ 与此同时，分析结果也可以作为衍生主数据同步到校级主数据库，供应用系统再次使用；系统建设过程中，需要梳理校内信息标

---

❶ 刘禅，谭章禄.大数据条件下企业数据共享实现方式及选择 [J].情报杂志，2016，35（8）：169-174；赵飞.基于全生命周期的主数据管理 [M].北京：清华大学出版社，2015：218-249.

准，加强信息标准执行状况，完成数据的整合，形成统一的校级主数据；强化数据存储，丰富历史数据；进行数据质量盘点和治理，暴露数据问题，补全数据缺失；建立数据运营服务体系，打造持续健康发展的数据生态圈。

7.1.2 主数据平台技术路线

主数据平台和系统均采用 B/S 结构，可运行于 Unix、Linux、Windows 等高安全性操作系统，包含 32 位与 64 位操作系统。开发技术采用 J2EE 标准、组件技术及在数据交换上对 XML 的支持，使系统功能最优化❶，同时将整体系统内部在技术上的相互依赖性减至最低。

1. SOA 架构

遵循统一规划、顶层设计的原则，SOA 架构从技术角度实现学校已有的数据资源、身份认证和访问界面的集成，搭建统一的应用集成框架，支持未来应用的可持续发展，从"实现使用价值"的角度使得学校的总体收益最大化。平台及应用系统软件采用 B/S 结构，遵循 J2EE 的技术路线，采用 Java 编程语言和服务器端 Java 技术进行开发，系统基于 Oracle 11g 及以上版本。系统遵循 SOA/SCA 技术标准，采用 SOA 技术架构、基于服务层框架实现解耦（包括展现层和应用层解耦、子系统间解耦、进程间解耦），服务调用规范化，尽量减少各子系统在技术上的相互依赖性（软件对平台、软件对数据、软件对软件、平台对平台等），使任意一个子系统未来的减少、增加和变更，不影响其他子系统和总系统，从而最大限度地保护既有的投资，减少对系统的维护和未来开发的投入。

2. J2EE 开发技术

J2EE 平台是目前为企业级应用所提供的分布式、高可靠性、先进的解决方案。J2EE 也是一个已经被实践证明的、成熟的、成功的企业级应用解决方案，并拥有大量的成功案例。J2EE 架构一般在大中型应用中使用比较多，选择了 J2EE 也就意味着选择了一个开放、自由、大型的技术应用平台。J2EE 核心是一组技术规范与指南，其中所包含的各类组件、服务架构

---

❶ 赵艳妮，郭华磊. 基于 XML 的异构数据库迁移技术研究 [J]. 计算机与数字工程，2018，46（1）：129–133.

及技术层次，均有共通的标准及规格，让各种依循 J2EE 架构的不同平台之间，存在良好的兼容性，解决过去企业后端使用的信息产品彼此之间无法兼容，导致企业内部或外部难以互通的窘境。

J2EE 技术的基础就是核心 Java 平台或 Java 2 平台的标准版，J2EE 不仅巩固了标准版中的许多优点，例如"编写一次、随处运行"的特性、方便存取数据库的 JDBC API、CORBA 技术以及能够在 Internet 应用中保护数据的安全模式等，同时还提供了对 EJB（Enterprise JavaBeans）、Java Servlets API、JSP（Java Server Pages）以及 XML 技术的全面支持。其最终目的是成为一个能够使企业开发者大幅缩短投放市场时间的体系结构。J2EE 为搭建具有可伸缩性、灵活性、易维护性的商务系统提供了良好的机制。

（1）保留现存的 IT 资产。由于学校 IT 系统必须适应新的发展需求，利用已有的信息系统方面的投资，而不是重新制定全盘方案就变得很重要。这样，一个以渐进的，而不是激进的、全盘否定的方式，建立在已有系统之上的服务器端平台机制是学校所需要的。J2EE 架构可以充分利用用户原有的投资，因为 J2EE 拥有广泛的业界支持和一些重要的"企业计算"领域供应商的参与。每一个供应商都对现有的客户提供了不用废弃已有投资，进入可移植的 J2EE 领域的升级途径。由于基于 J2EE 平台的产品几乎能够在任何操作系统和硬件配置上运行，现有的操作系统和硬件也能被保留使用。

（2）高效的开发。J2EE 允许开发人员把一些通用的、很繁琐的服务端任务交给中间件供应商去完成。这样开发人员可以集中精力在如何创建商业逻辑上，相应地缩短了开发时间。高级中间件供应商提供复杂的中间件服务。其中状态管理服务可以让开发人员写更少的代码，不用关心如何管理状态，这样能够更快地完成程序开发；持续性服务可以让开发人员不用对数据访问逻辑进行编码就能编写应用程序，能生成更轻巧、与数据库无关的应用程序，这种应用程序更易于开发与维护；分布式共享数据对象 CACHE 服务可以让开发人员编制高性能的系统，极大提高整体部署的伸缩性。

（3）支持异构环境。J2EE 能够开发部署在异构环境中的可移植程序。基于 J2EE 的应用程序不依赖任何特定操作系统、中间件、硬件。因此，设计合理的基于 J2EE 的程序只需开发一次就可部署到各种平台。这在典型的异构企业计算环境中是十分关键的。J2EE 标准也允许客户订购与 J2EE 兼容的第三方的现成的组件，把它们部署到异构环境中，节省了由自己制订整个方案所需的费用。

（4）可伸缩性。学校必须要选择一种服务器端平台，这种平台应能提供极佳的可伸缩性去满足那些在他们系统上进行访问的大批用户。基于 J2EE 平台的应用程序可被部署到各种操作系统上。例如可被部署到高端 UNIX 与大型机系统，这种系统单机可支持 64 至 256 个处理器（这是 NT 服务器所望尘莫及的）。J2EE 领域的供应商提供了更为广泛的负载平衡策略，能消除系统中的"瓶颈"，允许多台服务器集成部署。这种部署可达数千个处理器，实现可高度伸缩的系统，满足未来应用的需要。

（5）稳定的可用性。一个服务端平台必须能够 24 小时运转以满足实际运行的需要。因为 INTERNET 是全球化的、无处不在的，即使在夜间按计划停机也可能造成严重损失。若是意外停机，那会有灾难性后果。J2EE 部署到可靠的操作环境中，它们支持长期的可用性。一些 J2EE 部署在 WINDOWS 环境中，客户也可选择健壮性能更好的操作系统如 Sun Solaris、IBM OS/390。在智慧校园的解决方案中选择 J2EE 体系结构主要是看好 J2EE 目前本科类高校开发、支持异构环境、伸缩性强等特点适应高校的现状。同时，J2EE 提供中间层集成框架用来满足不需要太多费用而又需要高可用性、高可靠性以及可扩展性的应用的需求。通过提供统一的开发平台，J2EE 降低了开发多层应用的费用和复杂性，同时提供对现有应用程序集成强有力支持，完全支持 Enterprise JavaBeans，有良好的向导支持打包和部署应用，添加目录支持，增强了安全机制，提高了性能。

3. 开发和运行结构

系统开发及运行结构基于后台数据库的三层架构，即 Web 服务器、应用服务器和数据库服务器：Web 层负责对应用的展示，应用层封装业务逻辑，数据库服务层提供联机事务处理。在三层架构基础上，采用 MVC（Model-View-Controller）加上服务容器的体系架构，支持各层之间的松耦合，从而做到服务到业务流程可配置和可重构。将其他应用包装（Wrap）为服务，有效、无缝地接入到服务容器，与其他应用程序实现集成。

采用基于 Eclipse 的集成可视化开发环境，集分析、设计、构造（开发、编译、测试、打包）、部署、测试等于一体，从需求分析、设计到代码自动生成，均在统一的开发环境中完成，实现了开发过程的自动化、规范化、标准化，保证了从需求到实现的一致性和可追踪性。

4. 分层体系结构

主数据平台系统所采用的体系架构为典型的 B/S 体系结构分层，采用 JAVA 编程语言和服务器端 JAVA 技术进行开发，将软件系统自下而上划分为数据层、业务逻辑层和表示层。

（1）数据层。该层为上层应用提供数据的物理存储和不同的数据模式，通过数据库管理系统保证数据和信息的完整性、关系、层次、结构、面向对象，并处理与数据库之间的交互，为整体智慧校园提供稳定的、安全的、可靠的、高质量的数据来源。

（2）业务逻辑层。该层的关注点集中于数据资源的获取、业务规则的制订、业务流程的实现等与业务需求有关的系统设计，是用来操作、控制、加工数据的程序部分，完成业务上的数据校验。业务逻辑层的设计对于一个支持可扩展的架构尤为关键，因为它扮演了两个不同的角色。对于数据访问层而言，它是调用者；对于表示层而言，它却是被调用者。依赖与被依赖的关系都纠结在业务逻辑层上。在智慧校园软件系统中，业务逻辑层将各个应用系统集成起来构成一个数据共享、应用互通的整体系统，消除了信息孤岛。

（3）表示层。该层最终面向学生、教师、校领导、校友等不同角色的用户，采用门户技术和用户单点登陆技术建立一个横跨所有应用系统的校园综合信息门户，集中展现各应用软件的内容、信息和功能服务，并提供对计算机终端、手机、PDA、液晶大屏、触摸屏等接入方式的支持。

上述的分层设计结构中，层与层之间是一种弱耦合的结构，依赖是自上而下的，底层对于上层而言是"无知"的，改变上层的设计对于其调用的底层而言没有任何影响。

5. 面向对象的组件技术

采用面向对象的组件技术，着重于开发构成应用程序"业务对象"的可重复使用的组件，利用这些组件顺利地建立分布式应用程序，并通过业务组件库实现行业知识的积累。组件采有面向对象的思想构建，组件之间可以继承，组件之间从物理和逻辑上都是隔离的。计算机的不断发展为计算机及网络应用提供了大量技术先进、功能强大的应用软件系统，同时也给软件开发者和用户带来了相应的问题。首先，软件系统规模庞大、研制周期长、维护费用高。其次，软件系统过于复杂，在一个系统中集成了各种功能，大多数功能不能灵活地装卸、单独升级或重复利用。再次，应用软件不易集成，即使各应用程序是用相同的编程语言编写的，并且运行在相同的计算机上，特定应用程序的数据和功能也不能提供给其他应用程序使用。

为克服上述困难，实现软件"即插即用"，关键是解决软件系统的可操作性、可扩展性、语言独立性和跨平台的操作能力。软件编程由依赖于特定单机从头到尾编写，到依赖于操作系统，发展到面向对象的组件技术。面向对象的组件技术是一种完全独立于硬件和操作系统的开发环境，着重于开发构成应用程序"业务对象"的可重复使用的组件，利用这些组件，像搭积木一样地建立分布式应用程序。面向对象的组件技术在异构分布环境下为不同机器上的应用提供了互操作性，并无缝地集成了多种对象系统；另外，还大大加快了软件开发的速度，降低了软件开发和再开发的成本。

面向组件的应用程序也更易于扩展。高等学校的需求变化相当频繁，当需要实现新的需求的时候，可以提供一个新的组件，而不影响那些和新需求无关的组件。这些特点使得面向组件的开发降低了智慧校园项目长期维护的成本，这是一个最实际的问题。

面向对象组件化设计，并基于跨平台业界标准（包括 Java、XML 等）完全独立于硬件和操作系统的开发环境。面向对象的组件技术在异构分布环境下为不同机器上的应用提供了互操作性，并无缝地集成了多种对象系统；另外，组件的可重用性和可插拔性，可以大大加快软件开发的速度，降低了软件开发和再开发的成本，提供了系统良好的可伸缩性，使系统可以轻易地组合与拆分其功能模块。

6. 基于 Spring 的 MVC 结构

各应用系统充分利用现有先进技术手段，采用相同的体系结构和运行平台，基于多层架构和组件技术进行构建，整体架构基于 Spring 的 MVC 结构分为显示层、控制层、服务层、持久化层。组件的执行以模型进行驱动，每层都有相应的模型配置，引擎解析这些模型，自动实现各层的功能，做到系统结构层次清晰。所有应用逻辑、流程、数据等都应当能够根据实际业务要求的颗粒度进行封装。

MVC 是一种使用 MVC（Model View Controller，模型—视图—控制器）设计创建交互式应用程序的模式，MVC 模式在 GUI 程序中有很广泛的应用。

Model（模型）表示应用程序核心（比如数据库记录列表），是应用程序中用于处理应用程序数据逻辑的部分。通常模型对象负责在数据库中存取数据、程序的业务逻辑等。

View（视图）显示数据（数据库记录），是应用程序中处理数据显示的部分。通常视图是依据模型数据创建的。

Controller（控制器）处理输入（写入数据库记录），是应用程序中处理用户交互的部分。通常控制器负责从视图读取数据，控制用户输入，并向模型发送数据。

MVC 分层同时也简化了分组开发。不同的开发人员可同时开发视图、控制器逻辑和业务逻辑。

7. 接口支持

系统提供可供调用的业务数据 WebService 接口，并统一管理；提供标准的应用构建、接入规范，可以兼容任何符合接入标准的业务应用，并且提供丰富的应用程序编程接口或服务以供调用；遵循 Web Service 或 RESTful API 接口、Spring MVC Framework 标准架构；遵循 Web Components 规范，可使用 Google Polymer 开发包；同时为学校提供二次开发标准接口以及相关技术文档等。

面向服务的架构（SOA）是一个组件模型，它将应用程序的不同功能单元（称为服务）通过这些服务之间定义良好的接口和契约联系起来。接口是采用中立的方式进行定义的，它应该独立于实现服务的硬件平台、操作系统和编程语言。这使得构建在各种各样的系统中的服务可以以一种统一和通用的方式进行交互。

SOA 服务具有平台独立的自我描述 XML 文档。Web 服务描述语言（Web Services Description Language，WSDL）是用于描述服务的标准语言。SOA 服务用消息进行通信，该消息通常使用 XML Schema 来定义（也叫作

XSD，XML Schema Definition）。消费者和提供者或消费者和服务之间的通信多见于不知道提供者的环境中。服务间的通信也可以看作企业内部处理的关键商业文档。

在一个企业内部，SOA 服务通过一个扮演目录列表（Directory Listing）角色的登记处（Registry）来进行维护。应用程序在登记处（Registry）寻找并调用某项服务。统一描述，定义和集成（Universal Description，Definition，and Integration，UDDI）是服务登记的标准。每项 SOA 服务都有一个与之相关的服务品质（Quality of Service，QoS）。QoS 的一些关键元素有安全需求（如认证和授权），可靠通信（译注：可靠消息是指确保消息"仅且仅仅"发送一次，从而过滤重复信息），以及谁能调用服务的策略。

7.1.3　主数据平台建设需求

高校主数据平台的建设，主要在于梳理校内信息标准，加强信息标准执行状况；完成数据的整合，形成统一的校级主数据；强化数据存储，丰富历史数据；进行数据质量盘点和治理，暴露数据问题，补全数据缺失；建立数据运营服务体系，打造持续健康发展的数据生态圈；实现各应用服务及系统所需数据的共享交互。数据统一遵循学校建设的主数据管理平台数据集成标准。

1. 信息标准建设需求

信息标准建设需求主要包括信息子集建设、代码标准建设、数据模型标准建设、交换标准建设、信息标准管理建设、校标发布与查询建设。

（1）信息子集建设。信息子集建设包括学校基本情况信息子集、学生信息子集、教职工信息子集、教学管理信息子集、科研信息子集、资产信息子集、财务信息子集、办公信息子集等。

（2）代码标准建设。为每个管理子集建立相应的标准代码，以及代码的定义与说明。对已在国家标准或行业标准覆盖的代码必须遵循国标或行标的标准，对没有覆盖的部分可按学校实际情况建立。

（3）数据模型标准建设。对学校各信息子集的数据模型进行构建，主要针对分析场景和全局业务、全局统计进行设置。按照主题的形式对元数据、历史数据建立数据模型标准。对已在国家标准或行业标准覆盖的代码必须遵循国家标准或行业标准，对没有覆盖的部分可按学校实际情况建立。

（4）交换标准建设。制订学校交换数据描述、互换模型设计，交换周期，数据传输的标准，帮助用户建立统一的数据传输与数据交换规范，实现不同部门间、不同应用系统间的数据交换，具有良好的扩展性。明确学校未来加入的应用系统如何对接，以及相应的对接标准。

（5）信息标准管理建设。信息标准管理实现执行版本管理、历史版本管理和版本差异对比等功能。主要内容：执行代码管理需要包括新增、删除、撤销、迁移、取用等功能。版本管理需要包括代码导出、与前版本的差异导出，导出格式包括 Word、Excel 等。历史版本管理需要包括将历史版本设为执行版本，任意版本之间的差异度对比，版本删除等。

（6）校标发布与查询建设。与学校统一身份认证 CAS 集成，能够方便全校用户经过授权，查看授权范围内的校标标准、代码，归属业务部门信息等。

2. 主数据管理与共享平台建设需求

主数据管理与共享平台建设需求主要包括性能要求、元数据管理、元数据分析、主题域管理、历史数据管理、数据内容管理、公共数据授权管理、数据活跃度查询、数据资产报告、数据交换引擎部署要求、交换方式、数据库支持、文件格式支持、学校接口支持、数据交换作业设计工具、数据交换能力、作业发布、数据交换引擎管理、数据交换作业管理、交换作业监控管理、数据质量检测作业管理、数据质量报告、数据接口创建、数据接口调用账号管理、数据接口监控管理等。

（1）性能要求。支持 TB 级的数据存储及处理能力。

（2）元数据管理。支持元数据的关键字模糊查询功能；支持对数据子集、数据类、数据子类和数据项的增、删、改、查等功能；支持对现有业务数据系统提取元数据的功能；可以向数据子集导入数据子类，也可以导出一个或多个数据子类；可以实现数据类、数据子类和数据项的迁移；可以实现元数据多版本管理、版本回退及版本间的差异分析；日志管理实现元数据的变更监控及系统操作日志。

（3）元数据分析。这主要包括血缘分析，即向上追溯数据的来源业务系统，用于数据质量问题的追远溯源（字段级）；影响分析，即向下分析一个元数据对象对下游数据对象的影响，用于数据字典发生变更是，分析对下游系统的影响（字段级）；活力分析，元数据被访问的频度统计。

（4）主题域管理。数据仓库中的主题域设计须基于教育部最新的教育信息化数据标准及学校信息标准，对其存储的数据对象按合理的数据模型进行划分，应至少包含学校基本情况主题、学生数据主题、教职工数据主题、教学管理数据主题、科研数据主题、资产数据主题、财务数据主题、办公数据主题。

（5）历史数据管理。实现学校数据仓库整个生命周期内的数据完整性和历史数据留存，从而为满足上层数据多维分析、历史数据积累分析提供良好的支撑；提供历史数据备份功能，建立数据生命周期链，全自动化归档以天为周期的数据切片链；平台必须实现信息标准与主数据的配套历史联动机制，准确还原历史数据状态；提供方便的历史数据查看功能。提供任意两个时间节点的数据比较分析功能。

（6）数据内容管理。支持对公共数据平台中所有数据内容的增、删、改、查、导入、导出等操作；按照数据集分类提供数据查询功能；支持多条件过滤、跨表数据查询、自定义 SQL 查询语句。

（7）公共数据授权管理。提供数据权限管理，支持针对角色分配不同表和字段的增删查改权限。

（8）数据活跃度查询。监控全业务数据范畴的活跃性，量化业务吞吐流量，提供主数据整体变动情况统计查询（数据活跃度）。

（9）数据资产报告。平台支持对学校数据资产的信息标准采标率、主题覆盖率、变化趋势等资产数据质量评价，并导出统计文档。

（10）数据交换引擎部署要求。支持集群部署。数据交换过程不影响应用系统的正常运行。

（11）交换方式。支持异构平台、异构数据库、异构系统的数据交换和集成。系统支持同步、异步，增量、全表，定时、实时等多种交换方式。

（12）数据库支持。支持各类数据库的连接和输入、输出，应包括对Oracle、Sybase、DB2、MySQL、MS SQL Server、Informix 等主流关系型数据库。

（13）文件格式支持。支持 Excel，XML，JSON 等结构化数据文件的数据交换。

（14）学校接口支持。支持与学校接口平台数据接口进行数据交换。

（15）数据交换作业设计工具。提供可视化界面进行数据交换作业管理和设计工具，实现数据采集、交换、转换等工作的配置工作，保证系统的扩展部署和快速实施。提供便捷的数据交换任务的配置，通过简单的操作即可实现异构数据源和数据交换中心平台的数据同步，无需任何编码。

（16）数据交换能力。支持数据表交换，支持数据表逆向工程，获取数据结构，支持灵活的查询条件限定和数据字段选择；支持自定义 SQL 语句输入，并依据 SQL 语句自动生成数据结构；支持字段拆分，可以根据指定的分隔符来拆分字段；支持字段合并；支持行列转置；支持数据去重。

（17）作业发布。可以将开发调试完成的数据交换作业部署到数据交换引擎中，并通过数据交换管理端对其进行管理调度、优化治理。

（18）数据交换引擎管理。数据交换节点管理中可以新增、修改、删除、查询节点配置信息；配置交换节点与执行作业之间的关系，指定交换作业的执行节点。

（19）数据交换作业管理。目录管理，建立交换作业的目录管理；作业属性配置，执行日期、频度、消息推送等属性；支持作业流制定，定义了一组具有相互依赖关系的作业；支持接口触发：支持消息通知、文件到达等方式触发作业运行。

（20）交换作业监控管理。能够对作业流和作业执行的总体情况进行监控：作业流总体监控、作业流执行日志、作业总体监控、作业执行日志等；支持从作业执行情况及作业执行的时间分布情况，两个维度为用户提供数据交换过程中作业的统计分析，为用户合理地安排作业进度提供依据；交换节点监控，监控数据交换节点的健康状态、资源使用状态；资源监控，图形化的监控界面监控服务器资源情况包括物理内存使用情况、硬盘使用情况、连接状态、服务器工作状态等；异常情况汇总，需要对实时运行监控出来的异常信息进行汇总，提示异常节点、异常项以及异常原因。用户可以通过这里查看每项异常的详情。能够统计每天实时数据的处理情况，包括处理成功记录数、处理失败记录数、等待处理记录数；对各业务系统的上下行接口、表格数量进行统计与展示。

（21）数据质量检测作业管理。提供可视化界面进行数据质量检测作业管理和设计工具，对指定数据表、数据字段绑定检测规则及检测流程，无需任何编码；支持检测作业的发布管理、可进行查询、设置计划、执行作业、删除作业、查看最近一次执行结果的操作；支持设置作业运行计划，设定调度作业、启用作业和停用作业计划；支持作业执行的结果查询，可查看历史作业执行的结果。

（22）数据质量报告。数据质量报告至少包含被监测数据总量、检测规则数、脏数据占比、典型脏数据分析、整体及各主题数据质量评分；支持图形化展现，包括曲线图、柱状图、饼状图等，并可支持钻取到明细页面；支持查询周报、月报和年报生成记录；支持设置报告生成状态和推送情况，如是否推送、推送对象、推送方式。支持下载周报、月报和年报；支持在线预览报告详情。

（23）数据接口创建。实现数据接口的自定义：可自由指定公共数据库中表单、检索条件、自定义 SQL 语句生成标准的 REST 数据接口，数据接口支持参数变量；支持接口文档自动生成，具备数据服务接口的基本管理功能。

（24）数据接口调用账号管理。可实现数据接口授权管理，包括：支持多个接口调用账号，账号验证按支持密钥及 IP 地址限定，对账号分别授予数据接口的访问权限，限制访问频次，为应用提供安全的数据服务接口。

（25）数据接口监控管理。记录详细的数据访问服务日志信息，支持查看数据服务接口运行情况、调用统计图表、数据服务接口资源占用状态；可对数据服务接口的异常情况进行预警。

3. 数据报表查询建设需求

数据报表查询建设需求主要包括报表开发功能、个人数据查询、二级学院查询、部门数据查询。

（1）报表开发功能。支持所有分析报表展现遵循 HTML5 规范，支持手机、PAD 等移动终端访问，支持大屏可视化；支持基于数据集式的报表设计，支持自定义数据集，一次数据集获取可生成多张报表，支持报表的复用，支持查询 SQL、图表实时预览和个性化配置；支持系统变量及用户变量输入；支持当前图表指标列二次计算、重命名、格式化、过滤和排序；支持区分不同角色分别授权。

（2）个人数据查询。校内师生个人依据类别不同，可以分为若干个不同的类别和子类，平台可以根据学校需要支持个人数据二级目录展示，依据校内师生个人数据类别，面向本专科生、研究生、教职工三大类人群，包含但不限于以下一级类别：入学信息、基本信息、经历信息、学习信息、奖励信息、资助信息、社团活动信息、志愿服务信息、住宿信息、校内消费信息、毕业信息、导师信息、人事信息、教学信息、科研信息、资产信息等。

（3）二级学院查询。支持二级学院查询所属学院的人员人事、资产等数据等。

（4）部门数据查询。支持业务部门（人事、资产等）查询全校范围的归口业务数据。

7.1.4 主数据平台建设内容

主数据管理平台面向高校信息中心解决高校管理信息系统之间的主数据的共享和交换，并积累主数据。主数据特征体现为结构化、跨部门需要、结果型的管理数据；非结构化、半结构化、行为分析等日志数据，以及管理信息系统内部过程性数据不属于本平台管理范围。平台依托全校顶层设计的信息标准，将主数据从各部门、各院系集成并管理起来，建立一个全校学校范围内的、标准单一的权威主数据中心，以解决标准统一、数据不一致、数据冲突、数据质量低下等问题。主数据中心的数据来源、目标系统（即各部门各院系的系统）不需要改变，各个数据来源系统中对主数据做的更改将同步到主数据中心中，同时通过主数据中心分发到数据目标系统中。实现了数据收集的高效自动化，支持标准动态的优化调整，数据同步按需采取实时或周期等方式。采用拉链表数据存储技术，不仅解决数据集成交换问题，也解决了历史数据存储和版本问题，可以为数据分析应用提供丰富、高质量的历史数据。同时，通过平台提供的健康检查以及运行监控等功能，可以及时发现标准不一致、系统异常、数据异常等问题，及时弥补管理漏洞并完善管理流程，进一步推动标准化落地，数据质量持续优化。

1. 信息标准建设

主数据的信息标准建设内容主要包括信息子集建设、代码标准建设、数据模型标准、交换标准、信息标准管理。

（1）信息子集建设。数据标准管理为各业务系统建设提出数据标准要求，而代码标准的统一将增强业务部门和技术部门对数据定义和使用的一致性、减少数据转换，促进系统集成。以《教育部 2012 版教育信息化数据标准》以及金智教育信息化实践为基础，通过与教育部标准实施兼容与扩展，以此构建高校信息化代码标准初始版本。在初始版本基础上，结合学校自身的校内标准以及学校个性化需求，形成校内可执行的代码标准。围绕业务系统建设，围绕数据的集成与利用，逐步迭代完善。在符合国家标准的基础上，建设包括学校基本情况信息子集、学生信息子集、教职工信息子集、教学管理信息子集、科研信息子集、资产信息子集、财务信息子集、办公信息子集等。

（2）代码标准建设。代码标准是信息标准中重要的一部分，代码标准包括了公共标准，各业务系统管理标准，标准字典模式，模式以教育部《教育部 2012 版教育信息化数据标准》为基础，按照面向对象设计理念，主数据库模式是按照对象和高校核心活动进行划分的，从总体上对高校上层应用及数据进行梳理，由应用来推导模式的设计，由模式反向衍生、扩展上层应用。

（3）数据模型标准。数据模型标准需要对学校各信息子集的数据模型进行构建，主要针对分析场景和全局业务、全局统计进行设置。按照主题的形式对元数据、历史数据建立数据模型标准。对已在国家标准或行业标准覆盖的代码必须遵循国标或行标的标准，对没有覆盖的部分，可按学校实际情况建立。可对主数据和业务系统的数据对象按照主题或者分类进行管理，包括数据分类管理、元数据对象管理、字段属性管理、代码表引用关系管理、主数据建模等。

（4）交换标准。制定交换标准，要在总体上对数据进行梳理，在信息管理的数据层面需要按照业务分类来进行设计，且学校存在纷繁复杂的各类信息管理系统，如资产、研究生、学工、教务、图书馆、人事、科研、后勤、财务、一卡通、OA 等系统。在业务类中，将学校层面和人员基础信息单独作为一个大的分类，其余安装各个业务系统的子系统来进一步进行细分。

（5）信息标准管理。信息标准管理实现执行版本管理、历史版本管理和版本差异对比等功能。其主要内容是执行代码管理，需要包括新增、删除、撤销、迁移、取用等功能。版本管理需要包括代码导出、与前版本的差异导出，导出格式包括 Word、Excel 等。历史版本管理需要包括将历史版本设为执行版本，任意版本之间的差异度对比，版本删除等。

2. 平台功能实现

主数据平的建设需要实现元数据管理、元数据分析、主题域管理、历史数据管理、数据内容管理、数据交换作业设计工具、数据交换能力、交换作业监控管理、质量检测规则管理、数据质量检测作业管理、数据质量报告、数据接口创建、数据接口监控管理。

（1）元数据管理。元数据管理工具主要实现代码标准、主数据模式标准的元数据信息的管理，包括添加、删除、修改、数据对象的创建等功能；同时，通过元数据一致性检测功能，确保代码标准、主数据和数据存储库一致，避免直接操作数据库等不规范操作带来的问题。另外，可以实现业务系统元数据资源的统一注册、数据分类管理，实现全校元数据资产统一管理，便于数据管理者查找所需要的元数据，理解所使用的数据的业务含义，加强对数据治理过程的控制能力。

（2）元数据分析。对主数据库数据对象的元数据和对应的数据库实体进行比对，并逐项列出不一致的项目，给出相应的处理建议，用户可根据处理建议通过系统自动处理或手工处理，避免不规范操作或误操作带来的差异性，保证元数据和数据库实体的一致性。另外，对于处理过的问题，系统会记录为已处理，便于后期查询跟踪。血缘分析可以向上追溯数据的来源业务系统，用于数据质量问题的追远溯源；影响分析可以向下分析一个元数据对象对下游数据对象的影响，用于数据字典发生变更，分析对下游系统的影响；活力分析可以实现统计元数据被访问的频度。

（3）主题域管理。数据仓库中的主题域设计将基于教育部最新的教育信息化数据标准及学校信息标准，对其存储的数据对象按合理的数据模型进行划分，将包含学校基本情况主题、学生数据主题、教职工数据主题、教学管理数据主题、科研数据主题、资产数据主题、财务数据主题、办公数据主题。

（4）历史数据管理。对于历史数据的管理，采用数据备份管理工具构建主数据仓库来保留了主数据的历史数据，能重现每天的数据情况，对时间维度上的数据分析工作提供了重要的手段。数据备份管理负责每天凌晨把主数据、代码标准库中前一天发生变化的增量数据同步备份到数据仓库。

（5）数据内容管理。针对每个主数据表，根据权限分为主数据管理和查询功能。支持对公共数据平台中所有数据内容的增、删、改、查、导入、导出等操作。

（6）数据交换作业设计工具。提供可视化界面进行数据交换作业管理和设计工具，实现数据采集、交换、转换等工作的配置工作，保证系统的扩展部署和快速实施。提供便捷的数据交换任务的配置，通过简单的操作即可实现异构数据源和数据交换中心平台的数据同步，不需要任何编码。

（7）数据交换能力。支持数据表交换；支持数据表逆向工程，获取数据结构；支持灵活的查询条件限定和数据字段选择；支持自定义 SQL 语句输入，并依据 SQL 语句自动生成数据结构；支持字段拆分，可以根据指定的分隔符来拆分字段；支持字段合并和去重功能。

（8）交换作业监控管理。能够对作业流和作业执行的总体情况进行监控。作业流总体监控、作业流执行日志、作业总体监控、作业执行日志等。支持从作业执行情况及作业执行的时间分布情况，两个维度为用户提供数据交换过程中作业的统计分析，为用户合理安排作业进度提供依据。支持图形化的监控界面监控服务器资源情况包括物理内存使用情况、硬盘使用情况、连接状态、服务器工作状态等。支持异常情况汇总，需要对实时运行监控出来的异常信息进行汇总，提示异常节点、异常项以及异常原因。用户可以通过这里查看每项异常的详情。能够统计每天实时数据的处理情况，包括处理成功记录数、处理失败记录数、等待处理记录数。

（9）质量检测规则管理。检测规则管理实现检测规则的增删改查的操作，可以根据需要自定义检测规则。空检查规则：检查字段是否为空，会对元数据标记为不能为空的字段默认进行检查；代码检查规则：检查字段取值是否在代码表（由系统中预先进行定义）中；会对源数据中有代码应用的字段默认进行检查；唯一性检查规则：提供字段的唯一性检查。例如，身份证号是唯一的，如有重复将是错误信息；文本检查规则：检查单个字段的文本取值是否满足指定的长度和格式，或预先定义的各种固定编码规则；文本长度支持单个长度、多个长度、范围组合等，文本格式支持包括数字、字母、大写字母、小写字母、字母数字、汉字等，预定义的编码如邮政编码、EMAIL 地址、URL 地址、身份证号码等。

（10）数据质量检测作业管理。可以设置数据检测范围，例如全部数据、近 30 天，近 7 天以及昨天的数据或自定义期限；可以设置不合格记录显示字段；可以新增业务检测规则，包括要检测的表、字段组合、检测规则等配置。可以查看设置好的业务检测项；支持删除后重新添加，但不支持修改；支持立刻执行该业务检测项，测试该检测项是否正确。也可以进行全表检测，输出检测结果。

（11）数据质量报告。了解参与检测的业务系统数、检测总表数、检测业务字段数、业务检测项数、数据样本数；了解今日数据正常数据项数、异常数据项数、合格率情况，也可了解近 30 日正常数据项数、异常数据项数情况及问题处理情况；了解各检测规则合格率排名，单表合格率前五名、后五名情况。

（12）数据接口创建。共享接口工具采用面向服务体系架构，把主数据封装成数据接口开放出去，供第三方开发者使用，第三方开发者可以基于这些接口为校内师生提供丰富多彩的数据应用。采用 HTTP 协议，数据 API 共享方式，可以减少对数据库的直接访问，满足实时、按需的共享需求场景。实现数据接口的自定义，可自由指定公共数据库中表单、检索条件、自定义 SQL 语句生成标准的 REST 数据接口，数据接口支持参数变量；支持接口文档自动生成，具备数据服务接口的基本管理功能。API 配置通过可视化操作界面，完成读写 API 接口的制作，满足实时读写场景需求；同时，通过工具化，零代码，降低对工程人员的要求，同时，能快速响应用户需求，减少响应时间，增加满意度。

（13）数据接口监控管理。记录详细的数据访问服务日志信息，支持查看数据服务接口运行情况、调用统计图表、数据服务接口资源占用状态；可对数据服务接口的异常情况进行预警。数据集成监控依托数据集成工具，对业务系统集成情况，接口运行情况进行展现。

3. 系统集成

系统集成主要利用数据交换工具，从应用系统数据库中抽取出需要共享的数据，使主数据管理平台成为全校范围内唯一的全面的数据源，完成数据层的集成，同时为相关应用系统提供共享数据访问服务，为在全校范围内进行综合数据分析服务提供完备、有效、可信的数据基础。实现各应用服务及系统所需数据或需共享交互数据统一遵循学校本期建设的主数据管理平台数据集成标准。数据集成方式支持通过 Web 服务器等方式进行数据调用集成，同时支持通过数据集成工具完成异构数据的集成同步。

（1）人事系统集成。人事管理系统是数字化校园中教职工基础信息的权威来源，系统集成后可以达到以下目标：第一，人事管理系统集成后实现单点登录，人事管理系统从统一身份认证获取用户的基本信息（工号、姓名、组）；第二，人事系统作为教职工权威数据源，提供给全局数据库的数据包括：教职工基本信息、工作简历信息、学习经历、配偶情况、本人家庭成员信息、人才工程信息、劳动合同信息、岗位合同信息、资格证书、专业技术职务、工人技术等级、工人技术等级及职务、惩处信息、奖励信息、来源信息、干部任免信息、校内调动、离退休信息、返聘信息、离校信息、国内进修学习、人员出国信息、教职工档案工资信息；第三，人事系统需要全局数据库提供标准代码。包括教职工来源、教职工类别、编制类别、任职方式、免职方式、免职原因、离职离校原因、离岗原因、专家类别、职务变动类别、职务分类、职务类别、离退类别、人才工程类别、考核结果代码、出访性质码、组团单位码、护照类别码、人员性质。

（2）科研系统集成。科研系统主要覆盖学校的科研机构、人员、项目、经费及成果的管理，使用用户包括科研处、科研人员等。完整集成方案还包括从科研系统抽取的数据和科研系统从全局数据库订阅的数据。科研系统需要与数据中心进行的数据交换包括以下两项：第一，数据的抽取，也就是数据中心从科研管理系统系统抽取的信息包括科研项目、科研成果、科研著作，学术会议、学术报告、科研基地等；第二，数据的订阅，科研系统需要从数据中心订阅的信息包括科研人员的基本信息（可来自于研究生、人事等多个业务系统）、组织结构信息、科研经费信息等。通过公共数据平台的数据交换工具设置适当的更新频率，在人员、机构数据发生变更时，能够快速、及时地将人员数据更新到科研管理系统中。

（3）学工系统数据集成。学工管理系统是学校内部重要的管理业务系统之一，与数字化平台的集成将会方便到学生、辅导员、学生管理人员、院系秘书等一批人员。所以系统的集成必须实现。完整集成方案还包括从学工系统抽取的数据和学工系统从全局数据库订阅的数据。学工系统需要与数据中心进行的数据交换包括以下两项：第一，数据的抽取，也就是数据中心从学工管理系统抽取的信息包括学生迎新数据、奖惩数据、毕业就业数据等；第二，数据的订阅，学工系统需要从数据中心订阅的信息包括政工人员的基本信息（可来自于研究生、人事等多个业务系统）、组织结构信息等。通过公共数据平台的数据交换工具设置适当的更新频率，在人员、机构数据发生变更时，能够快速、及时地将人员数据更新到科研管理系统中。

（4）教务系统的集成。教务管理系统主要实现学生的学籍管理、教室管理、排课管理、考试管理等。教务系统与数字化平台的集成将会方便到学生、老师、教务管理人员、院系秘书等一批人员，所以系统的统一身份认证、信息门户集成教务系统 Web 部分的方案必须实现。完整集成方案还包括从教务系统抽取的数据和教务系统从全局数据库订阅的数据。系统集成目标如下：第一，教务系统集成后实现单点登录，教务系统需从统一身份认证获取用户的基本信息（学工号、姓名、组）；第二，实现共享库自动从教务系统中抽取学生教务基本信息、学习信息、本专科教学基本信息、教室信息、教师教学信息，教务系统从共享库获取学生学工基本信息、学生奖惩信息、教师信息；第三，数据的抽取，在教务系统中开放视图提供需要抽取的信息，通过固定的访问用户进行数据的抽取。

（5）财务系统的集成。财务系统管理的对象是学校的资金流，是学校运营效果和效率的衡量和表现，主要覆盖凭证管理、现金管理、出纳管理及财务报表分析等。大多高校的财务管理系统均部署在财务部内部的网络，财务部门考虑到数据安全性，不愿或者很难直接进行数据的集成。可以采取建立财务查询系统，基于财务查询系统实现财务数据查询等应用，以确保财务系统本身的安全性。财务查询系统可实现如下的功能需求：第一，教师查询自己的工资情况；第二，学生查询自己的缴费情况；

第三，学校领导查询每个人和总体的情况，包括两层，一层是院级总计学生缴费情况，另一层是系级总计学生缴费情况；第四，院级领导和相关部门领导（如：财务处、学工处）可以查询全院，系部领导只能查询本系部的数据；第五，院领导查询学校预算及其自己所控制的经费支出概况；第六，各系、部、中心领导可以查询本部门的预算情况，并登记各项预算开支；财务领导对各系、部、中心上报的各项预算开支进行核算。

（6）资产管理系统集成。资产管理系统主要包括资产报账管理（固定资产主机、固定资产附件、家具、低值品、材料）、资产卡片管理（固定资产主机、固定资产附件、家具、低值品、材料）、资产变动管理（增减值、调拨、报废等）、资产卡片统计与上报、大型设备维修、精贵仪器管理、实验室管理、通用数据收集管理、条码盘查管理。资产管理系统的集成主要包括以下两项：第一，资产系统从全局数据库中获取的数据，包括教师基本信息、组织机构信息等；第二，全局数据库从资产系统获取的数据，包括资产基本信息，资产变动信息等。

7.2 主数据编码标准建设

7.2.1 主数据编码设计原则

1. 编码制定通用规则

信息编码标准是规范信息项的填写内容，为便于应用系统数据录入和查询统计而制定的。标准制订规则如下。

（1）优先使用国家标准及行业相关标准。

（2）无国家和行业标准的，首先制订学校公共编码标准，如组织机构编码、教职工工号、学号标准等。

（3）学校统一制订其他方面的通用编码。

（4）编码标准的编码种类及数据内容将随着学校业务的发展变迁、基础数据建设内容的增加而需逐步扩展。

2. 编码设计通用原则

每类代码包括代码标识、分类名称、有层次关系的代码还包括父代码标识。代码集编制所遵循的原则如下。

（1）唯一性。代码是描述对象基本属性的唯一标识。有的编码对象可能有多个不同名称（例如校内单位，可有单位名称、单位号、单位简称、英文缩写等），可以按不同方式对其进行分类描述，但在一个分类编码中，每一个对象只有一个代码，一个代码唯一标识一个编码对象。

（2）稳定性。代码的编制要有稳定性，能经得起各种"噪声"的干扰和时间的考验。

（3）规范性。在同一类数据编码中，代码的类型、结构以及代码的编写格式必须统一。

（4）可扩充性。编码设计要考虑到长远使用（应能满足几年乃至几十年使用），随着办学的规模和学科的发展，在各类编码中要留有适当的空间以保证新内容的不断增加，不至于打乱原有的体系和合理的顺序。

（5）单一性。当一个代码表描述一个对象属性时，不能把不属于同一属性的内容放到一张代码表中。

（6）兼容性。与相关标准（原有编码、包括国家标准、部颁标准）协调一致。

（7）实用性。代码要尽可能反映编码对象的特点，有助于记忆，便于填写；数字编码与字符编码各有特点，但数字、字符混合编码缺点突出，字符有大小写之分、键盘录入容易出错，另外部分信息化设备终端只有数字小键盘，所以特别是前面所提的各类"号"，宜用纯数字形式。

7.2.2 主数据编码内容设计

学校公共信息编码内容主要包括学校自定的编码和引用编码，引用编码包括引用的国家标准及行业标准。

1. 学校自定义编码

（1）校区编码。校区编码表定义为 T_ZXBZ_XQ。校区编码主责单位是党政办公室、学科建设与发展规划处。采用 1 位数字作为校区编码，编码规则为一位编号 X。

单位名称及排序原则根据学校情况制定相关的依据，体现在排序字段，不以编码顺序为依据，校园编码示例数据如表 7-1 所示。

表 7-1　校区编码表

编码	名称
1	×××大学校本部校区
2	×××大学×××校区

（2）组织机构编码。组织机构编码表定义为 T_ZXBZ_DW。组织机构（单位）编码主责单位是党校办、组织部、发展规划处，数据落地单位为人事处。XX 表示分类码，YYY 表示二级部门（处级单位、学院）采用 3 位流水号编码，YYYZZZ 表示在二级部门编码的基础上 + 3 位流水号作为三级部门（系、科室）编码。分类码中，01~10 为标准分段，10~49 为教学单位预留分段，50~99 为其他分段，如表 7-2 所示。

表 7-2　组织机构编码表

代码	名称
02	党务职能部门
03	行政职能部门
05	直属学院
06	直属单位
08	附属单位
11	新闻传播学部
12	艺术学部
13	信息科学与技术学部
14	人文社科学部
15	广告与经管学部
50	科研单位
60	校务委员会

其中二级部门编码共3位流水号，三级及以下层级部门编码，在二级部门编码的基础上增加3位流水号作为三级部门编码。单位名称及排序原则根据学校具体情况制定相关的依据，体现在排序字段，不以编码顺序为依据。新旧单位按此编码标准进行编码，相关部门和系统根据要求调整。编码只增加不删除。单位变更原则：增加单位，按二级3位、三级6位取相应流水号最大值，新增单位编码。单位合并，合并到新单位或者合并到原单位。单位拆分，保留原单位或者废止原单位。二级部门编码示例数据如表7-3所示。

表7-3　二级部门编码表

新单位编码	单位名称	上级代码	排序
01	×××大学		0
02	党务职能部门		1
101	党政办公室	02	2
102	纪委办公室（监察处）	02	3
103	党委组织部	02	4
104	党委宣传部	02	5
105	党委统战部	02	6
106	党委教师工作部	02	7
107	学生工作部（处）（武装部）	02	8
108	保卫部（处）	02	9
109	离退休工作处	02	10
110	机关党委	02	11
111	工会	02	12
112	团委	02	13
03	行政职能部门		14
113	教务处	03	15
114	研究生院	03	16
115	科学研究处	03	17

新单位编码	单位名称	上级代码	排序
116	学科建设与发展规划处	03	18
117	教育质量评估与督导处	03	19
118	人事处	03	20
119	财务处	03	21
120	审计处	03	22
121	国际交流与合作处（港澳台事务办公室）	03	23
122	国内交流与合作处、校教育基金会秘书处	03	24
123	校友工作办公室	03	25
124	信息化处	03	26
125	实验室与设备管理处	03	27
126	校园建设处	03	28
127	国有资产管理处	03	29
128	后勤保障处	03	30
11	新闻传播学部		33
201	新闻学院	11	34
202	电视学院	11	35
203	传播研究院	11	36
204	中国纪录片研究中心	11	37
205	国家突发事件舆情应对研究中心	11	38
12	艺术学部		39
206	戏剧影视学院	12	40
207	播音主持艺术学院	12	41
208	动画与数字艺术学院	12	42
209	音乐与录音艺术学院	12	43
210	艺术研究院	12	44
13	信息科学与技术学部		45

新单位编码	单位名称	上级代码	排序
211	信息与通信工程学院	13	46
212	计算机与网络空间安全学院	13	47
213	数据科学与智能媒体学院	13	48
14	人文社科学部		49
214	人文学院	14	50
215	政法学院	14	51
216	外国语言文化学院	14	52
217	体育部	14	53
15	广告与经管学部		54
218	广告学院	15	55
219	经济与管理学院	15	56
220	文化产业管理学院	15	57
05	直属学院		58
221	马克思主义学院	05	59
228	政府与公共事务学院	05	
50	科研单位		60
222	协同创新中心	50	61
223	脑科学与智能媒体研究院	50	62
224	苏州研究院管委会	50	63
225	广州研究院	50	64
06	直属单位		65
226	继续教育学部（培训教育管理处）	06	66
227	国际传媒教育学院	06	67
131	实践实验教学中心	06	68
132	图书馆	06	69
133	博物馆（校史馆）	06	70

新单位编码	单位名称	上级代码	排序
134	学术期刊中心	06	71
135	校医院	06	72
08	附属单位		73
136	出版社	08	74
137	通州科技园	08	75
138	幼儿园	08	76
60	校务委员会		77
139	校务委员会	60	78

（3）教职工类别编码。教职工类别编码表定义为 T_ZXBZ_JZGLB，教职工类别编码的主责单位是人事处。编码规则为 1XXYY，其中 1 表示教职工，XX 表示大类，YY 是二级之类。

教职工类别代码的分拆和删除不直接调整数据，应选择标识老的标准废弃，新增新的标准。教职工类编码示例数据如表 7-4 所示。

表 7-4 教职工类别编码表

人员大类	名称	类别代码	隶属	层次
教职工	事业编制	101		1
教职工	事业编制	10101	101	2
教职工	人事代理（一类）	10102	101	2
教职工	非事业编制	102		1
教职工	非事业编制	10201	102	2
教职工	人事代理（二类）	10202	102	2
教职工	校聘合同制人员	10203	102	2
教职工	人才派遣	10204	102	2
教职工	劳务派遣	10205	102	2

人员大类	名称	类别代码	隶属	层次
教职工	科研助理	10206	102	2
教职工	大集体	10207	102	2
教职工	后勤合同制	10208	102	2
教职工	后勤劳务派遣	10209	102	2
教职工	部院处聘	10210	102	2
教职工	博士后	10211	102	2
教职工	外籍专家	10212	102	2
教职工	千人计划专家	10213	103	2
教职工	幼儿园合同制	10214	102	2
教职工	兼职	103		1
教职工	客座教授	10301	103	2
教职工	外聘专家	10302	103	2
教职工	双聘院士	10303	103	2
教职工	长江学者讲座教授	10304	103	2
教职工	退休返聘	10305	103	2
教职工	后勤退休返聘	10306	103	2

（4）教职工状态编码。教职工状态编码表定义为 T_ZXBZ_JZGDQZT，教职工类别编码的主责单位是人事处。编码规则是两位编码 XX。

教职工状态编码的分拆和删除不直接调整数据，应选择标识老的标准废弃，新增新的标准。教职工状态编码示例数据如表 7-5 所示。

表 7-5 教职工状态编码表

代码	标准内容
01	退休
02	离休

续表

代码	标准内容
03	死亡
05	调出
06	辞职
07	离职
08	开除
09	下落不明
11	在职
12	延聘
13	待退休
14	长病假
15	因公出国
16	停薪留职
17	待岗
18	在职不在岗
19	长期不在岗
21	退职
99	其他

（5）本专科生类别编码。本专科生类别编码表定义为T_ZXBZ_BZKSLB，本专科生类别编码的主责单位是教务处。编码规则是2XY。

本专科生类别编码代码的分拆和删除不直接调整数据，应选择将老的标准废弃，新增新的标准。示例数据如表7-6所示。

表7-6　本专科生类别编码表

人员大类	名称	类别代码	数据来源
本专科生	旁听生	20P	教务处
本专科生	交换生	20E	教务处

续表

人员大类	名称	类别代码	数据来源
本专科生	第二学士学位	210	教务处
本专科生	第二学士学位留学生	21F	教务处
本专科生	专升本	220	教务处
本专科生	统招本科	230	教务处
本专科生	本科留学生	23F	教务处
本专科生	本科港澳台侨生	23H	教务处
本专科生	本科民族生	23M	教务处
本专科生	本科双培生	23S	教务处
本专科生	预科生	250	教务处
本专科生	高职	260	教务处
本专科生	辅修（校外学生）	2FX	教务处

（6）学生状态编码。学生状态编码表定义为 T_ZXBZ_XSZT。学生状态编码主责单位是教务处。编码规则是两位编码 XX。

状态的分拆和删除不直接调整数据应选择标识老的标准废弃，新增新的标准。学生状态编码示例数据如表 7-7 所示。

表 7-7　学生状态编码表

代码	名称
01	在读
02	休学
03	退学
06	毕业
07	结业
08	肄业
09	转学（转出）

代码	名称
10	死亡
11	保留入学资格
16	有学籍不在校
17	无学籍在校
18	无学籍不在校
23	保留学籍
99	其他

（7）本专科生学号编码。本专科生学号编码共13位，分别表示：第1、2、3、4位表示进校年份；第5、6位为本专科生类别。取本专科生类别后两位数字；第7、8、9位学院编号，使用组织机构编码的中的二级部门的编号；第10、11、12、13位流水号。本专科生学号编码主责单位是教务处。编码规则为AAAABBBCDEEEE。AAAA是流水号，BBB表示学院，CD表示类别和培养方式，EEEE表示流水号。

本专科生学号不随其所在学院、专业、班级的变化而变化。示例编码数据：20193F2010001。

（8）本专科生专业编码。本专科生专业编码表定义为T_ZXBZ_BZKZY。编码共5位，分别表示：第1、2、3位学院编号，使用组织机构编码的中的二级部门的编号；第4、5位流水号。本专科生专业编码主责单位是教务处。编码规则为AAABB，AAA表示学院编号，BB表示流水号。

本专科生专业编码为校内本专科生专业标识码，当出现原有专业停办的情况，原有数据标识为废弃，不删除数据，只进行新增数据。示例编码：20101。

（9）班级编码。班级编码表定义为T_ZXBZ_BJ。编码共10位，分别表示：第1、2、3、4位共4位年份编码；第5、6、7位共3位表示学院代码（详见组织机构编码）；第8、9、10位共3位流水号。本专科生班级编码主责单位是教务处。编码规则为XXXXYYYZZZ，XXXX表示年份，

YYY 表示学院编码，ZZZ 表示流水号。

本专科生班级代码根据学院编制要求进行调整，对于历史班级数据代码不再调整，适应于新招生学生班级编制。

（10）研究生类别编码。研究生类别编码表定义为 T_ZXBZ_YJSLB，编码主责单位是研究生院。编码规则为 3XX，3 表示研究生，XX 表示分类号。

代码的分拆和删除不直接调整数据应选择标识老的标准废弃，新增新的标准。研究生类别编码示例数据如表 7-8 所示。

表7-8　研究生类别编码表

人员大类	名称	类别代码	数据来源
研究生	博士生	310	研究生院
研究生	提前攻博生	311	研究生院
研究生	留学博士生	312	研究生院
研究生	直接攻博生	313	研究生院
研究生	港澳台博士生	314	研究生院
研究生	硕士生	320	研究生院
研究生	留学硕士生	321	研究生院
研究生	港澳台硕士生	322	研究生院
研究生	工程硕士	340	研究生院
研究生	艺术硕士	341	研究生院
研究生	高校教师攻硕	342	研究生院
研究生	同等学力申硕	343	研究生院
研究生	非全日制	344	研究生院
研究生	研修生（国内）	350	研究生院
研究生	研修生（国外）	351	研究生院
研究生	旁听生	352	研究生院
研究生	中外合作办学硕士单位	353	研究生院

（11）研究生学号编码。研究生学号编码表定义为 T_ZXBZ_YJSXH。研究生学号编码共 15 位，分别表示：第 1、2、3、4 位表示入学年份，如 2019，2020 等；第 5、6 位为培养层次代码；第 7、8、9、10、11、12 位入学专业代码，长度为 6 位，可能含有字符，如 Z、J、L 等；第 13、14、15 位共 3 位流水，如 001，100 等。研究生学号编码主责单位是研究生院。编码规则为 AAAABBCCCCCCEEE，其中 AAAA 表示入学年份，BB 表示培养层次，CCCCCC 表示培养专业，EEE 表示序号。

研究生学号不随其所在学院、专业的变化而变化。示例数据：2018 10 020205 007。

（12）研究生专业代码编码。研究生专业代码编码表定义为 T_ZXBZ_YJSZY。使用国家专业编码，共六位。研究生专业编码主责单位是研究生院。编码规则为 XXXXXX，XXXXXX 表示培养专业代码。

专业代码根据实际专业情况调整而调整，原有数据标识为废弃，不删除数据，只进行新增数据。示例数据：产业经济学（020205）。

（13）其他人员类别编码。其他人员类别编码表定义为 T_ZXBZ_QTRYLB，编码主责单位是数据中心。编码规则 4XX，4 表示其他人员，XX 表示分类号。

代码的分拆和删除不直接调整数据应选择标识老的标准废弃，新增新的标准。其他人员类别编码示例数据如表 7-9 所示。

表 7-9　其他人员类别编码表

人员大类	名称	类别代码	数据来源
其他人员	外请教师	401	数据中心
其他人员	来访	402	数据中心
其他人员	交流	403	数据中心
其他人员	培训	404	数据中心
其他人员	挂职	405	数据中心
其他人员	借调	406	数据中心
其他人员	保安	407	数据中心
其他人员	保洁人员	408	数据中心
其他人员	第三方合作人员	409	数据中心

（14）其他人员编码。其他人员类别编码表定义为T_ZXBZ_QTRY，第
1、2、3、4位表示年份；第5、6位表示其他人员类别，数据为其他人员
类别代码的后两位数字；第7、8、9、10、11位表示流水号。编码主责单
位是数据中心。编码规则为AAAABBCCCCC。AAAA表示年份，BB表示
人员类别，CCCCC表示流水号。

其他人员不随其所在单位、岗位的变化而变化。示例数据：2019 01
00001。

（15）科研项目编码。科研项目编码表定义为T_ZXBZ_KYXMBM。科
研项目编码由9位数字和字母组成：第1位至2位表示项目大类；第3
位至4位表示项目立项年份；第5位至6位表示项目小类（如大类下无
小类默认为00）。项目小类由科研处、财务处与各归口管理部门确认分
配；第7位至9位表示流水号；校级基本科研业务编码特别处理，使用
3位大类编码，总长度为10位。如涉及跨年项目，最后追加2位编码，
按-1，-2进行补充区分。科研项目编码由科学研究处、财务处及相关部
门负责管理和维护，财务处管理的项目小类编码由财务处根据部门规则
自行编制处理。编码规则为AABBCCDDD项目大类，BB表示年份，CC
表示项目小类，DDD表示流水号。科研项目类别编码说明表如表7-10
所示。

表7-10 科研项目类别编码说明表

代码	类别名称	数据来源
XJ	校级项目	科研处
QK	英文期刊	科研处
ZD	国家重大攻关团队培育项目	科研处
0A	团队托举项目	科研处
0B	青年教师托举项目	科研处
0C	新入职青年教师科研提升项目	科研处
0D	博士、博士后科研提升项目	科研处
0F	师资博士后科研提升项目	科研处
0H	科研数据建设项目	科研处

代码	类别名称	数据来源
0M	思政、统战、管理专项项目	科研处
0S	科研检索数据库建设项目	科研处
0T	校级特别委托项目	科研处
XC	高水平学术期刊发表资助项目	科研处
WC	外译出版资助项目	科研处
ZC	SCI 和 SSCI 专刊出版支持项目	科研处
YC	英文出版物资助项目	科研处
EF	基金会项目	科研处
00	默认或其他	科研处

原有项目编码不变，在兼顾原有使用习惯的基础上对学校各项目进行统一编码。凡涉及新的科研项目编码的系统必须使用此编码，以实现接口的统一。

（16）科研成果编码。科研成果编码表定义为 T_ZXBZ_KYCGBM。编码共 12 位，分别表示：第 1、2 位表示成果别名编码；第 3、4、5、6 位表示年份；第 7、8、9、10、11、12 位表示流水号。编码主责单位是科学研究处。编码规则为 XXYYYYZZZZZZ，其中 XX 成果别名，YYYY 表示年份，ZZZZZZ 表示流水号。

科研成果编码根据科研系统编制要求编制，编制数据不得重复。示例数据：论文（LW2019000474），著作（ZZ2019000031），研究报告（YB2019000019），艺术作品（YS2019000001），专利（ZL2019000003），获奖（HJ2019000013）。

（17）建筑物与房间编码。建筑物与房间编码定义为 T_ZXBZ_JZWFJ。为了方便对全校所有建筑物编码，对现所有建筑物采用 13~14 位码，对编码建筑物起到唯一标识作用。第 1、2 位 AA；第 3、4 位类型码 BB；第 5、6、7 位楼宇号 CCC；第 8、9 位表示单元号，例如 01 代表 1 单元；第 10、11 位表示楼层号，例如，一层为 01，负一层为 B1；第 12，13 位为房间编号，楼层加房间编号组成了房间号（如果楼层为 10 位以下缩减为三位房间号，如 0304 简称为 304）；第 14 位为扩展房间号，涉及房间内拆分为多间的，如 403 内含 3 个房间，可以定义为 403A/403B/403C，扩展房间号的编码从英文字母顺序的 A 开始至 Z 截止。楼宇房间编码的维护和管理由资产管理处负责。编码规则为 AABBCCCDDEEFFFG，其中 AA 表示区域，BB 表示类型码，CCC 表示楼宇编号，DD 表示单元号，EE 表示楼层，FFF 表示房间编号，G 表示扩展号。

凡涉及楼宇房间的系统必须使用此编码，以实现接口的统一。拆分房间按楼层最后一位排序，如最大值为 408。新拆分后房间编号方式：增加一个房间为 409。房间编号不允许重复使用，但是合并后又重新拆分可以继续启用原房间号。如 401 和 402 合并为 401 后，又重新拆分为两间，402 重新启用。

2. 引用编码

优先引用的国家标准及行业标准。引用文件中凡标注日期的引用文件，仅注日期的版本适应于本文件。凡不注日期的引用文件，请参照最新版本（包括所有修订文件），参照《中华人民共和国教育行业标准》（JY/T 1001-2012）。

（1）行政区划。行政区划编码表定义为 T_ZXBZ_XZQH。参照标准体系：参照国家标准 GB 2260—2007。信息标准内容：参照国家标准 GB/T 2260—2007 中华人民共和国行政区划编码。

（2）国家地区。国家地区编码表定义为 T_ZXBZ_GJDQ。参照标准体系：国家标准 GB/T2659 世界各国和地区名称编码。信息标准内容：GB/T2659 世界各国和地区名称编码。

（3）世界各洲。世界各洲编码表定义为 T_ZXBZ_SJGZMC。参照标准体系：教育部表 SJGZMC 世界各洲名称编码。

（4）民族。民族编码表定义为 T_ZXBZ_MZ。参照标准体系：国家标准 GB3304 中国各民族名称的罗马字母拼写法和编码。

（5）政治面貌。政治面貌编码表定义为 T_ZXBZ_ZZMM。参照标准体系：国家标准 GB/T4762 政治面貌编码。

（6）身份证件类型。身份证件类型编码表定义为 T_ZXBZ_SFZJLX。本代码参照引用 GB/T 14946.1—2009 附录 A.84 有效证件类别代码，在其基础上增加了 A 护照、B 户口簿两个分类，以支持外国人和未成年人的身份证件。引用 GB/T 14946.1—2009 附录 A.84 有效证件类别编码，在其基础上增加了 A 护照、B 户口簿两个分类，以支持外国人和未成年人的身份证件。

（7）性别。性别编码表定义为 T_ZXBZ_XB。参照标准体系：国家标准 GB/T 2261.1—2003。

（8）血型。血型编码表定义为 T_ZXBZ_XX。参照标准体系：教育部行业标准 XX 血型编码（JY/T 1001—2012）。

（9）婚姻状况。婚姻状况编码表定义为 T_ZXBZ_HYZK。参照标准体系：国家标准 GB/T 2261.2—2003。

（10）健康状况。健康状况编码表定义为 T_ZXBZ_JKZK。参照标准体系：国家标准 GB/T 2261.3—2003。

（11）家庭关系。家庭关系编码表定义为 4.2.11T_ZXBZ_JTGX。参照标准体系：国家标准 GB/T 4761—2008。

（12）社会兼职。社会兼职编码表定义为 T_ZXBZ_SHJZ。参照标准体系：国家标准 GB/T 12408—1990。

（13）从业状况。从业状况编码表定义为 T_ZXBZ_CYZK。参照标准体系：国家标准 GB/T 2261.4—2003。

（14）荣誉称号级别。荣誉称号级别编码表定义为 T_ZXBZ_RYCHJB。参照标准体系：国家标准 GB/T 8563.2—2005。

（15）荣誉称号。荣誉称号编码表定位为 T_ZXBZ_RYCH。参照标准体系：国家标准 GB/T 8563.2—2005。

（16）荣誉奖章。荣誉奖章编码表定义为 T_ZXBZ_RYJZ。参照标准体系：国家标准 GB/T 8563.2—2005。

（17）纪律处分。纪律处分编码表定义为 T_ZXBZ_JLCF。参照标准体系：国家标准 GB/T 8563.3—2005。

（18）文献保密等级。文献保密等级定义为 T_ZXBZ_WXBMDJ。参照标准体系：国家标准 GB/T 7156—2003。

（19）文献类型。文献类型编码表定义为 T_ZXBZ_WXLX。参照标准体系：国家标准 GB/T 3469—1983。

（20）职业分类。职业分类编码表定义为 T_ZXBZ_ ZYFL。参照标准体系：国家标准 GB/T 6565—2009。

（21）单位办别。单位办别编码表定义为 T_ZXBZ_ DWBB。参照标准体系：教育部标准 DWBB 单位办别。

（22）社会单位性质。社会单位性质编码表定义为 T_ZXBZ_SHDWXZ。参照标准体系：行业标准 SHDWXZ 社会单位性质编码（JY/T 1001–2012）。

（23）经费来源。经费来源编表定义为 T_ZXBZ_ JFLY。参照标准体系：行业标准 JFLY 经费来源编码（JY/T 1001–2012）。

（24）学科门类（科技）。学科门类（科技）编码表定义为 T_ZXBZ_XKMLKJ。参照标准体系：行业标准 XKMLKJ 学科门类（JY/T 1001–2012）。

（25）学位。学位编码表定义为 T_ZXBZ_XW。参照标准体系：国家标准 GB6864–2006 中华人民共和国学位编码。

（26）学历。学历编码表定义为 T_ZXBZ_XL。参照标准体系：国家标准 GB4658–2006 学历编码。

（27）学校性质。学校性质编码表定义为 T_ZXBZ_XXXZ。参照标准体系：教育部标准 XXXZ 学校性质编码（JY/T 1001–2012）。

第 8 章
高校信息系统安全运维体系

　　高校的数据中心涉及很多校内的业务系统和业务数据，包括人事系统、教务系统、招生系统、财务管理系统等重要的业务系统，系统的安全和数据安全是高校数据中心管理和运维的重要问题之一。数据中心运维安全体系结构中除了需要在网络层面部署网络防火墙以外，还需要建设部署网站群，使得校内的网站全部实现静态化页面部署和统一管理，提高网站系统的安全性；需要部署应用层安全防护系统（如 WAF 安全防护系统），用来对校外访问校内业务系统的行为进行防护，对不正当的访问行为进行及时的拦截和处理；需要部署上网行为审计系统，用以对校内用户的互联网访问行为进行审计，当需要相关访问记录作为安全责任认定时，可以通过用户上网行为审计系统进行查询用户的历史上网行为；需要部署系统安全运维堡垒机系统，用来提供相关技术人员在校外访问和维护校内的业务系统服务器，并能查询和记录运维人员访问和维护服务器的历史记录，做到方便日常运维管理的同时，也要保障系统的安全稳定。需要部署综合日志审计系统，用以记录和存储各个重要业务系统的 SYSLOG 日志，一方面用于校内业务系统的系统日志存档和安全问题的及时告警提示，另一方面用以提供给相关需求部门和上级单位的审计部门查询和使用；需要部署网络安全态势感知系统，用以对校园网的所有访问流量和终端进行 24 小时的检测，发现安全事件和安全漏洞后及时提供报警通知，由系统管理员进行及时的处置。需要部署终端安全检测系统，用以检测服务器终端的系统安全情况、系统漏洞情况等，并能够提供给系统管理员实现一键查杀病毒和一键隔离相关问题服务器的功能。以中国传媒大学实际运维安全体系为例，高校的数据中心安全运维结构图如图 8-1 所示。

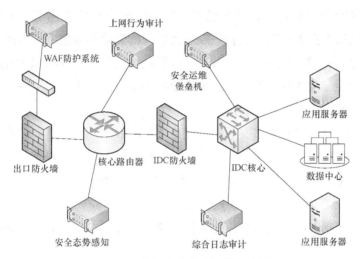

图 8-1　数据中心安全运维结构图

8.1　信息化管理制度

高校信息化是建设世界一流大学的必由之路，是提高学校综合治理能力和国际竞争力的关键因素。要通过持续推进信息化工作，全面助力学校综合改革，支撑学校的建设和发展，实现学校的发现战略目标。信息化工作是事关学校全局和未来发展的长期战略任务，是一项关联性强、涉及面广的复杂系统工程。为有效推进学校信息化工作，规范组织管理，明确职责分工，需要结合学校实际，制订相应的管理制度和办法。信息化工作的指导原则是统一领导，统筹规划，统一管理，分工协作，有序推进。信息化工作实行网络安全和信息化领导小组领导，信息化管理部门统一管理，网络安全和信息化建设专家指导委员会提供咨询建议，全校各部门分工合作，各司其职，共同推进。

8.1.1 信息化工作管理

1. 组织管理

网络安全和信息化领导小组是全校网络安全和信息化工作的领导机构。其组长为党委书记和校长，成员为学校的党政办公室、宣传部、保卫部、学生工作部（处）、研究生院、科研处、人事处、国有资产管理处、后勤保障处、教务处、财务处、信息化处等单位负责人。网络安全和信息化领导小组的基本职责如下。

（1）彻执行国家网络安全和信息化工作的战略部署，落实教育部等上级主管部门和业务部门的工作要求，对全校网络安全和信息化工作统一领导、统一谋划、统一部署。研究审议学校信息化建设的总体规划方案。

（2）研究审议学校重要信息化项目计划及重大资金预算。

（3）研究审议学校信息化建设推进的责任分工、资源分配管理与考核机制。

（4）研究审议由信息化管理建设部门提交的有关信息化建设运行以及网络安全重大问题的处理意见。

（5）信息化管理建设部门是学校网络安全和信息化工作的日常管理和执行机构。负责研究制订学校网络安全和信息化工作的中长期发展规划、管理规范和技术标准；统筹学校各单位的信息化需求，制订年度工作计划；指导各单位进行项目申报，提出信息化项目方案，组织信息化项目的实施及验收；统筹学校各单位数据，规范并协调各单位数据交换，督导各单位按照数据标准提供数据；统筹学校信息化基础设施、校级公共平台信息系统的建设和运行维护工作；负责组织网络安全和信息化建设的专家咨询工作，维护专家库信息，按需召开专家咨询会议；统筹学校网络安全管理和保障工作，开展网络安全和信息化工作宣传、培训；承办领导小组召开的会议和活动，落实领导小组的议定事项；对违反网络与信息安全规定的行为、事件，以及网络与信息安全事故的责任人和相关负责人提出责任追究和处理意见；完成网络安全和信息化领导小组交办的其他工作。

2. 信息化建设管理

信息化建设遵循"统一领导、统筹规划、分步实施、数据共享；遵循统一技术规范与数据标准，保障网络与信息安全"的原则。由信息化管理建设部门牵头，各单位充分参与，定期制订信息化建设中长期发展规划，确定学校信息化发展方向及阶段性重点工作，经网络安全和信息化领导小组审议，报学校党委常委会或校长办公会批准后执行。根据实际发展需要，每年可对信息化规划进行补充和调整。重大信息化建设项目采取统一建设为主，协同建设为辅的建设方式。统一建设的项目由信息化管理建设部门负责建设；协同建设的项目由应用主导单位和信息化管理建设部门共同建设。机房建设遵循"统一建设、统一管理、统一调配"原则。网络建设遵循"统一规划、统一建设、统一管理"原则。为保障学校整体网络安全，任何单位和个人不得擅自建设有线网、无线网、互联网出口。信息系统建设遵循"统一规划、板块统筹、专项管理"的原则。为全面统筹和推进学校信息化工作，切实调动和发挥各部门工作积极性和主动性，实行压力层层传导，围绕学校核心工作，按需建立业务板块工作组，业务板块工作组牵头单位负责协调统筹应用规划，板块内建立项目专项小组，项目专项小组牵头单位负责协调梳理需求，主导相关业务应用系统的建设和运维。各单位应用系统原则上统筹建设，符合统一规范要求。

8.1.2　信息化系统管理

信息化系统管理主要包括基础数据管理办法、网站建设与管理办法、信息发布管理规定。

1. 基础数据管理办法

基础数据是学校的重要资源，也是学校信息化建设的根本保障。为了提升校园信息化建设水平，规范信息系统数据管理，提高数据质量和使用效率，优化数据使用流程，共享公共数据资源，支撑和保障学校教学、科研、管理等各项业务的正常开展，需要制定合理的、安全的基础数据使用管理办法。

学校信息化管理建设部门负责统一协调、建立和管理全校基础数据库。基础数据是学校的公共财产，是各部门数据共享的基础，也是学校科学决策的重要依据，学校各单位应第五条 信息系统采集和处理的基础数据，应遵循国家标准、教育行业标准及学校自己的信息标准编码规范。

2. 网站建设与管理办法

学校网络安全和信息化领导小组负责统一领导校园网站的整体规划、建设和管理工作；校党委宣传部负责管理、指导、协调学校各部门的网络宣传工作，监督学校二级网站内容的维护和更新，并负责学校新闻网和学校主站的栏目内容组织、维护与管理等工作；信息化管理建设部门负责学校主站、学校新闻网学校各部门主页的技术开发与支持、域名管理与备案、网络及硬件环境保障、网络安全管理等工作；学校各单位负责本部门所属网站的维护、更新、管理及网络安全工作，并参与工作职能分工对应的学校主站、学校新闻网等校级网站的栏目策划、内容更新；学校按照"谁主管谁负责、谁运维谁负责、谁使用谁负责"的原则，实行按级负责、分工管理、责任到人的管理机制，建立健全网站管理、维护及安全责任体系，学校各单位须依照本办法要求，认真履行网站管理的责任和义务。

3. 信息发布管理规定

为了加强校内外信息发布平台的管理，更好地为教学、科研、管理服务，根据《中华人民共和国网络安全法》《中华人民共和国计算机信息系统安全保护条例》《国家网络安全事件应急预案》《教育部关于加强教育行业网络与信息安全工作的指导意见》以及国家的相关法律、法规，结合学校的实际情况，制定信息发布管理规定。

信息发布平台包括但不限于 OA 系统、学校主站、学校新闻网、网站群及各二级单位建设的网站与系统。任何单位和个人，不得擅自在使用校名字样及标志的网站或系统内发布与工作无关的信息。学校各部门应高度重视信息管理与发布工作，严格执行国家和学校关于互联网信息发布的法律法规，及时、准确、有效地发布信息。任何信息发布员不得利用学校信息发布平台制作、复制、宣传或发布反动、色情、暴力及其他动摇社会稳定的信息。信息发布员如不能确定发布信息所对应的网站栏目，需向网站所属单位或运维部门进行咨询，不得随意发布。

校内各单位要增强信息安全意识，坚持"谁主管谁负责，谁运维谁负责，谁使用谁负责"的原则，单位领导要严把信息安全关，对本单位信息员拟发布的各类信息要进行严格审查。单位领导及信息发布员对于本单位信息发布平台具有监督的义务。信息发布员须妥善保管个人账号和密码，并在确保网络环境安全的情况下使用，严禁将账号借给他人。如因账号泄露造成损失，账号持有人需承担相应的责任，造成学校损失的，应予以赔偿。

8.2　网站群系统建设实施

8.2.1　网站群技术

1. 网站群技术的概念

网站群技术就是把一群零散的网站统一到一个群里的技术，通过网站群技术可以更好地节约成本，实现信息共享，消除信息孤岛。[1]网站群技术的早期是从 CMS 发展而来，作为 CMS 的一种扩展，能够轻易实现单站点到多站点的管理；数据存储也采用集中式存储的模式，即多个站点的信息统一存储到一个数据库、表中，通过标记进行区分，这样就形成了第一代站群技术。通过第一代网站群技术，使得产品从 CMS 升级到站群的成本降到了最低，也满足了早期做站群的客户的需求。

随着网站群的不断发展，用户不断增长的需求对第一代站群技术提出了挑战：网站集群的数量越来越大，单库存储已经制约了速度的提升；网站互动功能的要求越来越高，整站生成静态 HTML 的模式越来越不可用；单站点在不断成长，个性化的要求越来越高，有很多数据扩展的要求；用户希望已有的网站也可以集成到群里，而不是推倒重建。这些日益强烈的需求推动了网站群技术的进一步发展，逐步成形了第二代网站群技术。[2]其主要标志有：每个站点的数据库独立、文件系统独立、应用独立，从而降低单个站点的高耦合所带来的整个网站群崩溃的风险；使用 LDAP 技术建立全局的用户体系，使用户体系更加开放和可扩展；信息资源的共享采

---

[1]　王德灵.浅谈高校网站群的建设 [J]. 宁德师专学报（自然科学版），2011（01）：49-51.

[2]　卢蓓蓉，刘欢.基于网站群的高校信息公开网站建设 [J]. 中国教育信息化，2012（23）：36-38.

用独立的信息交换平台，实现信息的开放式共享、抓取、整合等操作。

2. 网站群技术的特点

从当前网站群发展的角度来看，第二代网站群技术占有明显的优势，其具有以下主要特点。

（1）站群管理。使用专有的站群服务器，可独立部署；具有独立的网站群管理工具。提供强大的批量处理、监控、生成、管理多站点的功能。[❶]解决了一代站群技术中站群为 CMS 的附属功能或扩展功能、管理能力较弱的问题。

（2）实现了子站完全独立，具备完全能独立的数据库、文件系统，并可下载到其他服务器上独立运行。而在一代站群技术中，子站点不独立，离开系统无法运行，且交互功能相当差。

（3）信息共享。使用专有的共享服务器，允许异构站点进行信息共享、同步与传递。开放的设计架构允许任何第三方 CMS 系统开发信息共享适配器以实现信息的不同平台网站的异构共享。

（4）单点登录与统一用户管理。使用 LDAP 技术，实现各子站点的群内漫游、群内授权管理、群内 SSO 单点登录，并且可以整合其他系统到此统一用户管理系统中。采用一代技术的网站群，因为数据在同一数据库中，不存在真正意义上的 SSO 单点登录。

（5）业务自定义能力。实现了单站点系统提供数据模型的自定义，允许用户根据不同的业务需求对数据格式进行自定义，从而实现简易的业务扩展能力。一代站群技术一般不具备，或仅提供文章的有限字段的增加功能。

（6）网站分布式部署。实现了独立站点发布，无论是静态信息还是更多交互功能，都可以发布到不同服务器，从而实现完整意义的分布式部署。而一代网站群技术一般发布为静态 HTML 站点，动态交互部分还需要集中在主服务器，形成很大压力，实际上是局部分布式部署。

8.2.2 系统部署模式和功能

1. 部署模式

网站群系统采用动静结合的部署方式，支持双机热备部署，即在一台

---

❶ 范雪萍. 网站群内容管理系统的设计与实现 [D]. 北京：北京化工大学，2013.

服务器（制作服务器）出现异常而中止运行情况下，能迅速切换到另一台服务器上，确保系统正常运行；而前端发布端支持负载均衡，通过负载均衡策略能将用户的访问分发到合适的发布服务器，其部署模式图如图 8-2 所示。

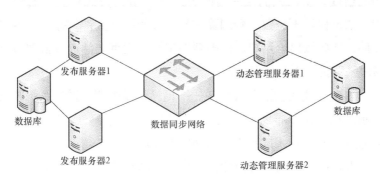

图8-2　网站群系统部署模式图

动态制作服务器可做双机热备，在一台服务器出现异常而中止运行情况下，能迅速切换到另一台服务器上，确保系统正常运行。采用两台服务器，两台服务器安装上同样的系统（Linux 操作系统及网站群系统），配好后通过"心跳线"互相监测，数据存放在共享阵列库中。两台服务器可以采用互备、主从、并行等不同的方式。在工作过程中，两台服务器将以一个虚拟的 IP 地址对外提供服务，依工作方式的不同，将服务请求发送给其中一台服务器承担。同时，服务器通过心跳线侦测另一台服务器的工作状况。当一台服务器出现故障时，另一台服务器根据心跳侦测的情况做出判断，并进行切换，接管服务，达到让计算机永不停机，数据永不丢失。对于用户而言，这一过程是全自动的，在很短时间内完成，从而对业务不会造成影响。

2. 网站安全保障机制

网站群系统的安全机制主要包括静态页面防篡改、防 SQL 注入攻击和 XSS 攻击、脚本过滤、通信数据加密等方式。

（1）静态页面防篡改。网站群从 Linux 文件系统调用的角度出发，通过修改文件系统调用函数，达到了网页防篡改的目的。同时为每一个文件生成检验码，用于访问时检测文件的合法性，达到了网页防篡改的目的。

针对 Linux 操作系统，开发一个模块注册到系统中，该模块将根据预先的设定阻止其他进程对网页文件的修改，只允许我们限定的进程对网页文件进行修改，起到防篡改作用。针对 Linux 操作系统，开发 Apache 模块，在网页文件被访问时即时检查网页文件的正确性，由于网页文件全文比较会影响访问速度，所以我们使用类似 MD5 码校验的方式对文件的校验码进行比较，如果校验不一致，则删除被篡改过的网页文件，并重新生成新的网页文件，然后输出给用户。服务器端定时对网页文件进行自动检查，发现被篡改的网页文件会立即进行恢复。

（2）防 SQL 注入攻击和 XSS 攻击。网站群系统严格遵守系统开发安全保障机制流程，在发布前经过漏洞检测工具的安全测试，通过安全评审，从根本上防止 SQL 注入式攻击与跨站脚本攻击（XSS）。

（3）脚本过滤。网站群内的信息来自于各级信息维护人员，为了防止用户有意或无意地在页面中植入恶意脚本代码，网站群系统可以对所有文章信息进行脚本过滤，杜绝了恶意脚本对最终浏览者的入侵。

（4）通信数据加密。网站群系统可以通过对制作服务器开启 Apache 的 HTTPS 或者 VPN 的方式，对通信过程中的整个报文或会话过程进行加密。

8.3 WAF 安全防护系统

8.3.1 WAF 的概念和特性

1. WAF 的概念

WAF 是指 Web 应用防护系统（网站应用级入侵防御系统，英文是 Web Application Firewall）。利用国际上公认的一种说法：Web 应用防火墙是通过执行一系列针对 HTTP/HTTPS 的安全策略来专门为 Web 应用提供保护的一款产品。

随着 Web 应用越来越为丰富的同时，Web 服务器以其强大的计算能力、处理性能及蕴含的较高价值逐渐成为黑客等不法组织的主要攻击目标。SQL 注入、网页篡改、网页挂马等安全事件，频繁发生。高校等用户一般采用防火墙作为安全保障体系的第一道防线。但是，在现实中，他们存在这样那样的问题，由此产生了 WAF（Web 应用防护系统）。WAF 代表了一类新兴的信息安全技术，用以解决诸如防火墙一类传统设备束手无策的 Web 应用安全问题。❶ 与传统防火墙不同，WAF 工作在应用层，因此对 Web 应用防护具有先天的技术优势。基于对 Web 应用业务和逻辑的深刻理解，WAF 对来自 Web 应用程序客户端的各类请求进行内容检测和验证，确保其安全性与合法性，对非法的请求予以实时阻断，从而对各类网站站点进行有效防护。❷

2. WAF 的特性

WAF 的特性主要包括多种多样的防护规则体系、多层次的防护机制、智能检测、智能白名单等。

（1）多种多样的防护规则体系。规则是 WAF 识别和阻止已知攻击的基础检测方法，WAF 规则库是基于网络安全研究分析积累，进行度细化后总结的规则，基于规则的防护功能包括 Web 服务器漏洞防护、Web 插件漏洞防护、爬虫防护、跨站脚本防护、SQL 注入防护、LDAP 注入防护、SSI 指令防护、XPATH 注入防护、命令行注入防护、路径穿越防护、远程文件包含防护等。

（2）多层次的防护机制。基于用户资产分层的特性，可以将防护层级也进行了细分：默认防护层作用于站点对象；自定义防护层则作用于详细资产，即具体的 URL。WAF 多层防护结构图如图 8-3 所示。

图 8-3　WAF 多层防护结构图

---

❶　赵磊，孙海星 .WAF 在企业网站系统中的应用研究 [J]. 工业技术创新，2015，2（3）：330-333.

❷　何军 . 基于云计算的 Web 防御系统研究 [J]. 网络安全技术与应用，2017（3）：81-82.

（3）智能检测。基于规则和表达式对攻击行为进行判断和过滤的安全设备已无法满足当下复杂多变的网络环境，漏报和误报的情况难免会发生。通过使用机器学习方法的攻击检测机制，对海量的攻击样本进行学习构建模型，引入误报率更低、性能更优的智能检测引擎，降低传统规则防护难以调和的漏报率和误报率。

（4）智能白名单。黑名单规则即内置及自定义的规则是 WAF 在防护 Web 安全时的强大知识依托，然而，黑名单体系固有的"事后更新"特点使其仅仅能解决已知问题，在应对 0day 漏洞防护时显得略为滞后，且由于未参考客户环境的业务逻辑，在防护效果上也无法做到精准。WAF 可以基于统计学方法的自学习技术，分析用户行为和指定 URL 的 HTTP 请求参数，能将站点的业务逻辑完整的呈现出来，协助管理员构建正常的业务流量模型，形成白名单规则。

8.3.2　系统的部署模式和功能

1. 系统的部署模式

当前，高校的数据中心在部署在多种业务网段服务器的网络环境中，WAF 设备可以采用旁路方式部署，提供一种逻辑在线防护机制。该种部署灵活性较好，可以实现业务分流，对核心系统影响较小。旁路方式部署的技术原理如下。

（1）流量牵引。通过路由方式，将原来去往目标网站 IP 的流量牵引至 WAF 设备。被牵引的流量为攻击流量与正常流量混杂的 HTTP 流量。

（2）流量检测和过滤。WAF 设备通过多层的攻击流量识别与净化功能，将 Web 攻击流量从混合流量中过滤。

（3）流量注入。经过 WAF 过滤之后的合法流量被重新注入回网络，最终到达目的网站。

（4）对返回流量检测。网站响应的 HTTP 流量在返回给客户端之前，仍然需要流经 WAF 设备，WAF 可提供安全检测，经 WAF 检测后的流量最终返回给客户端。

2. WAF 的防护功能

WAF 的防护功能主要包括网站访问控制、网页篡改在线防护、敏感信息泄漏防护、虚拟站点防护等。

（1）网站访问控制。针对某些 Web 网站的部分路径只允许某些 IP 访问，某些路径不受访问 IP 限制的用户场景，WAF 可以提供 HTTP 访问控制功能。用户通过使用 HTTP 访问控制，不仅可以达到权限控制的效果，还可以做到误报纠正，例如某些 URI 直接放过而不检测。事实上，多数有访问控制需求的 Web 服务器都已经配置了一定的安全策略，但大多数安全策略可能会忽略对主机名的严格检测，从而存在安全防护策略被绕过的隐患。WAF 通过配置只允许指定的主机名访问，从安全策略配置层面避免了这一隐患引发的权限滥用，访问控制更加严格。

（2）网页篡改在线防护。按照网页篡改事件发生的时序，WAF 可以提供事中防护以及事后补偿的功能，实时过滤 HTTP 请求中混杂的网页篡改攻击流量（如 SQL 注入、XSS 等）；事后，自动监控网站所有需保护页面的完整性，检测到网页被篡改，第一时间对管理员进行短信告警，对外仍显示篡改前的正常页面，保证用户可正常访问网站。

（3）敏感信息泄漏防护。WAF 可自定义非法敏感关键字，对其进行自动过滤，防止非法内容发布为公众浏览；Web 站点可能包含一些不在正常网站数据目录树内的 URL 链接，比如一些网站拥有者不想被公开访问的目录、网站的 Web 管理界面入口及以前曾经公开过但后来被隐藏的链接。WAF 可以提供细粒度的 HTTP 访问控制，防止对这些链接的非授权访问。

（4）虚拟站点防护。随着高校数据中心不断发展，其用户托管网站的业务越来越多样化，被托管网站使用一个 IP 对应多个不同域名的虚拟站点场景应用的有很多，对 WAF 也提出了支持虚拟站点场景的新要求。WAF 能在 IP 与端口定义的站点基础上，配置 IP 对应的不同域名，并针对不同域名的虚拟站点做不同的防护策略配置，使策略的配置完全切合用户业务场景。在保障托管用户 Web 安全的基础上，也为数据中心用户提供了向其托管网站提供 Web 安全增值服务的功能。

8.4 上网行为审计系统

8.4.1 系统的建设需求和应用价值

1. 系统的建设需求

当今，数据网络和数据通信业务发展非常迅速，电子政务、电子商务、视频、语音和多媒体信息在宽带网络中的应用日益广泛。同时 IP 网络的普遍使用也使网络的构造拓扑越来越复杂，应用环境多种多样，使用网络的人员和需求千变万化，但由于 IP 协议本身局限性，数据网络的安全性、可靠性以及可管理性都存在很多的问题，如网络黑客和侦听、网络病毒和拒绝服务（DoS）攻击等安全问题，网络链路失效，网络服务阻塞等可靠性问题，以及网络使用权限控制管理，网络使用监控统计等管理问题都日益严重，这些问题都将直接影响数据业务的服务质量和网络的正常运营。

（1）访问控制需求。防范非法用户非法访问、防范合法用户非授权访问和防范假冒合法用户非法访问。

（2）入侵检测系统需求。综合安全网关可以对所有的访问进行严格控制，但不能完全防止有些新攻击或那些绕过综合安全网关的攻击。所以必须配备入侵检测系统，对透过综合安全网关的攻击进行检测并做相应反应。

（3）安全审计系统需求。对互联网进行全面控制管理，规范内网人员上网行为，提高人力资源效率，强化网络安全，保护重要机密。

（4）防病毒系统需求。针对防病毒危害性极大并且传播极为迅速，必须配备从单机到服务器的整套防病毒软件，实现全网的病毒安全防护。

2. 系统的应用价值

在高校的校园网络应用环境当中建设和部署上网行为审计系统，可以实现优化网络带宽管理，提升用户上网体验；❶可以管控校内师生的上网权

---

❶ 刘婧欢.上网行为管理技术在计算机局域网安全中的应用 [J].科技经济导刊，2017（10）：20.

限，实现职位与权限匹配；可以防范信息泄露，保障组织信息安全；可以过滤不良信息，规避管理与法律风险；可以优化上网环境，提升上网安全。

（1）优化网络带宽管理。上网行为审计系统能帮助校园网管理者了解学校当前、历史带宽资源使用情况，并据此制订带宽管理策略，验证策略有效性。不但可以在工作时间保障核心用户、核心业务所需带宽，限制无关业务对资源的占用，亦可以在带宽空闲时实现动态分配，以实现资源的充分利用。基于不同时间段、不同对象、不同应用的管道式流控，能有效保障用户的上网体验，保障网络的稳定性。

（2）上网权限管控。上网行为审计系统能帮助校园网管理者透彻了解校内用户的网络行为内容和行为分布情况。借助系统的管理功能，管理员能实现分时间段、基于用户、基于应用、基于行为内容的网络行为控制，据此限制无关网络行为。

（3）防范信息泄露。使用上网行为审计系统，管理员能依据组织架构建立用户身份认证体系，并采用分时间段、基于用户、基于应用、基于行为内容的网络行为控制，从而实现针对不同用户的上网权限匹配，如限制上课时间学生不能访问使用娱乐游戏类应用，限制财务人员不能访问不受信网站等。以此减少越权访问和权限滥用的现象，防止泄密和不良舆论风险。

（4）优化上网环境。网络犯罪日益善用伪装，利用社交网络散播，仿冒可信网站，将访问合法网站的用户"重定向"到非法网站，假冒可信软件如防病毒软件、插入非法软件，通过恶意广告、垃圾博客、恶意点对点文件传播等。对此，对于已中毒的终端，上网行为审计系统会检测网络中的异常流量如木马流量等并自动封锁并发起告警，提升校园局域网安全。

8.4.2　系统的部署模式和功能

1. 系统的部署模式

在高校校园网的环境下，上网行为审计系统的部署模式主要有网关模式、网桥模式和旁路模式。

（1）网关模式。网关模式是指设备工作在三层交换模式，上网行为审计系统以网关模式部署在校园网络中，所有流量都通过系统处理，实现对内网用户上网行为的流量管理、行为控制、日志审计等功能。作为校园网的出口网关，上网行为审计系统的安全功能可保障网络安全，支持多线路技术扩展出口带宽，NAT 功能代理内网用户上网，实现路由功能等。

（2）网桥模式。网桥模式是指设备工作在二层交换模式，上网行为审计系统以网桥模式部署在组织网络中，如同连接在出口网关和内网交换机之间的"智能网线"，实现对内网用户上网行为的流量管理、行为控制、日志审计、安全防护等功能。网桥模式适用于不希望更改网络结构、路由配置、IP 配置的组织。

（3）旁路模式。上网行为审计系统以旁路模式部署在校园网络中，与交换机镜像端口相连，实施简单，完全不影响原有的网络结构，降低了网络单点故障的发生率。此时系统获得的是链路中数据的"拷贝"，主要用于监听、审计局域网中的数据流及用户的网络行为，以及实现对用户的 TCP 行为的管控。

2. 系统的功能

上网行为审计系统的主要功能有上网行为识别、上网行为审计、安全防护等功能。

（1）上网行为识别。网络应用极其丰富，尤其随着大量社交型网络应用的出现，用户将个人网络行为带入办公场所，由此引发各种管理和安全问题。识别是管理的基础，全面地应用识别帮助管理员透彻了解网络应用现状和用户行为，保障管理效果。第一，上网行为审计系统可以对 URL 识别，系统可以内置千万级 URL 库，可以基于关键字管控、网页智能分析，应对互联网上数以万亿的网页、SSL 内容识别技术。第二，上网行为审计系统可以对文件类型识别，识别并过滤 HTTP、FTP、Email 方式上传下载的文件，即使删除文件扩展名、篡改扩展名、压缩、加密后再上传，系统同样能识别和报警提示。第三，上网行为审计系统可以对用户上网行为进行深度内容检测，包括 IM 聊天、在线炒股、网络游戏、在线流媒体、P2P应用、Email、常用 TCP/IP 协议等，基于数据包特征进行精准识别。

（2）上网行为审计。内网用户的所有上网行为都可以通过上网行为审计系统记录以满足公安部 82 号令的要求。系统可针对不同用户进行差异化的行为记录和审计，包括网页访问行为、网络发帖、邮件 Email、IM 聊天内容、文件传输、游戏行为、炒股行为、在线影音、P2P 下载等行为，并且包含该行为的详细信息等。对于使用 HTTP、FTP、Email 等方式传送文件所引发的风险，首先系统可以禁止用户使用 HTTP、FTP 上传下载指定类型的文件，对于上传的文件系统也可以全面记录文件内容，做到有据可查。

（3）安全防护。上网行为审计系统可以内置防火墙，对进出组织的数据包提供过滤和控制。系统的网关防病毒功能可以集成防病毒引擎，从源头对 HTTP、FTP、SMTP、POP3 等协议流量中进行病毒查杀，也可以可查杀压缩包等文件中的病毒。

8.5　安全运维堡垒机

8.5.1　系统建设需求

1. 背景介绍

随着政府部门、金融机构、企事业单位、商业组织等对信息系统依赖程度的日益增强，信息安全问题受到普遍关注。由于信息化建设、业务不断扩展等因素，在各信息系统中的服务器及各种网络设备的不断增加，对目标主机的管理必须经过各种认证和登录过程。在某个主机及账户被多个管理人员共同使用的情况下，引发了如账号管理混乱、授权关系不清晰、越权操作、数据泄漏等各类安全问题，并加大了 IT 内控审计的难度。安全运维堡垒机集"身份认证（Authentication）、账户管理（Account）、控制权限（Authorization）、日志审计（Audit）"于一体，支持多种字符终端协议、文件传输协议、图形终端协议、远程应用协议的安全监控与历史查询，具备全方位运维风险控制能力的统一安全管理与审计产品。

目前，国内、国际的很多标准、法案法规都要求相关组织单位建设安全管理的审计系统，并确保审计信息是安全、完整、可查及唯一的；要求用户身份识别、权限隔离、数据审计、日志记录、审计报表等；要求组织设计和执行了适当的控制，以确保财务报表数据的可靠、可信等；要求记录用户访问、意外和信息安全事件的日志，以便为安全事件调查取证等。

2. 安全运维需求

在高校数据中心的日常系统运维工作中，每个管理人员都需要对主机资源进行运维操作，对管理者来说无法确定是谁在操作、是谁做了操作等；一旦发生事故，无法确定责任人。每天都有不同的人在操作和维护主机。但是现状是无法得知运维人员在主机中具体做了什么操作、是否有违规和误操作，更加无法实时监控外部人员的操作过程。

主机资源越多，系统账户也越多，而且面临着一个主机有很多的账户；可能一个账户被不同的人使用、一个人使用不同的账户、不同的人交叉使用不同的账户等。对管理层来说无法集中梳理账户与自然人员的关系，甚至担心临时账户的存在造成数据的泄露。随着主机账户不断增加，密码的管理和修改也成为一个管理员的难题，既要保证密码的复杂度，又要确保每隔一段时间进行修改，手工修改只会增加工作量。主机类型多了，造成了登录烦琐；linux 需要使用字符客户端工具，Windows 需要使用远程桌面连接工具，Web 系统需要使用浏览器，数据库需要使用数据库客户端工具等。

缺乏集中的控制手段，操作人员可能会因为无意操作造成数据丢失、业务故障等，黑客也可能远程进入主机之后进行数据窃取、数据篡改等；❶如果想要做精确控制，需要管理人员在很多主机中做各种精细化的策略才有可能控制有意或无意的操作行为。

8.5.2　系统的部署模式和功能

1. 系统的部署模式

系统可以采用物理旁路、逻辑网关的网络部署模式，不影响网络拓扑和业务系统的运行，可通过网络访问控制系统（如防火墙、带有 ACL 功能的交换机）的配合下，让堡垒机系统成为唯一的入口，确保"终端至系统的管理端口可达、系统与目标主机的运维协议可达"。安全运维堡垒机部署结构图如图 8-4 所示。

---

❶ 韩荣杰，于晓谊. 基于堡垒主机概念的运维审计系统 [J]. 安全视窗，2012（1）: 56-58.

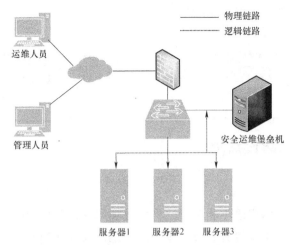

物理链路
逻辑链路

运维人员

管理人员

安全运维堡垒机

服务器1 服务器2 服务器3

图8-4　安全运维堡垒机部署结构图

2. 系统的功能

安全运维堡垒机主要包括用户分权、集中授权、自动运维、命令控制、工单流程等功能。

（1）用户分权。支持多种用户角色，超级管理员、部门管理员、配置管理员、审计管理员、运维员、审计员、系统管理员、密码管理员，每种用户角色的权限都不同，为用设立不同的角色提供了选择，并且满足合规对三权分立的要求。

（2）集中授权。通过集中授权，帮助客户梳理用户与主机直接的关系，并且提供一对一、一对多、多对一、多对多的灵活授权模式。

（3）自动运维。对运维人员来说，需要定期手工执行命令；对网管人员来说，需要定期手工备份网络设备的配置信息。通过堡垒机的自动化运维功能，实现自动化的运维任务并将执行结果通知相关人员。

（4）命令控制。堡垒机提供集中的命令控制策略功能，实现基于不同的主机、不同的用户设置、不同的命令控制策略。

（5）工单流程。操作人员向管理员申请需要访问的设备，申请时可以选择：设备IP、设备账户、运维有效期、备注事由等，并且运维工单以邮件方式通知管理员。

管理员对运维工单进行审核之后以邮件方式通知给运维人员，如果允许，则运维人员才可访问，否则就无法访问。

8.6 综合日志审计系统

8.6.1 系统建设需求

1. 背景介绍

随着互联网络规模不断扩大、应用更加广泛，各种网络攻击、信息安全事故发生率也不断攀升。近年来，垃圾邮件事件和网络恶意代码事件增长较快，网络恶意代码同比增长近一倍。网页篡改事件和网络仿冒事件也有大幅增长，网络安全事件整体上呈现高发趋势，安全形势严峻。

为了应对新的不断涌现的安全挑战，各大高校在校园网络中都先后部署了防火墙、IDS、漏洞扫描系统、终端安全管理系统、WAF 安全防护系统、上网行为审计系统等，构建起了一道道安全防线。然而，这些安全防线都仅仅抵御来自某个方面的安全威胁，形成了一个个"安全防御孤岛"，无法产生协同效应。更为严重地，这些复杂的 IT 资源及其安全防御设施在运行过程中不断产生大量的安全日志和事件，形成了大量"信息孤岛"。❶ 有限的安全管理人员面对这些数量巨大、彼此割裂的安全信息，操作着各种产品自身的控制台界面和告警窗口，显得束手无策，工作效率极低，难以发现真正的安全隐患。另外，日益迫切的信息系统审计和内控要求、等级保护要求，以及不断增强的业务持续性需求，也对网络安全系统管理和维护提出了严峻的挑战。

2. 系统建设需求

无论电信级用户还是企业级用户，对于网络安全产品和系统的核心需求都是希望保障信息系统的安全。保障信息系统的安全，目的是保护有价值的信息和保障业务的安全持续可用。这包含了两个层次：第一个层次是保护有价值的信息，这也是一般的中小型单位的主要的 IT 安全需求；第二个层次是保障业务的安全持续可用，包括整个业务过程和业务服务的保密性、完整性和可用性。综合日志审计系统，可以帮助用户利用所有的安全设施去保障信息资产和业务服务的保密性、完整性和可用性。

---

❶ 周琪锋. 基于网络日志的安全审计系统的研究与设计 [J]. 计算机技术与发展, 2009（11）.

（1）集中化的日志存储。系统能够提供一个信息资产的集中性视图，使系统管理人员可以全面地了解信息系统的安全状态，预测、应对和追踪系统安全问题。

（2）智能化日志分析。综合日志审计系统不仅可以将安全数据收集存储起来供用户查询，而且可以通过对信息系统各种数据的自动分析，为信息资产拥有者提供保护信息安全的工具和途径。这种自动化的范围越大、准确性越高，智能性就越强，系统的价值也越大。尤其对于一些单位无法配备专业的安全管理人员，面对专业性极强的海量安全数据及警报，普通管理人员根本无从下手，系统可以智能地发现问题、报告问题和解决问题。

（3）实时化事件处理。综合日志审计系统对于安全事件的分析处理速度，对安全威胁的检测、防护、阻断、恢复和追踪都有重大的影响。所以，完善的系统可以实现信息接收、分析、报告、响应循环的实时化，还可以为管理人员提供相应的工具和途径，帮助他们在最短的时间内了解最新的安全状况并第一时间做出应对措施。

8.6.2 系统的部署模式和功能

1. 系统的部署模式

综合日志审计系统的部署模式相对简单，将综合日志审计系统和数据中心中的应用服务器部署在同一个子网当中，使其业务系统可以互联互通，各业务系统把 SYSLOG 日志转发到综合日志审计系统，系统的部署结构图如图 8-5 所示。

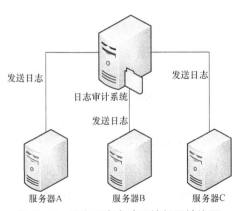

图 8-5 综合日志审计系统部署结构图

2. 系统的功能

综合日志审计系统主要的功能包括标准化日志存储、日志数据分析管理、消息报警等功能。

（1）标准化日志存储。系统可以在线存储各种安全事件日志（攻击、入侵、异常）、各种行为事件日志、各种弱点扫描日志、各种状态监控日志，系统支持校内所有重要业务系统服务器的 SYSLOG 日志存储至少半年以上。

（2）日志数据分析管理。实现所监控的信息资产的实时监控、信息资产与客户管理、解析规则与关联规则的定义与分发、日志信息的统计与报表、海量日志的存储与快速检索以及平台的管理。通过各种事件的归一化处理，实现高性能的海量事件存储和检索优化功能，提供高速的事件检索能力、事后的合规性统计分析处理，可对数据进行二次挖掘分析。

（3）消息报警。实现不通级别安全日志的报警功能。用户可以自定义安全级别报警消息，可以通过邮件或者短信的方式通知系统管理人员。

8.7 网络安全态势感知系统

8.7.1 系统建设需求

1. 背景介绍

互联网技术的飞速发展使得互联网承载的价值越来越多、网络的规模和复杂度越来越大，因此，黑客有了越来越多的动机和手段来窃取单位的机密信息和资源，甚至是对单位的资产造成破坏。在某些行业中，黑客还经常被雇佣对竞争对手进行恶意打击，例如发动一次中等规模的 DDOS 攻击数只需花费数千美金。可惜的是，大多数单位对网络安全问题都没有足够的重视和清晰的认识，这也是为什么近年来黑客频频得手、造成了重大损失的重要原因，高校也是近年来黑客攻击的主要目标之一。

当前，网络攻击的数量呈指数级增长，影响各种规模、行业的企业网络。而传统的基于黑白名单、签名和规则特征的安全威胁发现手段，已经不能应对不断发展的网络威胁和 IT 环境。在这些威胁中，尤其是以高级持续性恶意攻击（APT 攻击）为代表的新威胁，更是让企业防不胜防。❶现有的任何防御手段在 APT 攻击这种定向攻击面前都显得束手无策。网络安全态势感知平台是可以实现检测、防御、响应为一体的自适应防护系统，是基于大数据技术和智能分析的威胁检测平台，可以协助网络系统安全管理人员更快、更准地检测黑客入侵攻击和内鬼行为，从而减少企业造成的损失。

2. 建设需求

传统的网络安全建设方案，容易导致相互割裂的安全防御体系，无法协同作战，提供有效的整体安全防护，甚至导致安全运维独立化、复杂化。基于割裂的安全防御所产生的安全现状数据也将成为一座座安全孤岛，难以协同共享，导致碎片化的安全认知，只能看见碎片化的局部安全，无法形成统一的整体可视。网络安全态势感知系统可以协同控制各个组件，形成一套完整的协同指挥作战中心，构建"安全大脑"，以安全可视和协同防御为核心，打造一套智能化、精准化、具备协同联动防御能力及人工专家应急的大数据安全分析平台和统一运营中心，让安全可感知、易运营。❷

（1）全局安全可视。通过全流量分析、多维度的有效数据采集和智能分析，实时监控全网的安全态势、内部横向威胁态势、业务外连风险和服务器风险漏洞等，让管理员可以清楚地感知全网是否安全、哪里不安全、具体薄弱点、攻击入口点等，形成一套基于"事前检查、事中分析、事后检测"的安全感知和响应能力，看清全网威胁，从而辅助决策。

（2）智能化威胁感知分析。安全感知平台实现智能分析技术，利用机器学习、大数据分析、关联分析、UEBA 等技术，能够检测 APT 攻击、网络内部的潜伏威胁等高级威胁。

（3）实时监测，精准预警。安全感知平台通过对全网流量、主机日志和第三方日志的采集分析，实现对已知威胁（僵木蠕毒、异常流量、业务漏洞等）和未知威胁（网络僵尸、APT、0day 漏洞等）的全天候实时监

❶ 胡东星 . 基于人工智能的信息网络安全态势感知技术 [J]. 信息通信，2012（6）：80-81.

❷ 谢丽霞，王亚超，于巾博 . 基于神经网络的网络安全态势感知系统 [J]. 清华大学学报（自然科学版），2013，53（12）：1750-1760.

测，同时结合智能分析和可人工干预的便捷运营支撑，对已发现的威胁进行精准化预警，简化运维，有效通报预警。

（4）高效协同响应。网络安全态势感知系统可联动其他安全设备体系作为基础组件，不仅作为安全数据采集，当发生重要安全事件或风险在内部传播时，亦可通过联动进行阻断、控制，避免影响扩大。联动方式涉及网络阻断、上网管理、终端安全查杀，可有效辅助管理员进行问题闭环解决和处理。

8.7.2　系统的部署模式和功能

1. 系统的部署模式

高校校园网络环境中的网络安全感知平台主要是通过探测校园网中的流量数据来分析校园网中存在的来自外部威胁引发的僵尸网络、勒索等风险，甚至遭受的针对性攻击（如 APT 高级威胁），希望通过构建安全监测体系，检测和发现内部网络的失陷主机，发现内鬼行为，避免影响业务或关键信息泄漏。安全态势感知系统部署拓扑图如图 8-6 所示。

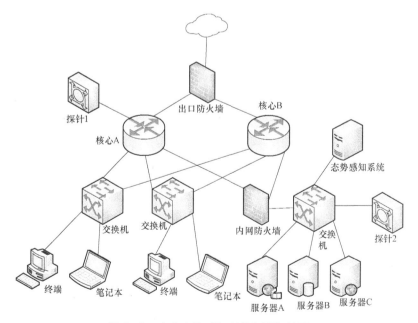

图 8-6　安全态势感知系统部署拓扑图

图 8-6 为使用探针的流量监测的通用场景，针对较为重要的区域（如服务器区、财务办公去）等可通过将探针下放到该区所在二层接入交换机上采集（如探针 2），其他区域流量可统一到核心汇聚上采集（探针 1）。

2. 系统的功能

网络安全态势感知平台主要的功能包括网络流量数据的采集和提取、全面的实时监测、流量数据的可视化、主动溯源、威胁情报结合等功能。

（1）网络流量数据的采集和提取。数据来源方面，安全感知平台具备主动采集有效数据的能力，避免过度依赖外部威胁情报或内部网络设备的异构或误报的数据导致结果缺乏精准性，同时为有效的追踪溯源分析和威胁追捕提供有力的数据支撑。采集的元数据为网络流量的通用字段及每种协议中的关键字段信息，通用字段包括时间、源 IP、源端口、目的 IP、目的端口、协议、关键数据包内容。具体协议相关的关键字段根据协议不同而不同，如 HTTP 协议包括：请求的版本号、URL、HOST、各头部字段、BODY（指定长度）、状态码、长度等。

（2）全面的实时监测。安全态势感知平台从脆弱性、外部攻击、内部异常进行三大维度的安全实时监测能力构建，来达成全面的检测体系。以业务资产为核心，寻找暴露面；寻找基于攻击突破的入口点及攻击绕过情况，结合脆弱性感知来针对性地调整防御策略、决策加固方向；寻找已经被入侵成功的失陷主机及"内鬼"，揪出已在内部潜伏的威胁，避免继续受损及影响扩散。

（3）流量数据的可视化。安全感知平台将采集的全网流量进行深度审计和数据关联，梳理形成访问关系。通过可视化技术，将流量从"横向访问""外连访问""外对内访问"等各个维度进行可视化呈现。横向地访问（内对内），聚焦在横向的扫描扩散行为、可疑主动访问、风险应用访问等，通过对访问目标数排行来快速分析出潜在的"扫描行为"；外连则可以快速了解服务器或终端访问了哪些地区，让安全分析师可以快速从"可疑的地区""可疑的应用、端口"来切入开始下一步的检索追踪；通过可视化的逐层下钻，可讲可视化呈现的异常路径下钻到具体的源主机责任人、访问的应用、持续时间、传输数据大小等具体流量细节，深挖隐藏在正常流量下的真实面貌。

（4）主动溯源。通过主动回溯分析的方式，分析攻击的入口点，挖掘已知威胁是通过什么方式进入内网的，便于加固闭环，封堵缺口，避免同类事件发生。安全感知平台通过基于时间线的攻击溯源，以回溯方式发现具体遭受的攻击、疑似入口点（入侵成功所利用的弱点）情况、失陷时间点，并最终推导最可能的攻击者情况，为驻点安全服务人员提供快速分析、追溯能力。

（5）威胁情报结合。安全感知平台通过获取可机读的威胁情报，结合本地智能分析引擎，对本地网络中采集的流量元数据进行实时分析比对，发现已知威胁及可疑连接行为，增加智能分析技术的准确性和检出率。如通过行为分析发现的隐蔽隧道通信行为（如DNS隧道）仅为可疑行为，但若其连接的地址信息与威胁情报的僵木蠕毒情报相关联，通过分析模型可检测为远控行为。同时，下发的威胁情报结合本地流量数据，可形成本地化的威胁情报，安全专家可利用威胁情报及时洞悉资产面临的安全威胁进行准确预警，了解最新的威胁动态，实施积极主动地威胁防御和快速响应策略，准确地进行威胁追踪和攻击溯源。